重金属污染条件下
基层环境监管体制研究

李冠杰 著

NORTHEAST NORMAL UNIVERSITY PRESS
WWW.NENUP.COM
东北师范大学出版社

图书在版编目（CIP）数据

重金属污染条件下基层环境监管体制研究 / 李冠杰著 .
—长春：东北师范大学出版社，2016.12（2024.8重印）
ISBN 978-7-5681-2717-2

Ⅰ.①重… Ⅱ.①李… Ⅲ.①重金属污染—环境监理—研究 Ⅳ.①X5

中国版本图书馆 CIP 数据核字（2017）第 009927 号

□策划编辑：王春彦

□责任编辑：张　琪　张辛元　□封面设计：优盛文化

□责任校对：王中韩　王春林　□责任印制：张允豪

东北师范大学出版社出版发行

长春市净月经济开发区金宝街 118 号（邮政编码：130117）

销售热线：0431-84568036

传真：0431-84568036

网址：http://www.nenup.com

电子函件：sdcbs@mail.jl.cn

三河市佳星印装有限公司印装

2017 年 3 月第 1 版　2024 年 8 月第 3 次印刷

幅画尺寸：170mm×240mm　印张：16.5　字数：270 千

定价：52.00 元

本著作获咸阳师范学院学术著作出版基金资助

前　言

重金属污染不仅造成了大量人员伤亡和巨额财产损失，同时也扰乱了社会正常发展秩序，极大地冲击了公众心理，甚至引发群体性事件，影响国家政治与社会安定。因此，遏制重金属污染的高发态势，解决损害群众健康的突出问题、切实维护广大民众的环境权益已经迫在眉睫。

2000—2015 年发生在全国范围内的 56 起造成人体健康损害的重金属污染事件表明：（1）重金属污染不仅与县域工业的生产活动紧密相关，而且其频发与发展壮大中的县域工业的数量变化、类型特点、生产特点和分布特点相对应；（2）重金属污染存在较为复杂的生态过程，该过程使重金属污染具有突发性、累积性、隐蔽性、关联性、重现性、可控性等一系列基本特征；（3）重金属污染的产生要经过重金属污染物的存在、重金属污染的形成以及危害结果的发生等三个阶段，所有阶段都与环境监管密不可分。可见，重金属污染具有自身特殊性，它是县域工业从事生产活动所排入周边环境中的重金属污染物因其数量或强度超出环境自净能力而导致环境质量下降，并给人体健康或其他具有价值的物质带来不良影响的现象。

《中华人民共和国环境保护法》第七条规定，县级以上各级人民政府及其环境保护行政主管部门对本辖区内的环境保护工作实施统一监督管理。在我国，基层环境监管机构即县级政府及其环保职能部门，基层环境监管即为县级人民政府及其环境行政主管部门的监管。重金属污染的发生地域、发生环境、生态过程、基本特征及其产生的阶段性要求基层环境监管机构将重金属污染防治纳入本区域环境监管的范畴，采取有利于重金属污染防治的对策和措施，维护县域人群的根本利益和县域社会的和谐稳定。

基层环境监管体制，即基层环境保护监督管理体制，是关于基层环境监管机构的设立，以及这些机构之间环境监管权限划分与职责履行方式的总称。我国县级环保部门既要接受上级主管部门的业务指导或领导，又要接受本级政府的统一领导，且县级环保部门与其他依照法律规定负责本系统内部环境与资源监督管理工作的部门之间协调不顺，职责、权限划分不清。这种“条条”“块块”相结合的基层环境监管体制正是导致针对重金属污染基层环保部门监管障碍、地方政府监管障碍、企业守法障碍和公众参与障碍的主要原因，而所有这些障碍和制约因素的存在使重金属污染防治工作难以有效开展。

在我国环保部门垂直监管现有条件不成熟、标准化政策执行机制尚未建立的背景下，如何改变现行“条条”“块块”相结合基层环境监管体制，打破以政府为权力垄断者单中心基层环境监管主体结构以及由此形成的单一、固化、低效监管方式，克服基层环境监管限制因素的种种束缚，形成有利于重金属污染防治的制度环境？新公共管理理论在基层环境监管中的应用为重金属污染防治带来了转机。基于新公共管理理论所进行的、以基层环境监管主体结构改进和基层环境监管方式改进为主要内容的基层环境监管体制改进，无疑是防治重金属污染的根本路径和必然选择。

依据重金属污染治理过程中不同主体间互动关系所形成的基层环境监管主体结构包括强化政府监管主体指导作用、发挥企业监管主体能动作用和增强其他社会组织监管主体促进作用。其中，以政府为主体所进行的环境监管是县级政府及其环保职能部门为实现本县域环境公共政策目标而对重金属污染企业所进行的规范和制约；以企业为主体所进行的环境监管是企业为协调发展生产同保护环境的关系而对自身环境行为所进行的限制和约束；以其他社会组织为主体所进行的环境监管是独立于政府和市场之外，具有较强专业性和自愿性，以促进公益进步为活动宗旨的非政府组织对重金属污染企业所进行的环境监督与管理。

依据重金属污染发生地域和发生环境所形成的基层环境监管方式包括区域监管、专项监管、流动监管和协议监管。其中，区域监管强调重金属污染防治政策制定职能与执行职能相分离，通过授权或分权的方式调整县级政府组织内部层级关系并建立以环境保护行政主管部门为主导的重金属污染防治专项领导与协调小组，从而使纵向管理体制通畅，横向管理权限分明；专项监管强调放松严格行政规则而突出权变思想在重金属污染防治中的运用，实施明确的绩效目标控制和上下级环境保护行政主管部门之间的协作；流动监管强调克服重金属污染防治过程中的地方保护主义而以公共利益为中心，关注解决公平与效率的矛盾和同一层次环境保护行政主管部门之间的协作；协议监管强调通过县级环境保护行政主管部门与企业之间就重金属污染防治所达成的协议实现监管。

针对重金属污染的基层环境监管体制改进还需要一系列配套措施。为此，必须优化监管机构的隶属关系，明确监管机构的职能划分，建立有效的部门协调机制，增加监管机构能力建设投入，构建基层环境监测网络体系，提高监管机构应急管理能力，实施环境与发展综合决策，制定区域开发和保护政策，落实环境保护目标责任制，利用市场机制引导企业行为，鼓励企业积极进行清洁生产，支持企业建立环境管理体系，厘清公众参与的基础性条件，完善环境监管公众参与机制，健全公众参与的保障性措施。

目　　录

第一章　导　论

1.1 研究背景

重金属污染不仅造成了大量的人员伤亡和巨额的财产损失，同时也扰乱了社会正常发展秩序，极大地冲击了公众心理，甚至引发群体性事件，影响国家政治与社会安定。

为解决损害群众健康的突出环境问题，改善环境质量，《国民经济和社会发展第十二个五年（2011—2015 年）规划纲要》（以下简称“十二五”规划）提出：要以建设资源节约型和环境友好型社会为目标，明确政府工作重点，发挥政府社会管理和公共服务的职能，创新社会管理体制机制，加大环境保护力度，强化污染物减排与治理，防范环境风险，加强环境监管，从根本上提高环境预警能力、应急能力和重金属污染综合防治能力，切实防止各类重金属污染事故的发生。

为贯彻实施纲要，《重金属污染综合防治“十二五”规划》于 2011 年 2 月由国务院正式批复。该规划强调通过建立合理、有效的防治体系和事故应急体系，遏制重金属污染的高发态势，解决损害群众健康的突出问题，切实维护人民群众的环境权益。该规划所提出的一系列举措和要求，是开展重金属污染条件下基层环境监管体制研究的政策背景。

30 年来，中国政府进行了一系列的探索和改革，破除了阻碍生产力发展和和谐社会建设的各种障碍，建立了适应社会主义市场经济发展和民主政治完善的新政府体制，完成了向现代政府治理体系的基本转变，实现了政企分开、政社分开、放权于民和依法行政。首先，政府管理价值得以重新定位，公共性回归；其次，政府职能发生了转变；最后，治理关系得到了的调整。

改革开放 30 年，中国政府和社会的关系发生了根本性转变，市场的形成为公民社会的发展创造了机遇和空间，公民社会在传统行政管理体制下复苏，在社会治理方式变迁中演进，在政府政策促进下成长。近年来，经济的高速增长更使公民社会呈现出前所未有的发展态势。首先，公民组织数量增长。社会主义市场经济的改革方向不仅保障了经济建设的顺利进行，而且塑造了公民社会的发展环境。随着公共与社会管理事务的开展，非政府和非企业公民组织的数量持续增长；其次，双重管理体制形成。为了更好地管理公民组织，严格“准入”门槛，避免多头审批和管理交叉的现象，我国政府复核、审查了原有的组织类型，健全了规章制度，确立了公民组织设置的法律程序和双重管理体制，并强化了民政部门和业务主管部门的管理职责。最后，公民组织能力增强。在环境保护领域，中国环境非政府组织通过各种方式进行环境保护宣教活动，成为沟通政府与民众间的纽带和桥梁。随着政府公共管理职能向社会转移和“和谐社会”理念的建立，公民组织将进一步满足社会需求，解决难以解决的矛盾，并开辟新的公共服务领域，实现社会的良性运转与协调，可持续发展。公民自我意识的提升和非政府环境组织的活跃是开展重金属污染条件下基层环境监管体制研究的社会背景。

1.2 研究目的和意义

1.2.1 研究目的

本书以“重金属污染条件下基层环境监管体制研究”为题，目的在于通过笔者的研究，使重金属污染防治在环境管理学和公共管理学领域产生关注。20世纪80年代，风靡于西方的新公共管理理论在应对日益严重的财政危机、通货膨胀、高失业率、政府信任赤字和指导世界各国制度变革中发挥了显著的作用，这是否意味着新公共管理理论及其应用模式同样适用于环境治理和自然生态关怀呢？西方国家所倡导的多元互动治理又能否促进我国基层环境监管事务蓬勃发展，能否为基层环境监管提供必要理论支撑呢？源自对实现县域可持续发展和生态文明的美好憧憬，基于政府对重金属污染防治的现实责任，本书对我国基层环境监管体制问题进行了深入探讨。改革现行“条条”“块块”相结合的基层环境监管体制，打破以政府为权力垄断者单中心基层环境监管主体结构以及由此形成的单一、固化、低效监管方式，克服针对重金属污染基层环境监管限制因素的种种束缚，形成有助于重金属污染防治的基层环境监管主体结构和基层环境监管方式，是本书研究的根本目的。

本书采取合理的途径将重金属污染防治与基层环境监管相结合，试图理清并回答以下关键问题——重金属污染的生态过程与基本特征是什么，重金属污染的频发与县域工业企业自身特点存在何种联系，重金属污染防治的障碍和制约因素有哪些，从而改进基层环境监管体制，形成有助于重金属污染防治的基层环境监管主体结构和基层环境监管方式，并提出基层环境监管体制改进的配套措施，力求能够有效地解决重金属污染问题。

1.2.2 研究意义

本书分析了基层环境监管的困境和重金属污染防治的障碍与制约因素，论述了“条条”“块块”相结合基层环境监管体制改革的必要性，并从新公共管理理论视野出发，提出基层环境监管主体结构改进和基层环境监管方式改进的具体路径，为县级政府及其环保职能部门有效防治重金属污染提供了理论依据和方法体系。本书的研究意义包括理论意义和现实意义两个方面：

1.2.2.1 理论意义

（1）梳理了新公共管理理论的内涵及特点，结合我国重金属污染防治实践，改进了基层环境监管体制，分别从基层环境监管主体结构改进和基层环境监管方式改进两方面进行论述，最后提出针对重金属污染基层环境监管体制改进的配套措施，促进新公共管理理论与实践的深入发展。

新公共管理理论的核心内容是：摆脱古典官僚制，明确组织和人事目标，重视经济价值的优先性和市场机能，采取顾客导向的行政风格，重新整合国家和社会的关系。新公共管理理论实现了管理思想和管理方法的创新，推动了传统公共行政模式的根本转变。结合新公共管理理论，以政府、企业和社会其他组织为主体的基层环境监管强调重金属污染防治过程中不同主体间的互动及政府引导下的合理参与；结合新公共管理理论的区域监管、专项监管和流动监管，强调重金属污染防治政策制定职能与执行职能相分离，通过授权或分权方式调整县级政府组织内部层级关系并建立重金属污染防治专项领导与协调小组以及垂直型协作监管与水平型协作监管的开展，而协议监管则强调通过县级政府环保职能部门与企业在平等、自愿基础上所共同制定的协议来实现环境监管。本书以重金属污染防治为目的，将新公共管理理论引入基层环境监管，探讨了新公共管理理论指导下基层环境监管的实践路径，从而使这一理论有了新的发展。

（2）县域生态文明理念的提出，实现了基层环境监管与生态文明建设的交融，促进了针对重金属污染基层环境监管体制改革的理论创新。县域生态文明，即在开发利用县域资源过程中，积极协调县域经济、社会发展同自然生态环境之间的关系，在生态系统良性循环的基础上满足县域人群的物质和精神需求，并通过改善县域生态环境质量，实现人与自然的和谐发展。县域生态文明是以可持续发展和县域生态系统运转的客观规律为依据而建立的社会文明形式，是良好生态保护意识、有序生态运行机制、理性生态文明行为与和谐生态发展环境的有机统一体，是县域社会进步的重要标志。县域生态文明通过改善和优化人与自然的关系，消除县域发展强加给自然的各种盲目性，实现县域自然生态系统和社会生态系统的良性运行。以防治重金属污染为目的的"条条""块块"相结合的基层环境监管体制的改革须以县域生态文明为约束条件，通过更新监管理念、创新监管体制、转变监管方式，主动回应生态文明建设中不同社会主体的环境诉求，从而达到提高监管效率的目的。

1.2.2.2 现实意义

（1）基层环境监管主体结构改进，符合县域实际，能够使不同主体在重金属污染防治过程中产生互动，形成基层环境监管"多元参与"的局面。建立有效、完整、稳定的基层环境监管网络体系，不仅是重金属污染防治的迫切需要，也是实现县域和谐社会的理性选择。近年来，重金属污染事故的频繁发生不仅造成了大量的人员伤亡和巨额的财产损失，也扰乱了社会正常发展秩序，极大地冲击了公众心理，甚至引发群体性事件，影响国家政治与社会安定。针对重金属污染基层环境监管主体结构改进能够鼓励各种类型环境组织的积极参与，构建政治国家和公民社会的新颖关系，改变以政府为权力垄断者单中心环境监管局面，使监管主体呈现多元化趋势；针对重金属污染基层环境监管主体结构改进采取灵活、多样的方法，通过运用授权、委托、代理等多种手段，不断探索实行公私合作的新途径；针对重金属污染基层环境监管主体结构改进体现了公共部门管理理念变革的新思路，建立了一套以县级政府及其环保职能部门监管为核心，以解决重金属污染问题为主要任务，以多元互动参与为特征的环境监管网络体系。"多元参与"基层环境监管局面的形成，提高了企业、公众和其他社会组织防治重金属污染的积极性与主动性，不仅使重金属污染问题得以有效解决，也促进了县域和谐社会的最终实现。

（2）基层环境监管方式改进，保证了县级政府及其环境行政主管部门监管作用的有效发挥，有助于重金属污染防治工作的顺利开展和基层环境监管效率的不断提高。县级政府及其环境保护行政主管部门从探索基层环保工作的规律出发，以可持续发展战略为导向，通过一系列管理对策和措施的运用，履行环境监管的职责，从而达到有效控制重金属污染、预防县域生态破坏的目的。重金属污染防治专项领导与协调小组是县级政府直接设立的或县级政府授权组建的以环境保护职能部门为中心，其他依照法律规定负责本系统内部环境与资源监督管理工作的部门参与的专项机构。专项机构在基层环境监管中发挥了重要作用，主要表现在：区域监管要通过机构的统一组织来进行；专项监管要通过该机构的统一行动来完成；流动监管要通过该机构的统一指挥来实现。重金属污染具有较强的危害后果，县级政府及其环境行政主管部门采取必要手段对其行为进行规制或管制是预防重金属污染事故发生、保障人民群众切身利益和维护社会稳定的关键，而重金属污染防治专项领导与协调小组的设立则从根本上保证了重金属污染防治工作的顺利开展和基层环境监管效率的不断提高。

1.3 国内外研究现状

1.3.1 国内研究现状

1.3.1.1 基层环境监管研究现状

（1）基层环境监管障碍研究

张厚美（2009）认为基层环保机构队伍建设仍相当滞后，环保能力难于应对实际需要。张厚美在《基层环保“弱”在何处？》一文中结合四川省广元市四县三区的具体情况分析了目前基层环境监管中所存在的几对矛盾：其一，人手少与任务重的矛盾，即基层环保工作任务、强度不断加大，而广元所辖县级行政区域内环境执法人员的比例却仅为0.024%；其二，人员素质低与环保本身要求高的矛盾，即环保工作人员的法律意识、执法理念和执法手段远远不能满足基层环境监管工作顺利开展的需要；其三，环保投入不足与环境问题突出的矛盾，即环保预算额度小，保障能力弱，而基层环保基础设施建设落后，综合利用水平低，污染现象十分突出。

张玉军和侯根然（2007）从府际关系的角度研究了基层环境监管问题，他们将府际关系的产生同政府的政策目标与职能转换相结合，提出府际关系理论对研究基层环境监管具有指导作用。张玉军和侯根然在《浅析我国的区域环境管理体制》一文中详细论述了环境监管中的政府间纵向府际关系，认为中央与地方政府间事权划分的不合理往往容易造成政府的越位与缺位，而一定领域的政府越位必然将导致另一领域的政府缺位。基层政府环境保护工作定位的不合理，使环境保护公共财政不能按时提供，基层环境监管的障碍因此出现。

他们在这篇文章中同时讨论了政府政绩考核标准对环境监管的影响，并认为目前侧重于各种经济指标的考核体系极大地抑制了基层政府提供环境保护公共服务的积极性和主动开展环境监管的热情。赵静（2010）同样认为，用单一的GDP 核算体系来考察基层政府官员的政绩是造成基层政府在环保监管上集体失灵的根本原因。陈亮和张玉军（2009）将环境绩效考核同科学发展观联系起来，认为合理的环境绩效考核标准是深入贯彻科学发展观的重要内容。他们在《构建环境绩效考核机制》一文中指出：在传统的“GDP”指挥棒作用下，基层政府不惜以牺牲环境换取经济增长，环境保护因素被排除在领导干部政绩考核评价体系之外，科学发展观不能真正落实，基层环境监管自然难以有效开展。

唐冀平和曾贤刚（2009）运用利益相关者分析方法揭示环境监管体制的深层问题，从而为基层环境监管制约因素的研究提供了新的思路。他们认为，基层政府作为“经济人”具有通过各种途径将本行政区环境成本外部化的倾向，这种倾向将使基层政府间处于囚徒困境并促使其最终选择“不严格的环境监督管理”。李猛（2010）同样认为地区间环境监管竞争是导致基层政府环境监管动力不足的主要原因之一。他认为财政收支层面的竞争固然是地区间竞争的重要内容，但地区间的竞争还可表现在环境监管层面。基层政府环境监管策略的改变能诱发周边区域的连锁反应，并使所有监管主体陷入监管动力不足的状态。

蔡秀琴（2009）认为，双重监管体制严重阻碍了基层环境监管部门职能的有效发挥。基层环境监管部门同时受上级环保部门和同级政府的双重领导，但同级政府对其影响力和控制力更强，同级政府不合理的行政干预直接影响了基层环境监管部门执法监督的独立性和公正性。另外，蔡秀琴认为基层环境监管部门和其他负责环境监管工作的各职能部门间协调的不一致也是基层环境监管工作陷入混乱的重要原因。胥树凡（2008.10）以现行环保法律为依据提出基层环境监管的障碍在于环境监管体制不顺，并从纵向体制和横向体制两个方面进行了论述。胥树凡（2008.11）还认为基层环境监管部门执法权限的不明确也使环境执法监督活动难以顺利进行。

宋鹭和马中（2009）认为环境监管社会化机制缺位是导致基层环境监管机构履行职责不力的重要原因。他们指出，我国基层环境监管以政府直接行政控制为主，民间环保组织的作用尚未得到充分重视与肯定，公众环境参与机制和保障措施也未真正建立，这使得基层环境监管工作因缺乏必要的外部监督而效率低下。郭建和孙惠莲（2009）从农村环境污染防治的角度研究基层环境监管，认为公众参与基层环境监管的层面偏低，形式过于单一且缺少参与的基本条件，使基层环保部门针对环境问题的决策因缺乏公众的支持与配合而难以有效实施。姬振海（2007）则从参与内容、参与方式和参与效果等方面分析了公众参与对基层环境监管的影响，指出政府环境信息不透明所造成的公众参与程度不高已成为基层环境监管工作开展的主要障碍。

陈国营（2010）从环境监管主体结构的角度研究基层环境监管的制约因素，认为环保部门过于强调环境监管的强制性而忽视对企业自我监管的引导和重视正是基层环境监管效率难以提高的重要原因。朱德米（2010）认为企业的环境成本与收益不确定是政府在对企业环境行为监管过程中所面临的挑战之一。齐晔等（2008）试图从法律对企业违法行为处罚的角度破解基层环境监管工作中的难题，认为对环境违法行为者责任的追究直接决定企业的违法成本，也就是说，法律对环境违法者惩罚和威慑的力度是影响企业守法意愿和违法倾向的关键因素。

另外，李新和程会强（2008），高志永等（2010）也从环境管理中政府角色界定和农村环境保护法律法规完整性、系统性、协调性的角度对基层环境监管问题进行了讨论。以上概括即为目前学术界关于基层环境监管障碍研究的主要内容，其他角度相同或相近的研究与论证本书不再赘述。

（2）基层环境监管措施和对策研究

姜明和李芳谨（2010）认为应当突出基层环保部门的统一监督和管理职能，抑制部门间的利益冲突，保证监督工作的权威、严肃和公正，保证基层环境污染防治政策的贯彻和落实。他们还提出要突出分工负责执行，建立分工负责的执行机制，确保其他部门环保职责的正确履行。武从斌（2003）认为，应当通过行政协助的方式，组织、协调各部门的环境监管工作，从而改变多部门条块分割、各自为政的局面，提高环境行政管理效率。郭建和孙惠莲（2009）提出，要改革“多头管理”的基层环境监管体制，建立跨部门的基层环境污染防治管理协调机构，并发挥环保部门的主导作用。李振波等（2010）认为，应当“扩权”，赋予基层环保部门限期治理权和其他强制执行权，以提高其执法权威和执法效率。他进一步认为，基层政府应当制定工作标准，明确有关部门的配合方式，保证基层环境监管的规范化。

李宏颖（2010）认为，应当加大对环境监管失职的惩治力度，采取严厉的惩治措施，比如“环保业绩一票否决制”等，打破地方保护主义，使环境监管工作逐步走向正轨。王卫忠（2006）认为，应当建立领导干部环保政绩考核制度并将其作为奖惩和职务晋升的重要依据。环保政绩考核制度要有具体实质内容和可操作性，并且能够通过合理的考核方式和环保审计进行责任追究。熊鹰和徐翔（2007）认为，应当加强环境监察内部稽查，加大对环境监管不作为的查处和政府环境违法行为的处罚。

林碧仙（2008）认为，基层环境监管应当抓好自身能力建设，要坚持以人为本，提高监管队伍素质。要树立科学发展理念，增强责任意识和历史使命感。刘富春（2008）同样认为，应当大力加强环境执法能力建设和环保队伍建设，切实提高基层环保部门的快速反应能力和高效执法能力。吴舜泽等（2009）认为，应当保障环境监管经费投入，应急监测仪器设备的购置及其维护、管理费用应当纳入地方财政预算。要加强专项技术培训交流，尤其是要加强县市级专题培训，不断提高基层环保人员的业务水平和综合素质。要调整基础能力建设的架构与布局，分类合理配置设备仪器。吴舜泽进一步指出要理顺基础能力建设的事权财权和环保系统能力建设的重点，强调要配齐“县级”。

张进华（2001）认为，应当通过强化政府宏观调控职能的方式来克服目前基层环境监管中所面临的各种障碍。他认为：首先要建立综合性的决策机构，以平衡环保部门同经济部门间的关系，实施环境与发展综合决策；其次要加快产业结构调整，改变高消耗高污染的增长方式，制定有利于环境保护的政策和措施；最后要提高政府对环境保护的引导能力与服务职能。姜明和李芳谨（2010）也肯定了实施环境与发展综合决策的重要性。在他们看来，综合决策可以通过参与决策过程和建立监督机制两种形式实现。朱庚申（2002）则认为环境与发展综合决策是以大系统思想为指导的全新大环境管理对策，并提出要建立新的决策机制，以确保决策的制度化、规范化。

高鹏（2009）认为，应当按照有利于环境污染预防和控制的原则搞好对企业的日常监督，要严格环评制度，抓好项目审批的各项工作，禁止变相批建污染环境的各类项目。吴涛（2010）认为，环保部门应当提前介入新建项目的审批，做好项目的环评审查咨询服务。他建议环保部门通过平衡项目所在地排污指标的方式挖掘更多的环境容量，使企业能够依据自身情况并结合区域总量控制目标做好环评审批工作，从而实现污染的源头控制。罗丕和田获（2009）认为，应当严格环境准入，对不符合国家产业政策、行业政策、技术政策或布局不合理的项目要坚决予以否定。基层环保部门要坚持环保优先原则，引导企业依法立项，要确立、执行环保第一审批权制度。

宋国君等（2010）认为，基层环保部门应当完善信息搜集、处理和公开机制，加强对排污许可证的管理，保证污染源排放信息的质量，从而为相关部门的决策提供依据。要促进信息收集部门间的协调与沟通，通过分工协作降低监测成本，提高监测效率。要畅通信息公开和共享渠道，使不同来源的数据可以相互核查，并使信息能够覆盖到所有的需求者。王莉等（2010）认为，准确、公开的环境信息是环境监管工作顺利开展的基础，这需要从以下方面着手：一是环境监测。为防止监测数据失真，认为可以推行环境监测垂直管理体制。二是环境信息发布与查询。应建立多元化信息发布方式和标准化信息查询系统。

李丽霞（2010）认为，应当增加环境监管非强制性方式的应用，促使排污者产生守法的积极性，从而降低监管成本，提高监管效率。她进一步认为，要实行管理与服务相结合的模式，通过环境行政奖励或各种形式的财政补贴，降低企业的守法成本。要发挥激励机制在环境监管中的诱导作用，或运用契约手段明确企业环境保护的权利与义务。周纯和吴仁海（2003）在对环境经济手段和环境规制手段比较分析后认为，经济手段因具有从总体上削减能源使用的效果而更适合于科技含量低、资源消耗大的粗放型产业。同时，郭建和孙惠莲（2009）也提出了基层政府要运用税收政策强化企业环境责任的观点。

钱翌和刘峥延（2009）认为，公众环境参与是实现政府与公众良性互动、提高基层环境监管效率的重要保证。他们还认为，消除公众参与的障碍应当从完善政府、企业环境资源信息公开制度和积极发展环境中介组织等方面着手。苏银娣等（2008）认为，应当健全公众参与环境执法制度，大力推进环境信息公开工作，广开参与途径，严肃认真办理环境信访案件，并形成快速高效的受理、调查与处理机制，从而构建促进环境执法的外环境。王芳（2009）将公众视作具有特殊价值的环境治理主体，并且认为公众能够成为一种制衡因素影响政府环境监管。她指出，应当创造公众参与的利益激励机制，拓展公众参与渠道和参与能力，使公众真正成为环境制度实施中的监督力量。

张永（2010）将企业自身环境管理同基层环境监管结合起来，认为应当通过制定企业环境管理制度、建立环境管理机构和配备环保专业人员等方式强化企业自身环境管理，从而使企业环境管理成为推动基层政府环境监管和公众环境参与的重要力量。苏银娣等（2008）也认为，应当通过企业内部监督机制的完善来增强企业自我环境管理能力，并以此提高政府环境监管的效率。

其他具有代表性的观点主要有建立健全基层环境监管政策保障机制（马云泽，2010）、加强环境管制机构的管制权威（王慧娜，2010）和发挥环境执法中经济机制与经济手段的效用（高为等，2006）。以上概括即为目前学术界关于基层环境监管措施和对策研究的主要内容。由于篇幅所限，其他角度相同或相近的研究与论证在此不再赘述。

1.3.1.2 针对重金属污染环境监管研究现状

（1）针对重金属污染环境监管障碍研究

陈虹（2010）认为，环境与健康监管体制不完善是当前针对重金属污染环境监管工作难以有效开展的根本原因。首先，职责虚化与协调障碍。环境健康风险的预防和治理游离于相关监管机构工作目标之外，无论是在医疗卫生系统还是在环保系统环境健康风险监管都属于最边缘的层面。环境保护与健康保障职责断裂，执法部门间的矛盾和冲突不断增加。环境与健康综合协调机制尚未建立，突发重金属污染事件由政府临时应对。协调程序缺位，部门主义泛滥，协调部门难以协调。其次，监管手段单一、薄弱。监测能力薄弱，环境监测与健康监测系统彼此独立且基本指标设置不相匹配。监管理念消极模糊，监管机构对环境损害与人体健康的内在联系未给予足够重视，重金属污染风险加剧。监管权限不足，环保执法缺乏力度。监管手段单一，针对环境与健康特点的手段缺失，非强制性监管方式并未得到落实，监管目的难以实现。

陈明等（2010）认为，针对重金属污染环境监管的障碍在于地方保护主义。他指出，作为环境保护责任主体的地方政府，为追求短期政绩而低水平重复建设高利润、高税收、污染严重的重金属冶炼企业，并为其开绿灯，撑保护伞，制定“土政策”，进行地方保护，这种做法严重阻碍了环境执法，导致环保部门不能正常履行监督管理职责。他进一步指出，地方保护主义正是环保部门执法不严、监管不力的深层原因，同时受制于地方政府的环保部门也只能对企业的环境违法行为视而不见，见而不管。重金属污染防治能力薄弱是环境监管的另一障碍。陈明等认为，重金属企业大多分布于经济欠发达地区，而这些地区的环保机构通常不具备重金属污染物监测能力且执法人员素质低，执法理念落后，各项投入不足，正是这些因素的存在影响了重金属污染防治工作的开展。

黄韬（2010）从重金属企业污染行为的角度研究环境监管的障碍，认为：重金属企业多为处于监管盲区的中小企业，虽然这些企业规模小，污染严重，治理难度大，但采取直接关停彻底切断污染源的方式并非解决重金属污染问题的根本途径。黄韬指出，中小型重金属企业准入门槛较低，生产经营粗放，技术含量不高，不具备制定垄断价格的能力，它们大多随行就市，接受现有价格。如果中小型重金属企业逃避污染治理成本，则其生产数量就会大幅增加，且企业越小，价格影响能力越弱，逃避治污责任引起产量增加的幅度越大，这种弱市场势力所产生的强负外部性使广大中小企业纷纷以牺牲环境为代价换取短期经济利益，环境监管任务重，压力大；另一方面，大多数中小型重金属企业治污设备的兴建和运行并非以取得满意的治污效果为目的，而是迫于政府部门的压力和应对各种检查的需要，治污设备完全成了一种摆设，企业仍然以降低生产成本，获取超额利润为中心，环保意识淡薄，超排、偷排动机强烈，环境监管因而困难重重。

温武瑞等（2009）在《我国汞污染防治的研究与思考》一文中将针对重金属污染环境监管的障碍归纳为以下四点：一是制度建设薄弱，有关重金属物质生产、运输、使用及其污染预防和控制的法律法规不完善；二是技术支持不足，环保部门缺乏对企业减排技术和重金属污染物处理技术的支持；三是资金缺口较大，环保部门开展重金属污染防治、污染修复和治理、替代技术开发与研究所需资金无法及时保障；四是危害意识不强，公众参与难以成为政府环境监管的有力支撑。

曹家新（2011）从具体实际出发将中国环境法执行力的严重不足同重金属污染防治联系起来，认为针对重金属污染环境监管的障碍在于环境执法体制机制的不合理。曹家新认为，尽管我国环境管理制度设计先进，但其得不到贯彻落实的根本原因在于缺乏有效的执法体制和协调顺畅的运行机制。

另外，张百灵和范娟（2009），周仕凭和肖岷（2009）也从地方官员政绩考核标准和地方环保部门执法权限的角度对重金属污染监管的制约因素进行了讨论。以上概括即为目前学术界关于重金属污染监管障碍研究的主要内容，其他角度相同或相近的研究与论证这里不再赘述。

（2）针对重金属污染环境监管措施和对策研究

陈虹（2010）针对目前环境与健康监管体制的深层弊端提出“整合性监管”研究范式以积极有效应对重金属污染的挑战：一是监管工具的协同与整合，即建立以政府直接监管为基础，企业自我监管为补充，并辅之以经济激励手段的环境监管模式；二是监管阶段的协同与整合，即采取应急环境管理、工艺流程管理、产业生态管理和系统生态管理相结合的方式全力应对；三是监管机构的协同与整合，即建立由环保部门全面负责、其他部门分工负责的管理体制和各部门间协调、协同的工作机制；四是监管主体的协同与整合，即通过信息披露制度的完善推动公众环境参与并使之成为政府环境监管的有益补充；五是监管措施的协同与整合，即在宏观制度构建的同时注重微观治理措施的运用，并根据情况的变化及时进行调整，确保监管目标的实现。

陈明（2010）认为，针对重金属污染的环境监管要以区域产业规划环境影响评价为前提进行区域内相关项目环评文件的审批工作，未通过审批的不准开工建设，同时严格落实环评文件中有关周边居民搬迁的内容，做好重金属污染源头控制；要加强重金属污染综合整治，加快产业结构调整，严格准入标准，并进行污染防治新技术的研究；要开展重金属污染状况调查，加强对重金属冶炼企业污染物排放的监测和周边居民身体状况的定期检查，责令造成不良影响的企业立即停产并依法追究相关责任；要加大环境执法监督力度，严肃查处各种环境违法行为，实行企业环境保护达标公告制度。

黄韬（2010）提出“三位一体”的环境监管模式以遏制企业污染所引起的重金属污染事故频发的态势。在他看来，“三位一体”环境监管模式：首先要以政府环境管制为主导，通过强化政府环境管理职能，解决市场功能失灵问题及其作用低下的缺陷，实现对重金属污染长期、有效的综合治理；其次要以公众参与相协助，减少政府环境决策中的失误，协助政府更好地监督企业环境行为，实现对重金属污染的全方位、全过程管理；最后要以企业环境经营相配合，引导企业制定环境经营战略计划，发掘企业主动性，促使企业由污染治理向环境经营转变。

温武瑞等（2011）认为，重金属污染防治和环境监管必须坚持因地制宜、预防优先的原则，综合运用多种措施进行分类管理与重点整治。他指出，实现“十二五”规划所确定的重金属污染物减排目标需要制定完善的法律法规，强化环境监管制度建设，提高重金属污染防治整体水平；要全面深入调查重金属污染状况，建立数据库并确定治理目标，同时编制预防重金属污染的手册、指南；要加强区域协调整治，促进多部门间的协作，高效开展重金属污染防治工作；要建立多元化投融资渠道和机制，并通过税收、信贷、保险等市场手段，为重金属污染防治提供必要支持。

柯屾（2009）认为，将主要重金属污染物纳入常规监测指标，加强对农作物重金属含量的检测和周边居民体征等临床表现的观察应当成为重金属污染防治的重点内容。他甚至认为，针对重金属污染的环境监管应当从提高监测水平和完善日常监测入手。尽快启动政策性补偿机制是柯屾的另一主张。他在《该怎样对重金属污染损害说“不”》一文中指出，环境健康损害的政策性补偿机制比传统民事赔偿制度更有利于重金属污染损害赔偿纠纷的解决，并从相关机构设置、适用对象、补偿范围和补偿金来源等方面进行了论述。

国冬梅等（2010）认为，重金属污染防治要突出重点，制定目标，落实各项预防措施，解决与公众健康最为密切的污染问题。要以《重金属污染综合防治“十二五”规划》为依据，加大科技投入，加强环保机构监管能力建设。杨定清等（2011）认为，加强宣传教育，提高对重金属污染特点的认识有利于环境监管工作的开展。林星杰（2011）认为，应当明确重金属企业的减排目标，加强对企业污染减排的跟踪、评价与指导。

黄建明和米溦（2011）认为，依照相关法律进行问责应当成为针对重金属污染环境监管工作开展的保障。他们在《重金属污染的担忧》一文中提出了关于落实重金属污染防治问责制、全面加强污染治理体系建设的若干建议。傅剑清（2010）针对重金属污染的特点提出跨区域流动执法监督体制，其目的在于克服地方保护主义，确保环保部门依法独立行使监督管理职权。此外，傅剑清还主张建立环境司法监督机制，通过对监管主体和企业行为合法性的审查，提升公众对环境法律的信心。

其他具有代表性的观点主要有依据重金属物质的生命周期设计环境监管措施（吴丹和张世秋，2007），限制与规管重金属物质的下游应用（马天杰，2011）和严格准入管理（金铭，2011）。以上概括即为目前学术界关于针对重金属污染环境监管措施和对策研究的主要内容，由于篇幅所限，其他角度相同或相近的研究与论证这里不再赘述。

1.3.2 国外研究现状

Stavins（1988）认为，“借助市场的力量”来削减有毒有害物质的产生量比“命令——控制”型管制更容易促成污染控制目标的实现；鼓励有毒有害物质产生源通过市场信号进行行为决策并追求自身利益，而非制定明确的污染控制标准或方法来规范企业的行为。因此，许可证制度和排污收费等政策工具应当被很好地设计并加以实施（Hockensteinetal，1997）；“命令——控制”型管制不考虑成本差异问题，迫使每个有毒有害物质排放企业采取同样且不适当的昂贵污控措施并由此带来巨额成本支出（Helfand，1991）。Tietenberg（1995）经过实证研究观察发现，“命令——控制”型管制所花费的总成本是采用最低成本方法所费总成本的 1.07 倍。

Hickman（1996）指出，通过设定容许排放的有毒有害污染物总量，再将这个总量分配给现存污染源，即创造污染物排放的“权利”，然后允许这些权利在公开市场上进行买卖的污染控制政策可以节约成本。Meyers（1997）则认为排放许可证的分配问题是有毒有害物质排放交易实施的瓶颈。政策制定者可以将排放许可证出售给出价最高的竞标者，也可以通过赠予等方式无偿将许可证分配出去，但政策制定者在抉择中须权衡经济效率、分配公平及政治可行性等目标。Heumann（1997）认为，尽管有毒有害物质排放交易制度的利益难以评估，但这项制度仍是相当有效的。

Bohm（1981），Porter（1983）认为，当有毒有害物质可能会被不适当地处置并产生严重后果时，押金返还制度最能发挥其优势；Russell（1988）认为，押金返还制度的目标是减少有毒有害物质的非法处置现象，适用于有毒有害物质的正常处置费用和（对非法处置的有毒有害物质进行）清理的费用之间存在较大差异的情形。Palmer 等人开发出了一个关于有毒有害物质处理市场的仿真模型，然后对包括押金返还在内的若干政策措施进行成本估计，结果表明：尽管存在弹性估计的不确定性，但对于削减量既定的有毒有害物质来说，押金返还制度仍是各种可供选择的政策措施中成本最低的一种（Palmer and Walls 1997；Palmer et al，1997）。

Tietenberg（1992）认为，可以通过征收原生材料使用税的方式来减少有毒有害物质的产生量和处理量。有毒有害物质的管理需要消耗、使用大量的自然资源，征收原生材料税能够解决与前沿生产环节相关的环境问题，实现对自然资源的保护。但有研究表明，当把减少有毒有害物质处理量作为该项税收政策的目标时，原生材料税是没有效率的（Dinan 1993；Sigman 1995）；原生材料的税收效应复杂，与其他政策措施相比，它对有毒有害物质管理并没有实质作用（Fullerton and Kinnaman 1995）。

Barthold（1994）将通过超级基金项目用于对有毒有害物质进行清理和处置所征收的税费称为保险税。保险税的征收对象是向环境中排放有毒有害物质的厂商或利益集团。由保险税收形成的保险基金的作用在于能够迅速、及时地提供部分资助，化解潜在的环境风险。Probst（1995）分析了超级基金项目清理费用的构成，认为除保险税收外，还应当从场地所有者法律责任甚至是从造成污染的团体那里获取基金款项。Beider（1994），Dixon（1995）认为，责任资金能够促使厂商更安全地进行有毒有害物质处理，采用更为长久的处置方法，或设法减少污染物的产生。而 Fullerton 和 Tsang（1996）则强调应当重视基金项目责任追溯原则的重要性，因为它能够使污染者对现在的行为更为谨慎。

Hammitt 和 Reuter（1988）认为，有毒有害物质产生源可能会将有毒有害物质运离现场进行非法处置，从而节约处置费用。因此，Barbanel（1992）主张建立一个对有毒有害物质进行跟踪的系统，所有有毒有害物质必须伴有相关材料，用以作为其运离现场进行处理或循环利用的证明。此外，处置机构同样应当采取合理的方式将有毒有害物质已受到合法管理的信息传达给有毒有害物质产生源。然而，证明书并不一定能够完全阻止违法行为的发生，它们也会以简单的伪装品来给这个系统以重击（Russell et al, 1992）。

Revesz（1997）认为，设计合理的责任制度能激励厂商采取合理的决策，减少有毒有害物质所产生的社会风险。而且，诉讼的高成本也使该制度对有毒有害物质更能发挥作用。基于这些情况，责任制度政策工具应得到重视。另一方面，这种激励通常并不简单也不直接，因为厂商可以选择参加保险来减少应负担的责任。Tietenberg（1997）认为，具有充分信息的厂商能使市场功能得以较好的发挥。他在关于信息规划及其明显效果的综合性评论中指出，信息披露能够增加公众对厂商行为的了解，引导厂商调整自己的行为，并促进市场导向环境政策工具的形成。Konar 和 Cohen（1997），Hamilton 和 Viscusi（1999）对此持相同的观点，尽管他们认为这方面的论据并不十分明确。

Baumol 和 Oates（1971），Bohm 和 Russell（1985）提出对已制定有毒有害物质污染源排放标准的执行情况进行监督并对违规行为采取强制行动十分重要，认为，应当以监督和执行的实现程度来影响对有毒有害物质污染源排放标准的选择，比如对违规行为进行经济处罚的可能性，民事或刑事责任追究的相对优势与劣势等。Freeman（1993）则认为，大量的民事诉讼与刑事审判并不能完全作为政治官员尽职于环保工作的表现。尽管严重违反环境法律法规排放有毒有害物质的行为应当被追究，违法者应当被惩罚，但如果行政官员非基于监测到的环境质量、而仅以自己比前任“更严格”的心理去追求发起和赢得官司的数量，我们的处境便不会得到改变。

Berkes（1991），Pinkerton（1993）认为，协同管理是一种整合国家与地方管理系统的方法。在国家层面上，政府机构通过法律进行管理并以集权和等级层次为特征。政府机构具有政策制定权，其贯彻建立在通过法律所提供的权威基础上。而地方政府执行政策，权力高度分散，并通过社会道德进行自我约束。因此，协同管理意味着在政府和地方资源使用者之间权利与义务的分配，其挑战在于如何整合国家管理系统与地方管理系统各自的力量。Ostrom（1999）在评论协同管理安排的基础上认为，成功的协同管理协议至少应当具备最有利的前提、最有利的机制、最佳的空间尺度、最倾向于协同管理的人群等条件并创造出可持续的人际关系。Reed（1999）则认为这些前提和条件在大多数情况下并不能够得到满足，另外还要避免因权力获取的不平等而使协同管理仅停留在名称上而非行动上的尴尬。

Shindler 和 Neburka（1997），Shindler 等（1999）指出，公众参与环境管理所面临的挑战在于仅强调参与的“结果”，而忽视参与的过程和背景。他们认为，背景对公众来说是最关键的因素，直接影响着公众是否参与决策的选择。他们还认为，环境监测和评价程序的设计应当能够为人们提供从意外中学习的机会，并明确什么构成了“成功”。Shindler 归纳了成功公众参与的六大特征：① 包容性。成功的公众参与在于参与过程包括了所有受影响的群体，而不在于是否所有的群体都有了代表参与。② 互动和诚挚的领导。成功的公众参与需要关键机构的工作人员积极地加入到参与过程中，并承担起公众参与的责任。③ 创新性和弹性。成功的公众参与能够根据地区情况和项目特征设计具有弹性的参与过程，并选取新的、与众不同的参与方法。④ 尽早且连续等于持久。成功的公众参与要让公众在早期就加入整个过程，并尽可能多地向公众咨询。⑤以基础组织战略做设计。成功的公众参与通常将基础组织规划战略的理念运用到参与过程的设计中，并设置明确的参与目标。⑥行动中体现结果。成功的公众参与能够使个人或团体感受到因他们的参与而产生的改变和进展。为监测和评价公众参与过程，Shindler 提出了保证过程走向目的或目标的几个要点，即规划并理解规划的基本目标、行动并考虑行动的具体细节、监测并注重监测的各项结果、评价并发挥评价的指示作用。

1.3.3 国内外研究现状评述

目前基层环境监管的研究主要集中在基层环境监管必要性研究、基层环境监管障碍研究和基层环境监管措施与对策研究等方面。而针对重金属污染环境监管的研究则主要集中在针对重金属污染环境监管障碍研究和针对重金属污染环境监管措施与对策研究方面。这些研究丰富了环境管理的内容，形成了鲜明的主张，具有重要的理论价值和实践意义。然而，这些研究又存在明显的不足，主要表现在：

第一，关于基层环境监管的研究多侧重于理论分析而未结合环境污染的新事实、新情况、新特点。基层环境监管是指县级人民政府及其环境行政主管部门的监管，而我国县域正是环境恶化和生态破坏最严重的区域，特别是近几年来重金属污染事故的频发更是给县域经济发展和县域人群的生产、生活带来了极大威胁。目前基层环境监管的研究既没有以解决突出的环境问题为直接目的，又没有将新出现的环境问题同基层环境监管实际相结合，探求环境问题所产生的根本原因，提出有针对性的监管对策和措施，从而造成了理论上的空谈。

第二，针对重金属污染环境监管的研究又未全面分析重金属污染的特点，未将重金属污染防治同基层环境监管紧密结合。重金属污染与县域有着特殊的联系，县域是重金属污染发生的天然土壤；重金属污染又与县域工业企业密不可分，县域工业企业是重金属污染发生的天然动力。目前针对重金属污染环境监管的研究并未深入考察污染的发生地域和发生环境，学者们对重金属污染环境监管障碍的分析不完整、不准确、不具体，学者们所提出的针对重金属污染环境监管的对策和措施不符合县域客观实际，导致在实际监管过程中无法执行。

第三，关于环境监管体制的研究不成熟、不完善。大多数学者从环境监管主体和环境监管方式两个方面论述了目前环境监管体制所存在的问题，但学者们往往将环境监管主体与环境监管方式混为一谈，且缺乏对现行环境监管体制改进理论前提、基本原则和运行保障等方面的研究。另外，目前关于环境监管体制的研究较为原则和抽象，尚未具体化到基层环境监管领域，因此难以提出针对重金属污染基层环境监管主体结构改进与基层环境监管方式改进的意见和建议，也就难以从根本上解决重金属污染问题。

1.4 相关概念界定

目前国内外研究中对“重金属污染”“基层”“基层环境监管机构”和“基层环境监管体制”等相关概念的表述并不十分明确，为便于本研究的开展，有必要对上述概念进行界定。

1.4.1 重金属污染

本书所称的“重金属污染”是指县域工业企业从事生产活动排入周边环境中的重金属污染物因其数量或强度超出环境自净能力而导致环境质量下降，并给人体健康或其他具有价值的物质带来不良影响的现象。换句话说，县域工业企业通过对县域资源、能源的开发、开采，为社会提供各种所需的物质资料并取得经济利益，但县域工业企业又不能彻底消耗或无害转化从县域环境中所获取的物质与能量，这部分不被利用的物质与能量通过一系列的生态过程最终导致重金属污染的产生。

根据上述界定，本研究不包括以下两种情况：一是不属于县域工业企业从事生产经营活动所造成的重金属污染，比如食物中毒、使用金属器皿饮酒所致重金属中毒，长期吸入汽车尾气引起的铅中毒以及其他非县域工业企业造成的重金属污染；二是虽由县域工业企业自身所致、但并不属于本书所称的重金属污染的损害后果，比如县域工业企业内部工作人员的职业中毒。本研究所称的重金属污染的损害后果是指县域工业企业从事生产经营活动所造成的周边居民的健康或财产损失，居民及其财产完全处于暴露状态。相反，职业中毒则可以采用相关防护措施和专业防护设备进行有效控制。

1.4.2 基层环境监管机构

《现代汉语词典》对“基层”的解释为：“各种组织中最低的一层，且与群众的联系最直接。”在我国，基层环境监管机构即县级政府及其环保职能部门，基层环境监管即县级政府及其环境行政主管部门的监管。这是因为：

第一，《中华人民共和国环境保护法》第七条规定，县级以上各级人民政府及其环境保护行政主管部门对本辖区内的环境保护工作实施统一监督管理。由此可知，县级政府及其环境保护行政主管部门处于我国环境监管组织的最基层。

第二，县级政府及其环境保护行政主管部门与群众的联系最紧密。全国县域内陆地国土面积占全国陆地国土面积的95.0%，县域人口占全国总人口的73.9%，县域地区生产总值（GDP）占全国GDP的51%，但县域也是我国环境污染最严重的区域。县级政府及其环境保护行政主管部门的监管能够改善广大农村地区的环境质量，缩小城乡和区域差异，实现城乡协调发展；能够有效遏制县域生态环境恶化的趋势，实现县域生态文明，维护广大群众的环境权益；能够充分发挥环境保护对改善民生的促进功能，解决严重危害群众的突出环境问题，保障县域环境安全，优化县域经济发展，切实提高广大民众的生活质量。可以说，县级政府及其环境保护行政主管部门的监管与绝大多数人的生存和发展息息相关，县级政府及其环境保护行政主管部门与群众的联系最直接、最紧密。

值得注意的是，市辖区政府及其环境保护行政主管部门也处于我国环境监管组织的最基层，其设置、职责、履行职责的方式与县级政府及其环境保护行政主管部门类似。但市辖区政府及其环境保护行政主管部门不属于基层环境监管机构的范畴，原因在于：市辖区政府及其环境保护行政主管部门与广大群众之间的联系远没有县级政府及其环境保护行政主管部门更直接、更紧密。本书所称的基层环境监管是指县级政府及其环境行政主管部门的监管，基层环境监管主体不包括市辖区政府及其环境保护行政主管部门。

1.4.3 基层环境监管体制

环境监管，即环境监督和环境管理。前者是指来自国家政府、相关部门、社会组织和民众的环境监督；后者是指环境行政管理和社会成员自我环境管理。

体制是指国家机关、企业、事业单位等的组织制度。基层环境监管体制，即基层环境保护监督管理体制，是关于基层环境监管机构设置，以及这些机构之间环境监管权限划分与职责履行方式的总称。

重金属污染条件下基层环境监管体制，即为防治重金属污染、保护县域环境所进行的关于基层环境监管机构设置，以及这些机构之间环境监管权限划分与职责履行方式的总称。

除此之外，本书各个章节也有对以上概念的详细解释和阐述。

1.5 研究方法与技术路线

1.5.1 研究方法

本研究在遵循实事求是、坚持具体问题具体分析等基本方针的前提下，以防治重金属污染为目的，综合运用可持续发展理论、新公共管理理论、权变管理理论以及环境管理学、环境生态学、环境经济学、环境社会学、环境法学等相关学科理论知识对基层环境监管问题进行研究。本书采用的研究方法主要包括：

（1）文献研究法

文献法正是本书研究的基本方法。通过对与基层环境监督管理、重金属污染防治等有关法律法规、政策制度、专题著作、期刊论文、实证材料的深入分析和对各种统计资料的研究、整理，迅速掌握基层环境监管和重金属污染防治的研究现状及存在的问题，形成必要认识，确定研究方向。

（2）实证研究法

本书将实证研究法应用于基层环境监管，通过剖析典型案例，分析和描述基层环境监管的实际情况，力求搞清基层环境监管活动本质上是一种什么样的活动，搞清基层环境监管机构的设置及其与其他部门环境监管权限的划分，以及这种划分给重金属污染防治带来的阻碍和影响，从而使本书所表达的观点更具有说服力和代表性。

（3）规范研究法

对基层环境监管体制的变革研究而言，它是建立在实证研究前提下的规范研究，目的在于依据重金属污染的实际情况和具体防治需要，提出基层环境监管体制改进的对策和建议，从而解决“应该是什么”的问题。所以，规范研究对本书同样具有重要的意义。

（4）比较研究法

比较研究主要集中在通过与西方国家重金属污染防治政策和措施的比较，反思我国基层环境监管的实践效果。依据“标杆理论”，域外经验的借鉴将为基层环境监管主体结构改进和基层环境监管方式改进提供示范和样本。

1.5.2 技术路线

技术路线见图 1-1。

1.6 本书的创新与不足

本书在全面分析针对重金属污染基层环境监管现状、问题，充分发掘基层环境监管理论依据并借鉴美国、日本、印度等国家环境监管成功经验的基础上，探讨了重金属污染条件下基层环境监管体制的改进，并从基层环境监管主体结构改进和基层环境监管方式改进两个方面进行论述，最后提出了针对重金属污染基层环境监管体制改进的配套措施，其目的在于有效解决问题，保护县域环境。纵观全文，主要创新点可以总结为以下几个方面：

（1）本书在归纳、整理、分析 2000—2015 年发生在全国范围内 56 起造成人体健康损害重金属污染事件的基础上，将重金属污染界定为县域工业从事生产活动排入周边环境中的重金属污染物因其数量或强度超出环境自净能力而导致环境质量下降，并给人体健康或其他具有价值的物质带来不良影响的现象。同时提出重金属污染不仅与县域工业生产活动紧密相关，而且重金属污染的频发与发展壮大中县域工业的数量变化、类型特点、生产特点和分布特点相对应。

（2）本书在现行“条块”基层环境监管体制框架下，结合重金属污染的生态过程与基本特征，深入分析了基层环保部门的监管障碍、地方政府的监管障碍、企业守法的障碍和公众参与的障碍，探讨了重金属污染防治工作难以有效开展的各种原因。为印证该论断，本书还原了 2009 年 8 月 F 县“血铅”事件发生、发展的全过程，使针对重金属污染基层环境监管障碍的分析更具说服力。

（3）本书将新公共管理理论应用于基层环境监管，探讨了重金属污染条件下基层环境监管体制的改进，并从基层环境监管主体结构改进和基层环境监管方式改进两个方面进行了论述。前者包括强化政府监管主体指导作用、发挥企

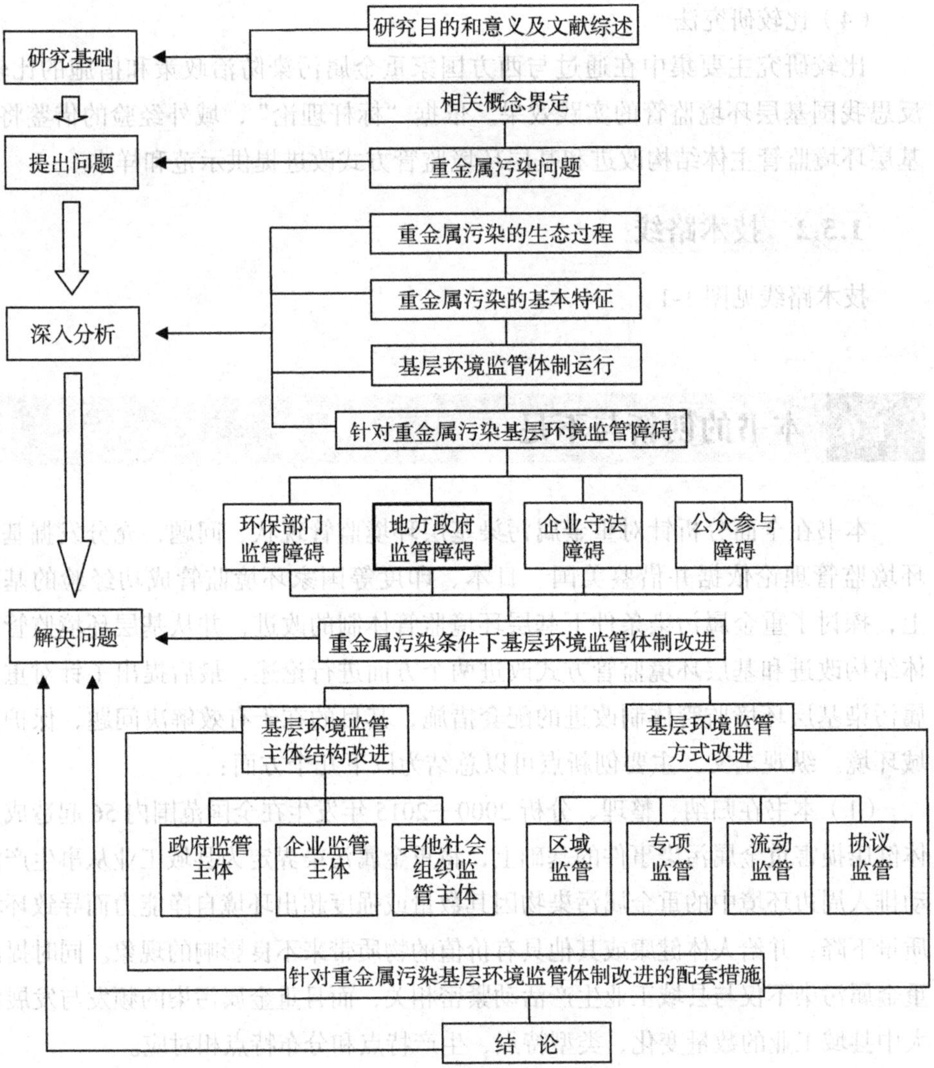

图 1-1 技术路线图

业监管主体能动作用和增强其他社会组织监管主体促进作用；后者包括结合实际完善区域监管、明确目标开展专项监管、加强协作推进流动监管和创造条件实施协议监管。最后，本书提出了针对重金属污染基层环境监管体制改进的配套措施。从总体上看，本书力图在我国环保部门垂直监管现有条件不成熟、标准化政策执行机制尚未建立的背景下，通过对“条条”“块块”相结合基层环境监管体制的改进，打破以政府为权力垄断者单中心基层环境监管主体结构以及由此形成的单一、固化、低效监管方式，克服基层环境监管限制因素的种种束缚，形成有利于重金属污染防治的制度环境。

由于新公共管理理论在环境监管中的运用仍属于较新的课题，对于重金属污染条件下环境监管障碍与措施的研究尚不完善，尤其是结合重金属污染发生地域、发生环境、生态过程与基本特征进行基层环境监管主体结构和基层环境监管方式的研究尚具有探索性，本书对于重金属污染条件下基层环境监管体制的研究还不够深入透彻，对于不足之处与诸多未尽的问题，需要在今后的研究中进一步挖掘和深化。

本章小结

本章介绍了该选题的研究背景、研究目的和意义、国内外研究现状，界定了与本研究密切相关的概念，包括“重金属污染”“基层环境监管机构”“基层环境监管体制”等；本章明确了进行该项研究的方法，即文献研究法、实证研究法、规范研究法和比较研究法；最后，本章提出了本次研究的技术路线、创新点与不足。

第二章　重金属污染问题分析

2.1　县域、县域经济和县域工业

2.1.1　县与县域的含义

县域是特定形式的区域，指的是县行政区划范围内的地域和空间。县域经济是行政区域经济，指的是县空间地域内全部经济活动的总和，即县、县级市、自治县、旗、自治旗范围内相互交织的经济运行系统。

统计显示：截至 2010 年底，全国县域内陆地国土面积约为 883.5 万平方千米，占全国陆地国土面积的 95.0%；全国县域人口约 9.57 亿，占全国总人口的 73.9%，即约有近 10 亿人生活在农村或县属城镇；全国县域地区国内生产总值（GDP）约为 20.3 万亿，占全国 GDP 的 51%。

县域经济的内涵包括以下几个方面：

① 从经济构成上看，农业经济仍处于基础地位；受经济地理特点影响的工业部门经济发展迅速，并已成为县域经济的支柱；以商业、金融业、服务业、信息业、保险业、外贸业为主体的非农业部门经济所占的比重大幅度上升；同时，兼有教育、科技、文化、卫生等促进县域经济发展的实体；工业企业和与县域经济密切相关的各项公共设施主要集中在县域内的广大小城镇，即城镇型建制镇、非城镇型建制镇以及集镇。因此，县域经济是多种经济活动交织、内部关系密切、经济功能相对完整的有机体，它是国民经济的缩影，具有系统性和综合性。

② 从产业结构上看，近几十年来县域经济的发展打破了单纯农业经济的范畴，第一产业经济、第二产业经济与第三产业经济共同构成了县域经济的全貌。可见，县域经济是产业部门齐全，彼此协调、联系且结合紧密的区域经济基本单元。

③ 从空间结构上看，县域经济是以乡村经济为基础，以城镇经济、集镇经济为中心和纽带的区域经济。

④ 从组织层次上看，县域经济是县级政府管辖地域内，以家庭、村社、集镇、城镇为不同级次（组织层次），包括家庭经济、乡村经济、集镇经济、城镇型建制镇经济和非城镇型建制镇经济在内的区域经济形态。

⑤ 从生产资料所有制形式上看，逐渐形成了以个体经济和私营经济为主，全民所有制经济、集体所有制经济、产业转移型经济和外资经济多种成分并存和共同发展的区域经济。

⑥ 从经济部门上看，县域经济包括全县范围内的农业、工业、建筑业、交通运输业、金融业、商业、服务业。此外，科学、教育、文化、卫生、保险等始终与县域经济发展紧密相连。

⑦ 从经济理论角度看，县域经济介于宏观经济和微观经济之间，是一种中观经济。因此，县域经济既要受国家宏观经济政策的制约，又要结合本县域的实际情况，统筹考虑，做出合理的安排和规划。

⑧ 从经济整体上看，县域经济兼有城市（镇）经济和农村经济的特点，即亦城亦乡；同时，它又与城市（镇）经济和农村经济明显不同，即非城非乡。

2.1.2　县域工业来源与特点

县域工业，是指处于县行政区划范围以内以自然资源采掘业和农产品及初级原材料加工业为主的独立物质生产部门，城镇工业、集镇工业和乡村工业是县域工业的基本构成部分。县域工业的地位举足轻重，主要表现在：县域工业是县域经济的主导和支柱，是推动县域经济及其各类社会事业发展、实现全面建设县域小康社会目标的关键，同时也是衡量县域经济发展水平的重要标志。目前，县域工业正以较快的速度和较强的势头迅猛发展。

2.1.2.1　县域工业的来源

（1）国有工业

国有工业，即县属国有工业、县属全民所有制工业，从行政体制上看属于地方国有工业的范畴。按照归属关系，部分县域内的国有工业其隶属关系并不在县内而分别属于中央和省、地（市），其他县属国有工业则是县域工业经济的重要骨干成分。改革开放以后，国有经济的战略性调整和部分权力的层层下放，激发了县属国有工业的活力，扩大了县属国有工业的力量，其产值在全县工业总产值中所占的比重稳中有升。尽管县属国有工业就业人数与企业数目在整个县域经济中并不突出，却是支撑县域经济发展、规模较大的带头产业或支柱产业。改制后的县属国有工业，在消除计划经济体制下所积存的各种障碍后，更加适合社会主义市场经济的发展要求。县属国有工业是县域经济的重要组成部分，是县域工业的主要来源之一。

（2）集体所有制工业

集体所有制工业，即县属集体所有制工业。集体所有制工业是县域工业的主体，集体所有制企业占县域工业企业的多数。由于县属集体所有制工业以从事自然资源采掘业和农产品及初级原材料加工业为主，因而它具有城市工业的性质；由于县属集体所有制工业以服务“三农”为目的，且多由农民直接经营，因而它又与农业联系紧密。县属集体所有制工业依靠本地资源和技术优势兴办，规模小，层次低，装备落后，市场竞争弱，但具有门类齐全、范围广、经营灵活等特点。县属集体所有制工业培育了市场，转移了富余劳动力，带动了传统农业改造，探索了有利于本地发展的新模式。县属集体所有制工业已具备相当实力，是县域工业的主要来源之一。

（3）个体和私营工业

个体和私营工业，即县属个体和私营工业，前者属于县域个体经济或家庭经济，其主要特征是生产资料个人所有；后者则属于县域资本主义经济或私营经济，它以生产资料私人所有和雇佣劳动为基础。在放开、搞活、改变单一所有制结构以及“采取有效措施创造必要条件”的政策引导下（中央经济工作会议，1999），县属个体和私营工业在县域经济中的比重日益增大并推动了县域经济的快速发展。县属个体和私营工业组织成本低，经营方式多样，转产机制灵活，追求利润最大化动力强，能够有效满足市场需要并取得较好的收益。个体和私营工业通过取之不竭且价格低廉的劳动力供给渠道，努力适应外部环境变化，并使产品在价格上具备竞争优势。县属个体和私营工业已成为县域经济新的增长点和县域经济发展的新动力，是县域工业的主要来源之一。

“县域经济以民营经济为主”，“以民营化来推动县域工业发展”（中共十六届六中全会，2006）。目前，在县域经济较发达的地区，民营工业已经成为县域工业的主力军。县域民营工业主要是指县域个体工业和私营工业。近年来，招商引进企业和产业转移企业的数目不断增加，它们是县域私营工业企业的重要组成部分，属于县域私营经济的范畴。为了加快本地经济增长速度，提高政绩，县级政府热衷于在短期内提高本地区的 GDP 增长率。制定相关政策，优化投资环境，大力招商引进外来企业，规划新项目往往是县级政府实现这一目标的有效手段。招商引进而来的企业使县域经济的发展有了新的内涵；产业转移企业主要是指市域企业向县域的流动、转移。市域企业之所以转移至县域，一方面是因为城市日益紧缺的资源、能源对其它的约束，另一方面则是城市自身环境质量改善的需要。市域企业在面临中心城区产能过剩和消费相对饱和的情况下，最可行的办法就是转移至县城或农村。产业转移企业使县域经济向着更广阔的市场发展。

2.1.2.2　县域工业的特点

（1）县域工业发展模式的地域性

县域工业发展模式的地域性表现在：首先，县域工业产品具有地方特点。依靠本地自然资源或原材料供应优势投资兴建的县域工业，主要面向本地市场，产品以满足本地市场需求为导向。虽然部分产品已开始涉足高新技术领域和国际市场，但从总体上看，县域工业产品的地域性特征仍然十分显著。其次，县域工业中的从业者多为本地农民或居民。农村经济摆脱旧体制的束缚后，乡村农业剩余劳动力开始不断向具有区位优势的城镇、集镇移动。随着县域市场的不断扩大和成熟，本地农民或居民已成为县域工业发展最宝贵的人力资源。最后，县域工业要依据县域资源条件和社会经济发展情况开展技术交流，要结合本县的地缘优势进行资本引进，要根据县域市场需求和消费结构的变化扩展产品市场。因此，在技术交流、资本引进和扩展市场方面，县域工业同样存在明显的地域性。

（2）县域工业生产要素组合的低度性

县域工业生产要素组合的低度性表现在：首先，县域工业企业以劳动密集型企业为主，资本密集型与技术密集型企业发展十分缓慢。资本是物质生产增长的前提条件，是推动县域经济发展的主要动力。技术则是劳动生产率提高的本质因素，是促进县域产业结构变革的关键。然而，资本与技术的稀缺却使县域工业在较长的时期内仍要继续走劳动密集型的道路。其次，劳动力虽是县域经济中较活跃的要素，但农业剩余劳动力的大量增加以及劳动者较低的科学文化素质与县域经济工业化要求的不适应，使县域消费水平降低，并直接影响生产者自身再生产，同时也使产业结构优化和技术创新活动受到制约，从而阻碍县域经济的发展；县域工业生产要素组合的低度化使一些生产规模小、科技含量少、产品附加值低的企业在县域工业中占有较大比重，比如采矿企业、建材企业、饲料企业、食品企业、手工加工企业等。

（3）县域工业技术装备的依赖性

县域工业技术装备水平低且不具备科技创新的一般客观条件，比如现代化机器设备的采用率较低，掌握先进科技的相关技术人员数量不足以及具有创新意识、能够将生产要素进行从未有过的新组合并引入生产体系的管理者和企业家缺失等。因此，县域工业往往接受城市工业的技术帮助，依靠城市工业及企业的支持与带动，吸纳、改造、应用先进技术（张奋勤，2000）。对于一些靠近大中城市或毗邻大中型企业的县来说，县域内工业企业的技术装备对城市工业企业的依赖则更为明显。

（4）县域工业结构的非成熟性

县域工业结构的非成熟性主要表现在：首先，县域工业内部结构以轻工业型结构为主，轻工业尤其是利用本地农产品原料的加工业在县域工业内部所占的份额相当大。其次，县域工业内部结构与城市工业内部结构联系紧密并受城市工业内部结构的影响。从我国多数县的情况看，地域环境的差别使县域工业内部结构很不相同。尽管县域工业内部结构比较简单，但它有逐步向城市工业内部结构演进的趋势。再次，部分县域还未能在充分利用本地资源的基础上形成带动全县工业发展的主导部门，因而不能实现县域初级原料商品高附加值化。最后，部分县域已形成的主导工业生产部门后劲不足且带动作用有限，相关配套部门难以得到充分发展。县域工业结构的非成熟性严重制约着县域工业经济的健康发展。

（5）县域工业生产经营方式的粗劣性

县域工业生产经营方式虽然灵活但是粗放。县域工业企业经济信息反馈不灵、生产经营管理落后。县域工业企业普遍采取粗放型经营手段，以资源、能源的高投入、高消耗为支撑。除此之外，资本的缺乏和技术的落后也使县域工业企业的能源综合利用率明显偏低。尽管县域工业企业的发展速度突飞猛进，但这种以牺牲环境为代价的传统经营模式，却造成了日益严重的污染问题和生态失衡（熊耀平，2001）。粗劣的生产经营方式不仅制约了县域工业企业的进一步发展，加剧了经济增长与环境之间的矛盾，同时也对县域居民的生产、生活构成了威胁。

2.2 重金属污染产生

2.2.1 重金属污染发生地域

县，系指行政区划的县，包括县（市）、自治县、旗、自治旗，是国家设置的极为重要的基层行政机构。截至 2003 年底，全国共有 2020 个县（自治县、旗、自治旗）。县域是特定形式的区域，是县行政区划范围内的地域和空间。事件是指历史上或社会上发生的不同寻常的大事情，重金属污染事件即是重金属污染最直接、最客观、最真实的反映。据笔者统计，2000—2015 年，全国共发生造成人体健康损害的重金属污染事件 56 起，其中铅污染 41 起，砷污染 11 起，镉污染 2 起，铬污染 2 起。在 56 起较严重的重金属污染事件中，共有 51 起发生在县域。因此，重金属污染与县域有着特殊的联系，县域是重金属污染发生的天然土壤。

2.2.2 重金属污染生态过程

2.2.2.1 重金属污染的形成过程

重金属，通常指比重大于 5 的金属，包括铅、汞、镉、铬、砷、铍、镍、铊、铜、钴、锌、锰等。各元素的基本情况见表 2-1：

表 2-1　　重金属元素基本情况表

元素名称	元素符号	元素类别	原子量	物理性质	主要用途
铅	Pb	金属元素	207.2	银灰色，质软而重，延性弱，展性强，容易氧化。	常用于制合金、蓄电池、电缆的外皮等。
汞	Hg	金属元素	200.59	银白色液体，内聚力强，蒸气有剧毒，化学性质不活泼，能溶解多种金属。	常用于制药品、温度计、气压计等，俗称水银。

续　表

元素名称	元素符号	元素类别	原子量	物理性质	主要用途
镉	Cd	金属元素	112.411	银白色，质软，延展性强。	常用于制合金、光电管，也用于电镀。
铬	Cr	金属元素	51.9961	银灰色，质硬而脆，耐腐蚀。	常用于制钢、电镀。
砷	As	类金属元素	74.9216	有灰、黄、黑三种同素异形体。	常用于制硬质合金、杀菌剂、杀虫剂等。
铍	Be	金属元素	9.012182	灰白色，质硬而轻。	常用于制合金。
铊	Ti	金属元素	204.3833	白色，质软。	常用于制合金、光电管、温度计、玻璃等。
镍	Ni	金属元素	58.6934	银白色，质坚韧，延展性强，有磁性。	常用于制钢、合金，也用于电镀。
铜	Cu	金属元素	63.546	淡紫红色，延展性、导电、导热性能好。	工业原料，用途广泛。
钴	Co	金属元素	58.9332	银白色。	常用于制合金、瓷器釉料等。
锰	Mn	金属元素	54.93804	银白色，质硬而脆。	主要用于制锰钢等合金。
锌	Zn	金属元素	65.39	浅蓝白色。	常用于制合金、白铁、干电池等。

污染源，即引起环境污染的污染物发生源。重金属污染物的发生源有自然来源和人为来源两种。自然污染曾是重金属污染的主导因素，比如火山喷发带来的有毒无机物、地壳中天然存在的重金属经过风化作用进入环境、岩石崩解后的元素转移等。但在目前，人为污染，尤其是工业化过程中重金属矿山的开发、开采和有毒有害污染物的大量排放，已成为重金属污染产生的最主要原因（表 2–2）。以下就从矿区开发引起的重金属污染、废弃物处置引起的重金属污染以及消费和使用引起的重金属污染等三个方面予以说明。

（1）矿区开发引起的重金属污染

重金属矿藏的开采过程是内生地球化学异常转化为人为表生地球化学异常的过程（张丽萍和张妙仙，2008）。重金属污染常常发生在矿区开采活动的加工环节、加热或冷却环节以及成品整理环节，并与开采时间、规模、技术条件、工艺设备等紧密相关。在多数情况下，提取或加工程序中所产生的重金属飘尘能够通过呼吸道直接进入人体，并随风飘散沉积于周边土壤或被水体悬浮物吸收；洗矿水、加热或冷却程序中产生的废水以及含有矿渣的雨水往往直接进入农田和河流；成品或半成品的不妥当堆放、储存、运输又会造成重金属的渗透与泄露。因此，以重金属矿区为中心的周边环境，其重金属污染物含量都明显较高。

（2）废弃物处置引起的重金属污染

工业生产过程中所大量排放的含有重金属污染物的废气、废水、废渣进入环境后能够导致重金属污染。炼油行业、蓄电池行业、油漆、印刷行业的废热、废水中含有大量的铅离子；电镀行业、制革行业的废水、废渣中则含有铬、镉、镍等多种重金属元素；砷及其有机物广泛存在于玻璃、涂料、染料等行业的“三废”中；此外，化学工业的发展产生了越来越多毒性更强的重金属化合物，比如铅化合物、镉化合物、铬化合物、砷化合物等。这些物质被排入大气、土壤、水体后将给环境带来不可逆的影响。因此，工业废弃物如不加控制或处置，治理不当，就会在人类生存环境中循环、富集，重金属污染的发生也将不可避免。

（3）消费和使用引起的重金属污染

制造半成品部件的工业以重金属为基本原料进行生产时能够导致重金属污染。由于重金属在工业生产中的大量、广泛应用，工人及工厂附近居民很容易受到各种污染。比如以铅作为生产原料进行生产的工厂，工人的血铅含量一般为正常人的 5—6 倍，工厂周边 1.2 米以下的儿童因血铅含量过高而出现集体性铅中毒。此外，炼汞厂工人普遍性汞中毒、蓄电厂工人普遍性镉中毒都是长期接触高浓度重金属污染物的不良结果。日常生活中使用、消费以重金属为原料的产品时也能够导致重金属污染，比如使用聚氯乙烯塑料管、彩色新闻纸、化妆品，食用铅焊锡接缝的罐头造成的铅中毒，上釉器皿等厨房用具中的重金属溶出，家庭合金家具、革制品中的铬污染以及耐火材料、特种陶瓷中的铍污染等。然而，大量含重金属的物品自然分解后所产生的污染量是无法准确计算的。

表 2–2　　主要重金属污染物及其来源情况一览表

污染物	化合形态	主要来源
铅	铅化合物	矿山、有色金属冶炼厂、炼油厂、电池厂、印刷厂、油漆厂等
汞	汞化合物	矿山、炼汞厂、农药厂、灯泡厂、仪器仪表厂等
镉	镉化合物	矿山、有色金属冶炼厂、锌加工厂、电镀厂、电池厂等
铬	铬化合物	矿山、有色金属冶炼厂、电镀厂、家具厂、制革厂等
砷	砷化合物	冶炼厂、药品厂、农药厂、玻璃厂、硫酸厂、涂料厂、染料厂等
铍	铍化合物	冶炼厂、耐火材料厂、特种陶瓷厂等

县域环境污染主要由县域经济工业化过程中的大规模生产活动所引起。从生态学角度看污染是指向环境中排放的废物和废能造成了对生态系统干扰与损害的状态（杨京平，2006；张合平和刘云国，2002）。由于县域工业生产受自身科技水平、工艺设备和生产管理等因素的制约，其所排放有害物质的数量或强度超出了自然环境自净能力，有害因子不断在环境中扩散，迁移。在外界人为活动的持续作用下，这种长期量变积累使生态系统的结构、功能发生质变，并最终对人体健康产生有害影响。重金属污染是一个由多种具有因果关系的系统组成的连续过程。在生产系统中，重金属污染企业通过对县域资源、能源的开发、开采，为社会提供各种所需的物质资料并取得经济利益；在转化系统中，重金属污染企业却又不能彻底消耗或无害转化从县域环境中所获取的物质与能量，这部分不被利用的物质与能量，通过一系列的生态过程最终导致重金属污染的产生（图 2–1）。

（1）重金属污染物的扩散——混合过程

重金属污染物的扩散与污染源有密切关系，污染物进入大气后以点源、线源或面源的形式扩散，并呈现出足够的浓度。重金属污染物在大气中的扩散属于湍流扩散，即分子扩散，整个过程以与地面保持一定距离的垂直扩散为主。重金属污染物在水体的扩散以水平扩散占优势。一般来说，在水体温度、压力和风力的影响下，进入水体的重金属污染物发生混合作用。重金属污染物在土壤中的扩散与前两者有所不同，它以影响或阻断植物根系对土壤营养物质吸收的途径进行，通过与土壤中微生物成分的混合，导致土壤中酶活性降低。

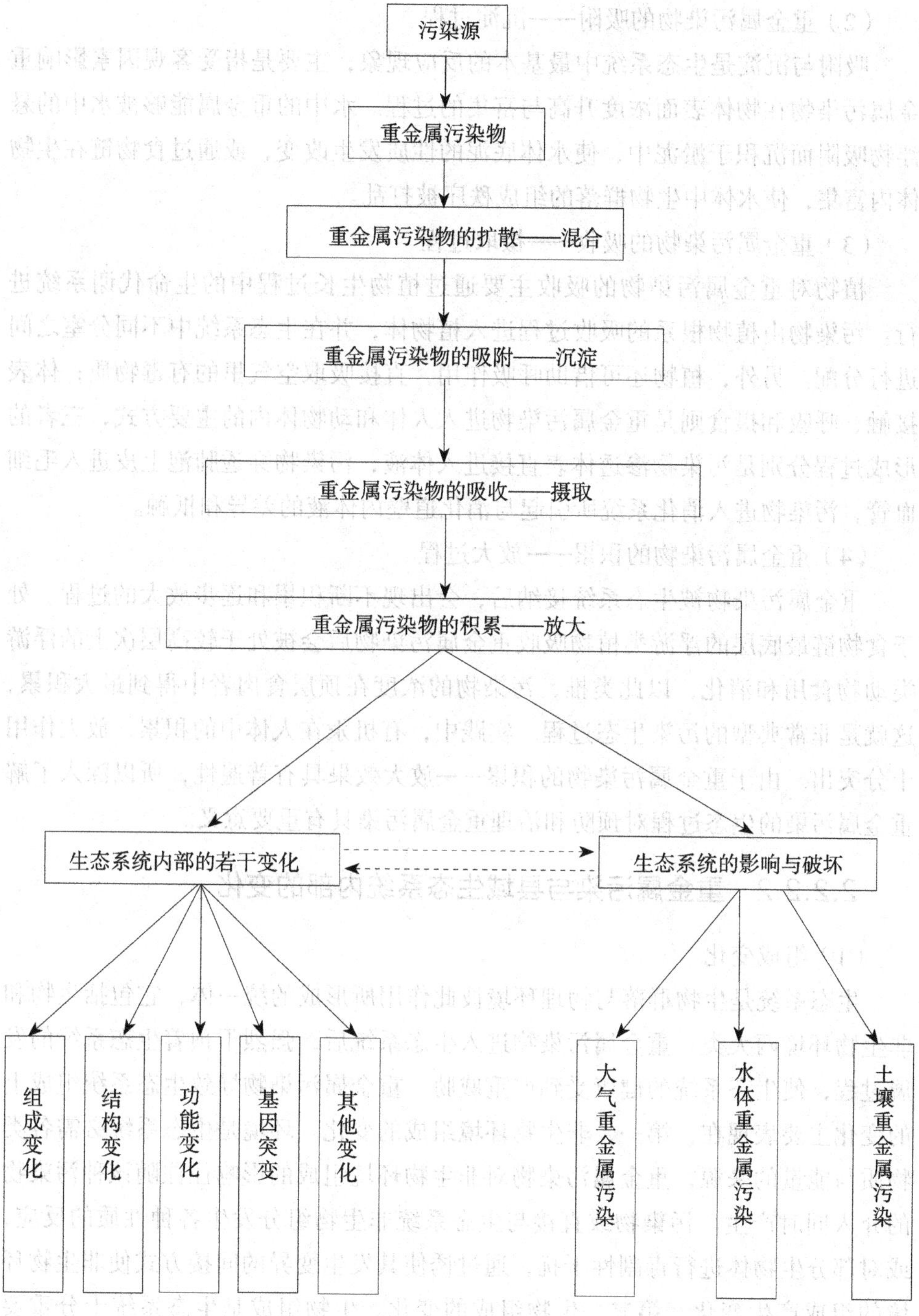

图 2-1　重金属污染的生态过程与生态效应示意图

（2）重金属污染物的吸附——沉淀过程

吸附与沉淀是生态系统中最基本的反应现象，主要是指受客观因素影响重金属污染物在物体表面浓度升高与富集的过程。水中的重金属能够被水中的悬浮物吸附而沉积于淤泥中，使水体底泥的性质发生改变，或通过食物链在生物体内富集，使水体中生物群落的组成秩序被打乱。

（3）重金属污染物的吸收——摄取过程

植物对重金属污染物的吸收主要通过植物生长过程中的生命代谢系统进行。污染物由植物根系的吸收过程进入植物体，并在生态系统中不同分室之间进行分配。另外，植物还可借助呼吸作用，直接吸取空气里的有毒物质；体表接触、呼吸和摄食则是重金属污染物进入人体和动物体内的主要方式，三者的形成过程分别是污染物渗透体表直接进入体液，污染物穿透肺泡上皮进入毛细血管，污染物进入消化系统所引起与消化道壁内体液的差异和抵触。

（4）重金属污染物的积累——放大过程

重金属污染物被生态系统接纳后，会出现不断积累和逐步放大的过程。处于食物链最底层的浮游类植物吸收重金属污染物后会被处于较高层次上的浮游类动物食用和消化，以此类推，污染物的浓度在顶层食肉者中得到最大积累，这就是非常典型的污染生态过程。实践中，有机汞在人体中的积累、放大作用十分突出。由于重金属污染物的积累——放大效果具有普遍性，所以深入了解重金属污染的生态过程对预防和治理重金属污染具有重要意义。

2.2.2.2 重金属污染与县域生态系统内部的变化

（1）组成变化

生态系统是生物群落与物理环境彼此作用所形成的统一体，它包括生物和非生物环境两大类。重金属污染物进入生态系统后，强烈干预着生态系统的发展过程，使生态系统的健康受到严重威胁。重金属污染物导致生态系统组成上的变化主要表现在：第一，非生物环境组成的变化。环境是生态系统必需各类物质与能量的来源，重金属污染物对非生物环境组成的影响往往随该种污染物的介入同时产生。污染物或直接与生态系统非生物组分发生各种性质的反应，或对部分生物体进行毒副性干扰，通过诱使其发生变异的间接方式使非生物环境的组成产生变化。第二，生物组成的变化。生物组成是生态系统十分重要的构成部分。重金属污染物进入生态系统后能够引起生物群落组成的变化。生物种群结构复杂，营养层次多，其稳定性的打破将使生物多样性降低。除此之外，重金属污染物还可能导致某些物种的大量死亡和彻底消失。第三，生物体内成分的变化。受重金属污染物的影响，生物自身的发展演化规律及其体内的营养成分都会发生变化，这将直接导致生态系统代谢作用弱化。

（2）结构变化

重金属污染物使生态系统的基本结构发生改变，主要表现在：第一，生物种群结构的变化，即重金属污染物所致生态系统中生物组成结构及生物物种结构的变化；第二，空间结构的变化，即污染物所致生物群落空间格局状况的变化；第三，时间结构的变化，即由污染物引起的生物种群的生长过程与实际自然环境状况吻合程度的变化；第四，营养结构的变化，即污染物所致生态系统内食物链结构和食物网结构及其相互关系的变化。

（3）功能变化

生态系统是指一定地域内生物群落与物理环境彼此作用并通过物质交换、能量流动、信息传递所形成的有机统一体，能流、物流、信息流正是生态系统的基本功能（姬振海，2007）。重金属污染物使生态系统的基本功能发生改变主要通过以下两种途径：第一，重金属污染物直接阻断生态系统物质交换、能量流动与信息传递的过程，使生态系统存在与发展的动力减弱甚至丧失，功能随之发生改变；第二，重金属污染物作用于生态系统，使生态系统的组成和基本结构产生变化。随着能量、物质转化利用率的下降，生态系统的基本功能最终改变。

（4）基因突变

具有致突变作用的物质所引起生物遗传因素发生突然改变的情况被认为是基因突变。近年来的研究表明，环境污染物或其他环境因素导致了环境中致突变物的快速增加，尤其是重金属污染物质。重金属污染物往往又是致癌物，这将对人类的健康和人类后代产生严重影响。

（5）综合变化

一方面，生态系统内部的变化往往以多种因素同时变化的方式呈现而并非仅局限于某一因素或某个方面，例如重金属污染物在导致生态系统组成发生变化的同时又会导致其结构与功能的改变；另一方面，多种污染物共同作用致使生态系统内部发生变化的现象在实际应用中比较常见。重金属污染物与其他致污因素相互作用正是生态系统内部组成要素发生改变的根本原因。

2.2.2.3 重金属污染对县域生态环境的影响与破坏

县域生态系统属于半自然生态系统，是通过能量转换及物质循环实现以农产品和初级工业品生产为主的，自然再生产与经济再生产相交织的复合生态系统。县域生态系统具有子系统之间联系紧密、资源循环利用与闭环流动的特点，所以，人为因素尤其是重金属污染对县域生态环境的影响显著。重金属污染对县域生态环境的不良效应主要体现在以下几个方面：

（1）大气重金属污染及其危害

大气重金属污染是指由人为活动所产生的重金属有毒物质进入县域大气环境，达到了一定时间，呈现出一定浓度，对环境造成了危害，并给人体健康带来不良影响。虽然大气重金属污染也可能由自然因素所致，比如火山活动、岩石风化等，但人为因素仍是污染形成的最主要原因。空气中的重金属污染物数量大且成分复杂，在空气污染监测中主要以飘尘即10um以下浮游状颗粒的状态存在（周敬宣，2009）。实践中，铅及其化合物飘尘是大气重金属污染的最主要物质来源，儿童集体铅中毒正是大气铅污染的反映。

大气重金属污染对动物的危害。一是直接危害，即动物吸入含有重金属污染物的空气后所引起的不良后果。直接危害通过空气流动将污染物作用于动物体内某一系统，比如呼吸系统、消化系统等，使该系统功能丧失，动物出现急性中毒或大量死亡。直接危害通常发生在大气污染较严重的时期。二是间接危害。大气中的重金属污染物沉积于土壤或水体后能够被植物吸收，积累，被食用后又会导致摄食动物的中毒、死亡。间接危害正是重金属污染物通过食物链在植物体内富集的间接途径而对动物产生的各种危害。

大气重金属污染对人体健康的危害。慢性中毒，即重金属污染物对人体的慢性毒害作用。铅中毒所引起的贫血、末梢神经炎、感觉异常等均是铅及其化合物对人体慢性毒害作用的临床症状。慢性中毒具有隐蔽性、累积性和持久性的特征。急性中毒，一般是由大气中重金属污染物的瞬时浓度过高所致。大量的重金属污染物通过呼吸通道进入人体，能够在较短的时间内造成中枢神经中毒症，临床表现为昏厥、呕吐、抽搐、休克等，对人体健康危害极大。重金属污染物属于有毒无机物，它由血液运输到全身，然后富集于人体某一部位或某一器官并形成致癌物。大气重金属污染物中的汞及其化合物就具有强烈的致癌性。

（2）水体重金属污染及其危害

水体重金属污染是指人为活动所产生的重金属污染物进入县域水体环境后使水质及底泥的性质发生改变，水体原有用途破坏，使用价值降低，自净能力减弱甚至消失的现象。自然污染曾是水体污染的主导因素，但在目前，人为污染尤其是县域工业有毒有害污染物的大量排放已成为水体重金属污染产生的最主要原因。完整的县域水体包括县域地下水、河流、湖泊、沼泽、水库等。实践中，能够引起水体重金属污染的物质有汞、镉、铅以及其他有毒无机物。水体中的重金属污染物不易被降解，存在形态间的转化，毒性效应明显，与水中微生物化合的能力强，并能够通过食物链在生物体内富集。

水体重金属污染对水中生物的危害。重金属污染物进入水体后就会发挥强烈的生物毒性作用，在高浓度的情况下能够直接杀死水中生物；微量的重金属污染物就足以抑制水生植物光合作用的正常进行，并使植物体内的营养成分受到影响；在水体微生物的作用下，新生成的同类化合物毒性增强，污染范围更广，影响更持久，这大大减弱了水体的自净功能，完全为污染敞开了大门；重金属污染物通过食物链不断在生物体内积蓄，浓缩，将对整个生态系统产生不可逆的变化。

水体重金属污染对人体健康的危害。受到重金属污染的水体会给人类日常生活带来严重影响并危及人体健康。其一，地下水、河流被污染后通过饮水或食物链引起急性或慢性中毒，甚至死亡。最常见的是：无机汞转化成甲基汞后富集于生物体内，长期食用水体生物就会引起甲基汞中毒（闫廷娟，2001）。甲基汞中毒能使胎儿发育不全，痴呆，畸形。其二，被重金属污染的水体，能够导致人体功能性障碍和某些疑难疾病。含镉的水能使人体骨骼萎缩，变脆。铍水则对皮肤有强烈腐蚀性，并能引起湿疹。其三，蓄积于水生生物体内及水面悬浮物的部分重金属污染物具有“三致”（致畸、致突变、致癌）作用。水中的铬能引起人体染色体畸变，砷能致癌等。

（3）土壤重金属污染及其危害

土壤重金属污染是指人为作用所产生的重金属污染物进入县域土壤环境后使土壤微生物活动受到抑制，土壤的正常功能失调，自净能力减弱，理化性质改变，并逐步导致土壤环境质量下降、农作物减产以及危害人体健康的现象。县域土壤环境是土壤矿物质、土壤有机物、土壤水分和空气等多种要素的组合，县域内的各项活动都直接或间接地与土壤相关。自然污染曾是土壤污染的主导因素，但在目前，人为污染尤其是县域工业有毒有害污染物的大量排放已成为土壤重金属污染产生的最主要原因。实践中，能够引起土壤重金属污染的物质有汞、镉、铅、铬、砷、钴以及其他有毒无机物。大气沉降和污水灌溉是重金属污染物进入土壤的两种主要方式。土壤重金属污染具有隐蔽性和长期性，能被生物富集。遭受污染的土壤，其治理与恢复往往十分困难。

表 2-3　主要重金属污染及其对人体危害情况一览表

污染类别	对人体器官的危害	三致作用
铅污染	呕吐、感觉异常、贫血、造血系统损害、消化和泌尿系统病变、末梢神经炎、心血管疾病、大脑损伤、影响儿童智力和行为	致畸、致突变、铅化合物致癌
汞污染	头痛、头昏、多汗、失眠、易怒、低烧、手足麻痹、运动障碍、痉挛、中枢神经炎、口腔炎、胃肠炎、肝肾脑损害、呼吸道疾病、肺炎、胎儿发育不全	汞化合物致畸、致癌
镉污染	咳嗽、胸闷、虚脱、腹痛、腹泻、恶心、发热、四肢麻木、抽搐、肝脾功能障碍、骨损害、贫血、高血压、肺水肿、肺炎、肌肉萎缩	致畸、致突变、致癌
铬污染	损害黏膜、皮肤炎、呼吸道疾病、溃疡、消化障碍、肾功能异常	致癌
砷污染	皮肤损害、丘疹、疱疹、皮疹、细胞代谢紊乱、四肢乏力、肌肉萎缩、瘫痪、肢体血管疾病、高血压、神经系统损伤、糖尿病、生殖障碍、消化、泌尿、循环系统受损、肝硬化	致癌
铍污染	肺、肝、皮肤损伤等	致癌

土壤重金属污染对作物的危害。重金属污染物进入土壤后能够抑制土壤微生物体及其代谢产物的有效性，并使土壤微生物种群结构发生改变，微生物的数量下降。重金属污染物能够对土壤酶活性产生影响，使土壤酶活性显著降低，作物生长发育迟缓，植株矮小。重金属污染物能够破坏作物叶片叶绿素结构，导致叶片发黄、脱落，并使作物根部的吸收功能丧失，阻碍作物根部的伸长。重金属污染物能够切断作物光合过程、氧化过程的正常进行，使作物受

害，引起作物死亡。重金属污染物能在作物体内积累，产生毒害。

土壤重金属污染对人体健康的危害。土壤重金属污染对人体健康的危害主要通过农作物产生。重金属污染物进入土壤后不易被微生物降解。污染物经常以多种形式复杂地结合在一起，毒性大，残留时间长。作物通过根系吸取土壤中的有毒物质并积累于根、茎、叶内。研究进一步表明，重金属污染物趋于向生长旺盛的部位移动，作物果实中的重金属含量往往最高。富含该物质的麦粒、稻穗被食用后，能够通过食物链影响人的健康，主要表现在：其一，被重金属污染的作物，能够引起人体急慢性中毒，部分功能衰竭，甚至死亡。作物中的镉进入人体后累积于肝、脾等部位，终生难以排出。作物中的铬在人体内的累积则可能导致肾功能衰竭、神经衰弱等。其二，“三致”作用。长期食用被重金属污染的作物，能使人体体细胞发生突变或诱发癌症。沉积于作物中的砷具有强烈的毒性，与其他重金属污染物相比，其致癌作用最为明显。

2.2.3 重金属污染基本特征

（1）人为性

重金属污染物的发生源有自然来源和人为来源两种。自然来源的重金属在环境中所占的比例很小，其发生作用的范围和对人体健康的影响都十分有限。人是环境系统的主体与核心，然而在利用、改造自然过程中，人类对自身活动对环境所产生的影响估计不足，人为失误正是重金属污染的根本动因。人为失误使有害物质或能量在环境中累积，自然环境系统发生故障或异变，环境质量下降并最终酿成严重后果。实践中，造成重金属污染的人为失误主要有：对重金属污染物的性质认识不清；针对重金属开发与生产的方针、政策、规划等宏观决策存在偏差或失误；对重金属污染物危害的预测、防范机制缺失与监督检查上的失误；相关污染物监测信息不完整或对监测信息分析的能力不强等。

（2）区域性

重金属污染的区域性主要体现在以下两个方面：其一，重金属污染与区域自然条件和区域人为活动密切相关。自然资源包括生态资源、生物资源、矿产资源等，它是社会实践的物质源泉和基础条件，具有鲜明的地域性。自然资源状况的差异决定了区域社会经济活动的复杂、多样，比如具有重金属资源优势的特定区域，对重金属矿山的开发、开采就有可能导致重金属污染。所以，重金属污染区域性的决定因素正是特定区域的特定自然条件及其人为活动（张丽萍和张妙仙，

2008）。其二，同类重金属污染在不同地区发生的规模与强度不同。重金属污染的形成既与区域环境系统的结构特点紧密相连，又具有自身独特的演进规律，其危害性或灾害性的深度与广度受多种因素的作用或制约。儿童集体性铅中毒在我国不同省份的许多地区都发生过，但其强度与影响范围均不相同。

（3）突发性

重金属污染的危害性后果具有突发性。比如重金属污染物侵入人体后，很难被立即察觉。随着有毒有害物质在人体内的不断迁移、转化、富集，其毒害作用的潜伏期最长可达几十年。所以，重金属污染的演变过程是迟缓的，大多数损害后果在污染物具有明显强度之前并不会出现。然而，当污染物的浓度和范围扩大到一定限度，完成由量变到质变的积累后，其危害性后果又会以“瞬间裂变”的形式突然呈现，人们这才意识到它的严重性，但已造成的生命财产损失难以挽回。这种突发性与重金属元素的自身属性、环境系统的组成与结构及其演变规律密切相关。

（4）复杂性

重金属污染的复杂性主要表现为污染具有累积性、隐蔽性、关联性和重现性。重金属污染是一种长期的累积作用，从污染物进入环境到生态系统的损害以及人类与其他生物生存、发展不良影响的出现要有个过程，需要经历一定时间。重金属污染的“累积效应”正是通过其累积性表现出来的；不论是大气重金属污染还是水体、土壤重金属污染都具有极强的隐蔽性，正常环境中所附加的有害物质在人和动物的健康状况中不能及时体现出来；重金属污染物进入环境后，与环境系统中的某些因子相互作用，使非生物环境组成和生物体内成分发生改变，进而产生危害后果。此外，环境中的多种重金属污染物之间也存在关联，并能够彼此结合形成复合污染效应；同一种重金属污染会在同一地域多次、反复出现，从而使生态与环境受到持续性影响。重金属污染的重现性已对日常生活和社会稳定发展构成了严重威胁。

（5）可控性

重金属污染包含极大的人为因素，离开人为活动，就无所谓环境污染。重金属污染又具有可防范性和可控性，通过对客观规律的认识和对自身不当行为的约束，人类完全有能力控制或者减少各类重金属污染的产生。因此，人类对污染生态过程、生态效应和污染生态效应发生机制的了解以及对自身过失行为的反省、总结都意味着人类向控制重金属污染迈出了重要一步。重金属污染是人类与自然相互作用的产物，人类终究能够使自身主观能动性的发挥与客观规律相符合，相一致，也能够在利用、改造自然的过程中有效防止、控制重金属污染的发生。

2.3 重金属污染与县域工业特点内在联系

重金属污染是一个由多种具有因果关系的系统组成的连续过程，重金属污染的产生与县域工业企业的生产活动紧密相关。在生产系统中，县域工业企业通过对资源、能源的开发、开采为社会提供各种所需的物质资料并取得经济利益；在转化系统中，县域工业企业却又不能彻底消耗或无害转化从环境中所获取的物质与能量，这部分不被利用的物质与能量通过一系列的生态过程最终导致重金属污染的产生。重金属污染的实际发生情况表明：从县域工业企业的选址、兴建、投产到重金属污染的出现，其间不仅存在着较为复杂的物质流动与变化过程，并且要经过较长的时间周期。重金属污染的产生要经过以下几个阶段：

首先，重金属污染物的存在。重金属污染物的存在是指县域工业企业因从事生产活动而排放的含有重金属元素的各种废弃物不断进入周边自然环境，使该自然环境中有毒有害物质持续存在。处于特定区域范围内的重金属污染物不断进行自身量变，在生态系统的物质循环与流动中持续积累，富集，为最终的质变创造条件。重金属污染物的量变过程包括：重金属污染物的扩散——混合过程；重金属污染物的吸附——沉淀过程；重金属污染物的吸收——摄取过程；重金属污染物的积累——放大过程。

其次，重金属污染的形成。重金属污染的形成是指县域工业企业从事生产活动所排放的重金属污染物在进入周边自然环境后，经过不断积累、富集，突破自身量变，导致污染，使该环境处于持续污染的状态。此时，处于特定区域范围内的重金属污染物已完成必备的量变积累，生态系统的自净功能已不能将继续进入该区域范围的重金属污染物有效迁移、转化而实现系统内部的物质流动与循环，输入与输出的平衡，生态系统的自净功能消失。

最后，危害结果的发生。危害结果的发生是指县域工业企业从事生产活动所排放的重金属污染物进入周边自然环境后形成污染，导致生态系统的组成、结构、功能发生改变，使处于正常状态的动物、植物出现受害反应，或使该区域内的部分乃至全部居民出现重金属中毒症状，进而危及生命生存价值的情况。重金属污染所造成的危害主要分为两种：一是对动植物的危害，表现为动物异样、植物生理生化过程受阻和生长发育停滞等；二是对人体健康的危害，最常见的就是人体重金属中毒，具体则分为人体铅中毒、砷中毒、镉中毒等。重金属污染对人体健康的侵害具有直接性、持久性和灾难性。此外，重金属污染性质恶劣，影响深远，民愤极大，常常引起矛盾激化，并导致群体性治安事件的发生，这远非其他方面的损害能比。

发生在县域范围内的51起重金属污染事件均与县域工业企业有关。这种相关性主要表现在以下三个方面：第一，在全部重金属污染事件中，居民生产、生活所处的地域空间内都始终存在县域工业企业；第二，处于该地域空间内的县域工业企业持续进行着生产或其他类似活动；第三，进行生产或其他类似活动的县域工业企业始终向周边居民生存所赖以生存的自然环境中排放重金属污染物。所以，绝大多数重金属污染事件的发生与从事生产活动的县域工业企业不断将重金属污染物排入周边居民生存所依赖的自然环境有关。重金属污染与县域工业企业密不可分，县域工业企业是重金属污染发生的天然动力。重金属污染与发展壮大中县域工业特点的内在联系主要表现在以下几个方面：

2.3.1　重金属污染与县域工业数量变化相联系

县域工业是县域经济的主导和支柱，是推动县域经济及其各类社会事业发展、实现全面建设县域小康社会目标的关键，同时也是衡量县域经济发展水平的重要标志。县域工业企业通过对县域资源、能源的开发、开采，为社会提供各种所需的物质资料并取得经济利益，但县域工业企业又不能彻底消耗或无害转化从县域环境中所获取的物质与能量。进入县域生态系统而不被利用的这部分物质与能量正是导致重金属污染发生的直接原因。近年来，以追求利润为目的从事生产活动或类似活动并向周围环境排放重金属污染物的县域工业企业已经成为特定县域内最主要、分布最广泛、影响最深远的污染源。2000—2015年，县域工业企业的数量以年均7%的速度递增。截至2015年底，全国共有县域工业企业约1900多万家，比2000年翻了近两倍。可以说，在县域工业企业不断发展壮大的背景下，企业数目与污染物排放量的增加必然造成重金属污染的频发。

2.3.2 重金属污染与县域工业类型特点相联系

县域工业，即处于县行政区划范围以内城镇工业、集镇工业和乡村工业的总称。从目前来看，丰富的县域资源和充足的劳动力供给使县域工业企业的类型逐渐以采矿业和初级原料制造业为主，并且这一特征有伴随工业化进程加速而固化的趋势。2000 年—2015 年，县域黑色与有色金属开采、冶炼及压延加工业的投资额以年均 23%—25% 的速度递增，县域化学原料及化学品制造业的投资额以年均 16% 的速度递增，而同期投资其他类型县域工业企业的年均增涨幅却不到 1%。可以说，从金属冶炼工业企业和化学品制造工业企业的选址、兴建，到企业投入生产并持续排放有毒有害污染物，再到重金属污染的出现，从根本上与县域工业企业具有以采矿业和化学品制造业为主的类型特点相关，并且重金属污染的发生会随着县域采矿业与化学品制造业投资额的增长而增加。

2.3.3 重金属污染与县域工业生产特点相联系

县域工业企业在生产过程中普遍采取粗放型生产经营模式，以资源、能源的高投入和高消耗为支撑，技术、设备、工艺、方法落后，轻视环境保护与管理工作。可以说，从开始排放重金属污染物到污染的最终形成，整个过程中特定区域环境质量的步步下降和自我调整机能的逐渐丧失都与县域工业企业采取粗放型生产手段、以牺牲环境为代价的生产特点直接相关。另外，在现有生产技术水平、粗放型生产经营方式和高投入、高消耗生产特点尚不能根本改变以及面对县域工业企业的生产特点，相关部门与企业自身日常环境管理工作双向缺失的情况下，县域工业企业的盲目扩张必然带来重金属污染物排放量的骤然增加，而污染物排放量增加的直接后果就是重金属污染的频发。

2.3.4 重金属污染与县域工业分布特点相联系

县域工业企业缺乏统筹规划，采取深入乡镇和村落，与村民为邻的布局方式。县域工业企业分布越散，潜在发生重金属污染的区域就越广，受污染影响居民的人数就越多。此外，工业园区、工业开发区的投入使用并未从根本上改变先前县域工业企业的分散、零乱格局。县域工业企业的零散布局，除了难以达到集聚效应外，也使环保人员、设备、资金问题面临严峻考验。可以说，随着县域工业企业的进一步壮大和这种分散布局的延续，以及因分散布局而带来各种管理难度的加大，重金属污染的频发不可避免。

本章小结

本章归纳、整理、分析了2000—2015年发生在全国范围内56起造成人体健康损害重金属污染事件，认为重金属污染与县域有着特殊的联系，县域是重金属污染发生的天然土壤；重金属污染的产生要经过重金属污染物的扩散—混合、吸附—沉淀、吸收—摄取、积累—放大等一系列生态过程；重金属污染能够影响县域生态系统的发展过程，使县域生态系统健康受到严重威胁，它具有人为性、区域性、突发性、复杂性和可控性等基本特征。本章还讨论了重金属污染产生的三个阶段，即重金属污染物的存在、重金属污染的形成以及危害结果的发生，并进一步认为重金属污染不仅与县域工业的生产活动紧密相关，而且重金属污染的频发与发展壮大中的县域工业的数量变化、类型特点、生产特点和分布特点相对应。本章通过严密的理论分析得出结论：重金属污染具有自身特殊性，它始终与基层环境监管密不可分。

第三章　现行基层环境监管体制运行方式分析

3.1　我国环境监管体制沿革

3.1.1　起步阶段（1972—1978）

1972年6月5日，包括中国代表团在内的第一次人类环境会议在瑞典首都斯德哥尔摩召开。这次会议促进了国内环境管理事业的开创，揭开了我国环境保护工作的序幕。

在斯德哥尔摩人类环境会议的启发下，1973年8月，第一次全国环境保护会议在北京召开。会议审定通过了“全面规划、合理布局、综合利用、化害为利、依靠群众、大家动手、保护环境、造福人民”的环境保护三十二字方针和第一个环境保护文件《关于保护和改善环境的若干规定》。从1973年开始，环境保护逐渐被提到各级政府的议事日程。

1973年11月，国务院批复了《关于保护和改善环境的若干规定》，并提出避免先污染后治理的具体原则，即新建、改建、扩建项目的防治污染和其他公害的设施必须与主体工程同时设计，同时施工，同时投产。同年12月，国务院颁发《工业“三废”排放试行标准》，这是我国第一个关于工业污染物排放的相关准则，它明确提出“三同时”要求，并规定了针对污染严重企业的限期治理措施。“三同时”由此成为我国最早的环境管理制度。

随着对环境保护认识的深入，1974年12月，经过多方努力，国务院环境保护领导小组成立。该小组是最早的专门性环境保护机构，在三十二字方针的指导下，主要负责环境保护基本政策、规章的制定，协调地区间、部门间的环境保护工作，进行环境执法监督检查以及审定国家环境保护规划等，其下设有办公室，处理日常事务。与此同时，地方各级环境保护部门陆续设置，环境科研、监测机构也相继建立。

国务院环境保护领导小组的成立打开了我国环境污染防治工作的新局面。1977年4月，国务院环境保护领导小组联合国家计委、建委等部门共同下发了

《关于治理工业“三废”开展综合利用的几项规定》，并在全国范围内开展了污染源调查、限期治理和综合利用等工作。

以上简要介绍了处于起步阶段（1972—1978）的我国环境监管体制和环境监管机构的基本情况，其主要特征有：首先，缺乏对环境监管或环境管理性质、工作程序及方法的完整认识，在环境监管体制上既没有成熟的经验和理论可遵循，又没有符合我国实际情况的国外模式可套用；其次，至20世纪70年代末，我国虽已建立自上而下的环境管理部门，但其并未纳入政府机构之行列，各项能力严重不足，人员编制奇缺；最后，环境立法处于空白状态，实践中的环境管理工作常常无法可依，举步维艰。

3.1.2 创建阶段（1979—1992）

中共十一届三中全会确立了以经济建设为中心的基本方针，国家进入崭新的历史发展时期。1978年2月，《中华人民共和国宪法》审定通过，该法规定：“国家保护环境和自然资源，防治污染和其他公害。”这就为国家环境法制建设奠定了基础，环境保护正式成为政府的一项重要职能。

以此为依据的《中华人民共和国环境保护法（试行）》于1979年颁布，该法规定了各级环境管理部门设置的原则与具体职责。随着地方环境管理部门的不断完善，我国环保机构建设逐渐走向法制化轨道。1979年3月，全国环保工作会议在成都召开，这次会议提出了“加强全面环境管理，以管促治”的方针。1980年2月，中国环境管理学会成立大会在太原召开，会议达成了“要把环境管理放在环境保护工作首位”的思想认识。

1980年前后，环境监测和环境质量评价工作进一步展开。1980年11月，第一次全国环境监测会议在北京召开，会议制订了《环境监测工作条例》，建立了若干监测站和监测中心，并定期向政府提交环境质量报告。

1981年4月，国务院做出了《关于在国民经济调整时期加强环境保护工作的决定》。该决定要求在国民经济调整中加强环境管理和监督，从而努力改善环境质量。1981年5月，国务院环境保护领导小组联合其他部委发布了《基本建设项目环境保护管理办法》。1982年2月，《征收排污费暂行办法》正式实施，标志着环境管理经济手段开始运用到企业经济活动中，排污收费发挥了限制污染物排放的积极作用。同年8月，国务院颁发《关于结合技术改造防治工业污染的几项规定》，首次将技术改造作为预防工业污染的重要举措。

1983 年 12 月，第二次全国环境保护会议在北京召开。这次会议肯定了环境保护的重要地位，并认为环境保护应成为一项基本国策。会议阐述了“经济建设、城乡建设和环境建设同步规划、同步实施、同步发展，实现经济效益、社会效益和环境效益相统一”的指导思想，明确了“分工合作”的管理体制，确立了三项基本环境政策，强调了自然资源合理开发与充分利用的深远意义。这次会议开创了环境保护工作的新局面，实现了环境管理认识上的新飞跃，奠定了思想和政策基础，使环境管理进到一个全新的阶段。

1984 年 5 月，国务院发布了《关于加强环境保护工作的决定》。同年，国务院环境保护委员会成立。1985 年 10 月，全国城市环境保护工作会议在洛阳召开。国务院环境保护委员会提出了当前综合整治的重点，并明确了综合整治的具体做法。

然而，这一时期的环境管理机构建设却是一波三折。1982 年，国务院机构改革，统管全国环境保护工作的城乡建设环境保护部成立，原国务院环境保护领导小组办公室并入城乡建设环境保护部，成为该部内设的司局级机构。在这次机构调整中，地方各级政府上行下效，“城乡建设环境保护”的管理体制最终在全国范围内形成。

1984 年 5 月，国务院环境保护委员会成立。同年 12 月，又将城乡建设环境保护部内的环境保护局改为国家环境保护局，并将其作为国务院环境保护委员会的职能部门。

1988 年，国务院机构改革，国家环保局从城乡建设环保部中分离出来，改为国务院直属机构，这标志着我国环境保护机构建设步入全新时期。

1989 年 4 月，第三次全国环境保护会议在北京召开。会议深化了环境管理战略总体构想，总结了各地环境管理的成功经验，并根据新形势的要求推出了新的五项环境管理制度，使环境管理工作的规范性明显加强。

1989 年 12 月 26 日，《中华人民共和国环境保护法》（修正案）通过。修订后的环境保护法的实施，极大地改善了国家的环境管理状况，促进了管理体制的形成，并提供了强有力的法律保障。

为促使国民经济持续、稳定、健康发展，国务院于 1990 年 12 月做出《关于进一步加强环境保护的决定》。决定要求深入贯彻执行环境保护法律法规，防治环境污染和生态破坏，在改革开放中搞好环保工作。该决定是深化环境管理的纲领性文件。

以上简要介绍了处于创建阶段（1979—1992）的我国环境监管体制和环境监管机构的基本情况。在这一时期，我国加快了环境保护立法工作，建立了相对独立的环境管理机构，明确了环境保护基本国策的地位，并形成了切合实际的环境管理政策与制度（白永秀和李伟，2009）。所有这些表明具有中国特色的环境保护道路正在确立。然而实践中仍存在着大量亟待解决的问题：首先，环境管理机构虽已纳入各级人民政府行政职能部门之列，却受地方政府的制约而未能形成自上至下的独立机构。因此，地方环境管理部门经常面临人力、物力、财力不足的困境和来自本级政府行政指令的干扰。其次，环境管理被简单地理解为污染治理，环保部门成了治污的主要责任者，始终处于孤军奋战的状态。这样做的结果是治不胜治，防不胜防，环境保护工作成效不大。最后，环境法规零星分散，涉及范围虽广，但相互之间缺乏有机联系；多数环境政策内容原则，粗糙，生态观点不强，没有形成整体环境保护的概念；运用法治手段、治理机制来完善环境管理体制建设的意识不强。

3.1.3　发展阶段（1992—2002）

1992 年 6 月 3 日至 14 日，联合国环境与发展大会在巴西首都里约热内卢召开，这是继 1972 年联合国人类环境会议后筹备时间最长、规模最大、影响最深远的一次盛会，也是人类环境与发展史上的又一座里程碑，与会的国务院总理李鹏阐述了中国政府的立场和主张，并作出了履行《21 世纪议程》的承诺。1992 年 7 月，《中国环境与发展十大对策》通过，可持续发展战略首次提出。可持续发展战略是对传统发展模式的挑战，它为环境管理工作指引了新的方向。不久，包括《中国环境保护行动计划》在内的一系列文件相继发布，我国的环境管理体制建设不断完善。

1993 年，国务院发布了《关于开展加强环境保护执法检查，严厉打击违法活动的通知》。随后，以该通知为依据的全国环保执法大检查活动连续展开。1993 年 10 月，第二次全国工业污染防治会议在北京召开。这次会议提出推行清洁生产，进行全过程管理，从而达到有效控制工业污染的目的。

1994 年 3 月，国务院发布《中国 21 世纪议程——中国 21 世纪人口、环境与发展白皮书》，初步确定了可持续发展战略的政策框架与实施方案。

为进一步明确当前环保工作的指导思想和主要任务，解决实践中所面临的多项环保难题，《全国环境保护工作纲要（1993—1998）》于 1994 年 8 月正式发布，环境保护进入到实质性的阶段。

同年，国家环境保护局联合国务院其他部委共同颁布《环境保护计划管理办法》。该《办法》强调了宏观环境管理的重要性，规范了环境保护计划工作。

与此同时，环境保护工作也在多个领域同时展开。1995 年 2 月和 7 月，中国人民银行、财政部分别发出《贯彻信贷政策与加强环境保护工作有关问题的通知》和《充分发挥财政职能，进一步加强环境保护工作的通知》，提出了有利于环境保护的金融政策与财税政策。

1995 年 12 月，中国跨世界绿色工程计划提出。该计划与污染物排放总量控制计划共同成为适应我国社会主义市场经济发展环境管理政策的重大转变。1996 年 3 月，《国民经济和社会发展“九五”计划和 2010 年远景目标纲要》审定通过，提出了——世纪末环境污染趋势得到基本控制和下世纪头十年生态环境恶化状况明显改善的目标和要求。

1996 年 7 月，第四次全国环境保护会议在北京召开。会议明确了跨世纪环保工作的目标和任务，加强了环保部门统一监管的职能，并做出了《关于环境保护若干问题的决定》。根据决定要求，48458 家“十五小”企业被依法取缔、关闭或责令停产。

1997—1999 年，国家多次召开环境保护工作座谈会，党中央对环保问题高度重视，提出“抓大放小”，以宏观管理促进、带动微观管理的管理思路，强调建立并完善环境与发展综合决策、环保部门统一监管和分工负责、增加环保投入以及促进公众参与等机制，严格落实地方政府的环境责任，实行环境保护目标责任制等。

1998 年，国务院机构改革，撤销原国务院环境保护委员会，将国家环境保护局更名为国家环境保护总局，其行政级别为正部级，由国务院直接领导。这次改革实现了管理体制上的转变，同时也使环境管理机构进一步加强，环境管理职能更为明确。在这一时期，反映新时代要求的环境政策体系正在逐渐形成。

2002 年 1 月，第五次全国环境保护会议在北京召开。这次会议总结了“九五”期间的环保工作经验，使环保工作更加务实，思路更加清晰。与此同时，这次会议提出了五年内的环保工作任务。

以上简要介绍了处于发展阶段（1992—2002）的我国环境监管体制和环境监管机构的基本情况。在这一时期，我国环境法制建设进一步增强，适应社会主义市场经济发展的环境法律、法规、标准大量制定，环境管理制度体系不断完善；环境管理思想有了新的内容，可持续发展理念为环境管理工作指引了新的方向，转变发展模式已成为解决中国环境问题的关键；环保机构建设得到加强，四级或五级环境保护机构逐步建立，环境管理有了强大的组织保证；污染防治工作取得了重大进展，初步实现了污染防治指导思想的四大转变，重点环境问题基本得以解决或控制。然而，这一时期的环保工作仍面临着较大压力：首先，如何正确处理经济发展同环境保护之间的关系？经济发展与环境保护的结合点在哪儿？其次，环保实践中如何贯彻国家产业政策？国家产业政策的调整通过何种途径在环保领域体现和反映？再次，如何使现有的环境管理体制不断适应社会主义市场经济发展的要求？或者说，如何使环境管理体制的改革与市场经济体制改革保持同步？最后，如何正确认识宏观环境决策的重要性，怎样才能通过综合决策解决宏观环境管理问题？这些问题在这一时期并未得到解决。只有环境管理向纵深方向发展，这些问题才有从根本上解决的可能。

3.1.4 完善阶段（2003年至今）

2003年10月11日至14日，中共十六届三中全会在北京召开。会议提出按照统筹人与自然和谐发展的要求全面建设小康社会，树立全面、协调、可持续的发展观。科学发展观的提出标志着我国的环境管理工作和环境监管体制建设进入完善阶段。在这一时期，环境管理机构的地位进一步提升，环境管理的手段更加复杂、多样，综合性、全局性、科学性的管理特点日趋呈现。同年，国务院发布《关于加快林业发展的决定》，确立了合理利用森林资源，建立生态安全体系，突出林业生态效益，实现林业可持续发展的指导思想。

2004年3月，中央人口、环境、资源座谈会召开，国家主席胡锦涛指出要牢固树立人与自然相和谐和保护环境的观念，要营造爱护环境的良好气氛，要不断增强全社会的环境保护意识。

2005年10月3日至11日，中共十六届五中全会在北京召开。会议提出加大环境保护力度，切实保护好自然生态，并将“节约资源、保护环境”确定为我国的基本国策。

2005年12月，国务院发布《关于落实科学发展观加强环境保护的决定》。决定要求全面贯彻落实科学发展观，建设资源节约型、环境友好型社会，严格按照区域生态系统管理方式完善环境管理体制，增强环境监管的协调性和整体性，并确定了国土综合开发整治、生态文明、新农村建设以及可持续发展方面的环境政策。

2006 年 3 月，十届全国人大四次会议审定通过了《关于国民经济和社会发展第十一个五年规划纲要的决议》。决议重申了“节约资源、保护环境”这一基本国策，提出建立有利于环境保护的生产方式和消费方式，以及大力发展循环经济以促进环境资源的永续利用等。

2006 年 4 月，第六次全国环境保护会议在北京召开。这次会议提出了加快实现“三个转变”的工作要求，强调了“预防为主、综合治理”的环境管理思路，并明确了现阶段环境保护工作的重点是解决危害群众健康的典型环境问题。

2006 年 10 月 8 日至 11 日，中共十六届六中全会在北京召开，会议通过了《中共中央关于构建社会主义和谐社会若干重大问题的决定》。《决定》强调了加强环境治理保护，实行环境法治和生态治理，防治环境污染和生态破坏，促进人与自然相和谐，加快“两型”社会建设等若干问题。

2006 年 12 月 12 日，第一次全国环境政策法制会议在北京召开。会议强调：完善环保政策法规建设，提高环境立法质量，建立切合实际的环境政策框架体系；加强环境监管管理，构建环境行政执法体系，严格落实行政执法责任制；重视宏观环境决策及环境战略研究，改善宏观调控，不断推进我国环保事业的发展。

2007 年，中共十七大报告将环境保护提到重要战略位置。报告指出，经济增长的资源环境代价过大以及“高投入、高消耗、高排放”的粗放型增长模式已经成为当前经济社会建设的主要难题。报告强调了政府环境保护的职能，要求各级政府深入贯彻落实科学发展观，持续开展环境保护工作，推进“两型”社会建设，构筑生态文明。

2008 年 3 月，国务院机构改革，升级后的国家环境保护部取代原国家环境保护总局，成为国务院的组成机构。环境保护部的成立，能够使环境保护更深入地融入经济社会发展全局，能够更为有力地参与综合决策，能够加快推进环境管理的根本性转变。环境保护部的成立具有划时代的意义，它是我国环境管理机构建设中所取得的重要进步，实现了管理体制上的重大突破。环境保护部的成立，有利于加强我国环境保护工作，有利于监督管理环境污染防治，有利于提高管理水平，协调解决重大环境问题，推动经济社会又好又快发展。

2008 年 7 月，全国农村环境保护会议在北京召开。会议确立了农村环境保护规划、农村水资源保护、土壤污染防治以及环境法制教育等一系列有利于农村环境保护的重要政策，并对今后工作进行了全局性、整体性部署。

2009年1月，全国环境保护工作会议在北京召开。环境保护部部长周生贤发表讲话，强调要坚持以科学发展观为统领，积极探索中国特色环境保护新道路，为促进经济平稳较快发展做出更大贡献。

2009年8月，全国污染源普查领导小组会议在北京召开。国务院副总理李克强强调要深入贯彻落实科学发展观，以污染源普查为契机，更加注重环保工作，切实解决突出的环境污染问题，促进经济社会可持续发展，不断提高人民生活水平和质量。

2010年1月，全国环境保护工作会议在北京召开。会议科学分析了目前所面临的经济形势和环境形势，总结了2009年环境保护工作所取得的主要成就，并提出要坚持以生态文明建设为指导，继续推进历史性转变，探索中国环保新道路。

以上简要介绍了处于完善阶段（2003年至今）的我国环境监管体制和环境监管机构的基本情况。在这一时期，我国环境管理指导思想、政策发生了显著变化，环境管理能力进一步提高；环境立法方面取得了明显进展，环境执法力度进一步加强；环保机构建设进入新阶段，具有较强组织、协调能力和较大权限的管理部门成立；环境管理制度不断完善，环境保护逐步走向法治轨道。同时，我国在城市环境管理、农村环境管理以及国际环境合作方面也取得了重要成就。

40年来我国环境管理体制的形成过程，既是不断深化环境保护规律性认识、不断总结环境管理经验教训的过程，又是具有中国特色环境管理战略逐渐确立、适应可持续发展和社会主义市场经济要求且反映当代中国环境保护概貌的一系列方针、政策、法规、标准及管理制度逐渐构筑的过程。40年来，我国的环境管理体制不断进行改革，渐进式地走向成熟和完善，并形成了完备的思想、政策、法规和制度体系。我国环境管理体制的发展历程正是中国特色环境保护道路的反映（蔡守秋，2009）。

3.2 基层环境监管机构设立

体制是指国家机关、企业、事业单位等的组织制度。基层环境监管体制，即基层环境保护监督管理体制，是关于基层环境监管机构设置，以及这些机构之间环境监管权限划分与职责履行方式的总称。

3.2.1　县级环境保护行政主管部门设立

《中华人民共和国环境保护法》第七条第二款规定："县级以上地方人民政府环境保护行政主管部门，对本辖区的环境保护工作实施统一监督管理。"在我国，基层环境监管机构主要是指县级人民政府环境保护行政主管部门。基层环境监管机构既是基层环境监管体制的核心，又是国家环境监管机构体系的重要组成部分。环境监管是一种具有科学性的社会活动，在整个监管过程中，只有通过一定机构行使职权才能使环境监管的职责与功能得以实现。所以，基层环境监管机构的设立与完善，是环境管理系统正常运行的内在要求和基层环境监管有效开展的必要保证。

我国县级环境保护机构建设经历了较为缓慢的发展过程。经过多次改革，截至 2008 年底，绝大多数县设立了环境保护行政主管部门，超过 50% 的乡、镇设立了环境保护站（县级派出机构）。县级环境保护行政主管部门及其在全国环境管理机构体系中所处的位置如图 3—1 所示。

3.2.2　县级政府其他部门环保机构设立

《中华人民共和国环境保护法》第七条第四款规定："县级以上人民政府的土地、矿产、林业、农业、水利行政主管部门，依照有关法律的规定对资源的保护实施监督管理。"因此，基层环境监管机构还包括县级政府其他部门的环保机构（图 3—1）：

（1）县级土地行政主管部门的环保机构

是指依据《中华人民共和国土地管理法》《中华人民共和国环境保护法》的规定，对本辖区内土地资源的开发、利用与保护实施监督管理的基层环境监管机构。

（2）县级地质矿产行政主管部门的环保机构

是指依据《中华人民共和国矿产资源法》《中华人民共和国环境保护法》的规定，对本辖区内矿产资源的开发、利用与保护实施监督管理的基层环境监管机构。

（3）县级林业行政主管部门的环保机构

是指依据《中华人民共和国森林法》《中华人民共和国环境保护法》的规定，对本辖区内森林资源的开发、利用与保护实施监督管理的基层环境监管机构。

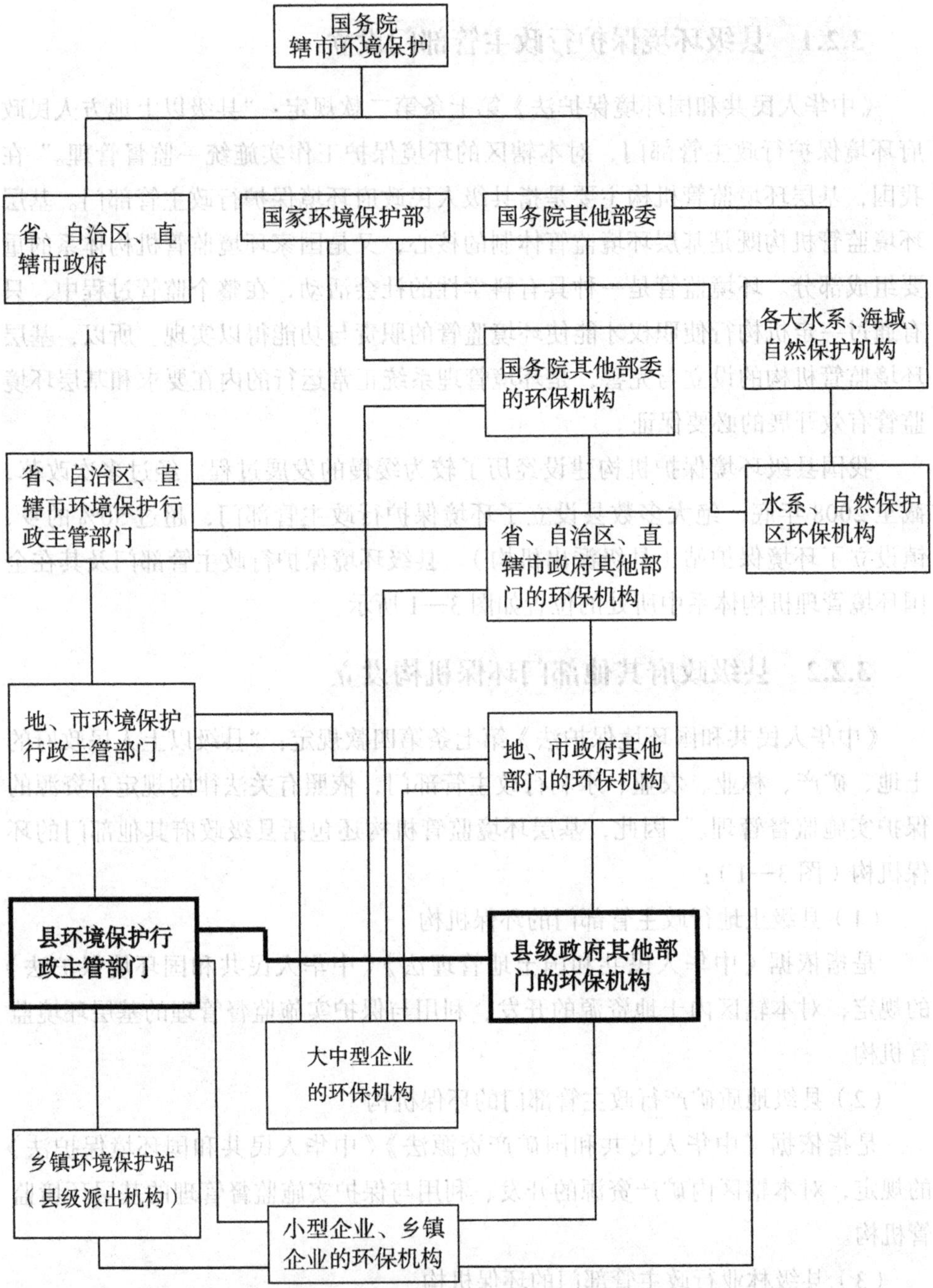

图 3–1 县级环保部门与县级政府其他部门环保机构在全国环境管理机构体系中的位置

（4）县级农牧业行政主管部门的环保机构

是指依据《中华人民共和国草原法》《中华人民共和国环境保护法》的规定，对本辖区内草原资源的开发、利用与保护实施监督管理的基层环境监管机构。

（5）县级水行政主管部门的环保机构

是指依据《中华人民共和国水法》《中华人民共和国水土保持法》以及《中华人民共和国环境保护法》的规定，对本辖区内水资源、水土资源的开发、利用与保护实施监督管理的基层环境监管机构。

（6）县级陆生野生动物行政主管部门和渔业行政主管部门的环保机构

是指依据《中华人民共和国野生动物保护法》《中华人民共和国环境保护法》的规定，对本辖区内野生动物资源的开发、利用与保护实施监督管理的基层环境监管机构。

此外，县级卫生行政主管部门、县级市政管理部门、县级市容环境卫生管理部门、县级园林行政主管部门以及县级公安部门等也有依据相关法律法规并采取适当措施，对本区域内的环境资源保护和污染防治工作实施监督管理的职责（叶文虎，2000；张明顺，2005）。

3.3 基层环境监管机构职责

3.3.1 县级环境保护行政主管部门职责

县级环境保护行政主管部门依照法律和行政法规，在县级人民政府的直接领导下，对本辖区的环境保护工作实施统一监督管理，保护、改善生活环境和生态环境，促进自然资源的合理开发、利用，防治污染和其他公害，实现县域经济和社会持续、稳定发展。县级环境保护行政主管部门的机构组成及其主要职责见表 3–1。

3.3.2 县级政府其他部门环保机构职责

依据相关法律，县级土地行政主管部门、地质矿产行政主管部门、林业行政主管部门、农牧业行政主管部门、水行政主管部门、陆生野生动物行政主管部门、渔业行政主管部门的环保机构也具有一定的环境监督管理权，并执行一定的环境监督管理任务（见表 3–2）。这些部门的环境监督管理职责同样是基层环境监管机构职责的重要组成部分。

表 3–1 县级环保部门的机构组成及其主要职责

名　称	主要职责
办公室	拟订政务工作各项规章制度，承担机构编制和人事管理工作；协助局领导处理日常政务，负责秘书、印章、机要、档案、信息化管理等事宜；协调各科（室）间的业务往来，指导派出机构及其他部门的环境保护工作；处理群众来信来访，承办人大代表关于环境保护的建议、议案及政协提案等；解决本辖区的环境纠纷，调查、处理、通报重大环境污染事故；推广环境保护先进经验和技术，开展环境科学研究、宣传教育和舆论监督活动，表彰在环境保护方面有突出贡献的单位和个人；组织环境保护在职人员技术培训，负责辖区内的环境保护队伍建设；承办同级政府交办的其他事项
综合计划科	编制环境保护规（计）划，参与制订本辖区国土整治规划、资源节约和综合利用规划、经济与社会发展规划以及区域开发规划，参与审核城镇规划中的环境保护内容；参与编制可持续发展纲要，组织自然资源核算工作；拟订环境功能区划，制定与环境功能区相配套的产业政策；拟订辖区内污染物排放总量控制计划，提出污染源限期治理建议和污染物削减目标；编报环境质量报告书，实施环境信息管理，定期发布环境状况公报；组织开展专项规划环境影响评价工作，对重大经济政策的环境影响进行评估；会同有关部门进行环境保护补助资金预算，管理预算外资金和各种专项经费；负责辖区内的环境监测工作，指导辖区内的环境监测网络建设；负责基本建设项目管理
政策法规科	贯彻国家环境法律、法规、标准，执行地方环境法规、规章和办法；组织开展环境调查，预测本地区环境状况的发展趋势，确定环境管理的政策和对策；组织拟定有利于环境保护法律、法规在本辖区内实施的办法和具体措施，并向上级环境管理机构报告；制定与环境保护相关的产业政策和技术政策，并开展政策的环境影响评价；组织环境保护执法检查，监督环保法律法规的执行情况，全面负责辖区内的环境监理工作；负责环境行政处罚、赔偿及应诉工作；开展环保法规培训、宣传和普及教育工作

续　表

名　称	主要职责
污染控制科	组织实施达标排放、排污申报登记、排污许可证、排污费征收、污染治理设施运行情况现场检查、污染源限期治理、危险废物经营许可等管理制度；监督管理辖区内的环境污染防治工作，负责严重污染区域的环境治理；组织拟订大气污染防治规划，开展大气环境功能区达标工作；拟订环境保护综合整治计划，提出改善和保护环境的对策及措施；推进环境保护和建设行动计划，监督对生态环境产生影响的资源开发项目；负责可利用废物进出口许可审核工作，向上级环境管理机构报告辖区内的环境隐患；掌握辖区内工业污染源治理状况，贯彻实施污染物排放总量控制计划；负责重大污染事故的调查、处理工作，参与县间环境污染纠纷的调解；负责联系监理所有关业务
水环境和生态保护科	组织拟订本辖区水污染防治规划，开展水环境功能区达标工作；组织实施水污染达标排放、排污申报登记、排污许可证、排污费征收、水污染治理设施运行情况现场检查、污染源限期治理等环境管理制度；负责辖区内饮用水源保护工作，保护饮用水源地水质和地下水资源；负责水环境重大污染事故的调查和处理，参与县间水环境污染纠纷的调解；负责本辖区生态环境保护和海洋环境保护工作；编制生物多样性保护计划；指导湿地环境保护防治工作；制订自然保护区规划，并监督实施；开展生态破坏恢复整治工作；管理生物技术环境安全；组织生态示范区和生态农业建设；负责农村生态环境保护；负责野生植物保护和物种进出口管理
监督管理科	监督辖区内开发建设项目的环境管理工作；负责限额内基本建设项目、区域开发建设项目、技术改造项目、国家委托项目环境影响评价报告书（报告表、登记表）的审查和“三同时”、排污许可证执行情况的审核工作；开展重大经济活动环境影响评价；负责放射性废物、有毒化学品、电磁辐射、核安全的监督管理和防治工作；负责联系辐射监理所有关业务；制定重大环境污染事故应急预案，参与突发性事件的应急处理工作；管理本辖区环境影响评价资格证书

表 3-2　　县级政府其他部门环保机构的主要职责

名　称	主要职责
土地行政主管部门环保机构	对本辖区农民集体土地所有权的确认和土地使用权的监督管理；对本辖区土地利用总体规划的监督管理；对本辖区耕地的保护和管理；对本辖区建设用地的监督管理
地质矿产行政主管部门环保机构	对本辖区矿产资源勘查登记和开采审批的监督管理；对本辖区矿产资源开采的监督管理；对本辖区集体矿山企业和个体采矿的监督管理
林业行政主管部门环保机构	对本辖区集体森林、林木、林地所有权的确认和森林、林木、林地使用权的监督管理；对本辖区森林经营的监督管理；对本辖区森林的保护和管理；对本辖区森林采伐的监督管理
农牧业行政主管部门环保机构	对本辖区集体草原所有权的确认和草原使用权的监督管理；对本辖区草原保护规划的监督管理；对本辖区草原的保护和管理
水行政主管部门环保机构	对本辖区水资源调查评价的监督管理；对本辖区水资源综合规划和专业规划的监督管理；对本辖区水资源开发利用的监督管理；对本辖区水、水域和水工程的保护和管理；对本辖区水长期供求计划的制订；对本辖区水土保持规划的监督管理；对本辖区水土流失预防的监督管理；对本辖区水土流失整治的监督管理
陆生野生动物和渔业行政主管部门环保机构	对本辖区野生动物保护规划的监督管理；对本辖区野生动物的保护和管理

3.4 基层环境监管制度实施

基层环境监管机构从探索基层环保工作的规律出发，以可持续发展战略为导向，通过正确履行环境监督管理职责，达到有效控制环境污染、预防生态破坏的目的。实践中，基层环境监管机构履行职责的方式主要表现为贯彻、执行各项环境管理制度（沈洪艳，2005；郭廷忠等，2009）。

3.4.1　环境影响评价制度

环境影响评价的概念最早出现在20世纪60年代中期的一次国际环境会议上。60年代末，环境影响评价制度率先在美国确立，美国《国家环境政策法》规定联邦政府机关在采取对环境有影响的行动前必须进行环境影响评价。随后，美国各州纷纷制定了各种形式的环评法律，这种做法很快得到了其他国家的效仿。瑞典、日本、澳大利亚、法国、英国、德国、加拿大、俄罗斯也先后制定了有关环境影响评价的专门法、条例或将环境影响评价制度纳入国内相关法律。目前，全世界已有超过100个国家和地区开展了相应立法活动，此外越来越多的国际环境条约也都对环境影响评价制度进行了规定。

在我国，环境影响评价的提出始于“文革”之后。1979年的《中华人民共和国环境保护法（试行）》正式将环境影响评价制度法律化；1981年5月，《基本建设项目环境保护管理办法》发布，进一步明确了环境影响评价的内容和程序；1986年3月的《建设项目环境保护管理办法》不仅扩大了建设项目环境影响评价的范围，而且修改了部分评价事项，补充了评价责任；1998年，《建设项目环境保护管理条例》的实施使环评制度的发展进入到了新的阶段；2002年10月28日，《中华人民共和国环境影响评价法》的顺利通过使规划环评成为环境影响评价的基本内容，该法由此成为我国环境影响评价史上的重要里程碑（欧祝平等，2004）。

县级环境保护行政主管部门依据《建设项目环境保护管理条例》和《中华人民共和国环境影响评价法》的规定，对本辖区内生产性建设项目、技术改造项目、区域开发项目以及其他涉外建设项目贯彻、执行环境影响评价制度的情况进行监督和管理，具体内容包括：a. 环境影响评价的确立，即县级环保部门在审查建设项目环境影响报告书、报告表或登记表后依法作出是否准予立项的处理意见；b. 环境影响评价的委托，即对批准立项的建设项目，需委托经县级环保部门审查登记的专门的评价单位进行环境影响评价；c. 环境影响评价工作开展，即评价单位在县级环保部门的监督下独立、客观地进行预测与初步评价，并编制环境影响报告书（表）；d. 征求公众意见，即除法律、行政法规规定需要保密的情形外，建设单位应当在环境影响评价工作开展之后、环境影响报告书（表）审批之前，通过各种形式征求有关公众的意见，并将该项意见采纳或不采纳的说明附于报批的环境影响报告书（表）中，县级环保部门对建设单位征求公众意见的全过程进行指导、监督；e. 环境影响报告书（表）的审批，即由县级环保部门对已经完成的环境影响报告书（表）进行审批。

县级环境保护行政主管部门依据《建设项目环境保护管理条例》和《中华人民共和国环境影响评价法》的规定，对本辖区内建设单位违反环境影响评价制度的行为进行处罚，主要包括：① 责令未依法编制或报审环评文件的一般建设单位停止建设、限期补办环评手续，期限届满仍未补办的，可处以 5—20 万元的罚款；② 责令国有性质的建设单位停止建设，罚款，并依法对直接责任人员给予行政处分。另外，县级环境保护行政主管部门及其工作人员滥用职权、玩忽职守，违反法律规定进行环评文件审批工作的，依法给予行政处分或追究刑事责任。

3.4.2 “三同时”制度

“三同时”制度是我国独创的、体现预防为主原则的一项环境管理制度。“三同时”制度从宏观上和规划上保证建设项目污染防治设施与主体工程的同时设计、同时施工、同时投产使用，是控制新污染源产生的重要途径（许宁和胡伟广，2003）。作为我国环境管理的基本制度之一，早在 1972 年 6 月国务院批转的一份意见报告中就提出了有关“三同时”的要求。随后召开的全国环境保护会议进一步要求各级主管部门认真贯彻落实“三同时”原则，做好竣工验收，严格把关。1979 年的《中华人民共和国环境保护法（试行）》完善了“三同时”管理的内容，并正式将“三同时”制度法律化。为确保“三同时”制度的执行，1980 年的《关于基本建设项目、技改项目要严格执行“三同时”的通知》、1981 年的《基本建设项目环境保护管理办法》和 1987 年的《建设项目环境设计规定》结合执行中出现的情况将“三同时”制度具体化，规范化，程序化，从而强化了这一制度的功能。1983 年第二次全国环境保护会议提出的“三同步”“三统一”环保战略为“三同时”工作的开展创造了有利条件。1986 年的《建设项目环境保护管理办法》在总结相关经验的同时对“三同时”管理提出了具体要求。《中华人民共和国环境保护法》第二十六条第一款、第二款和第三十六条明确规定了“三同时”的内容和违反“三同时”的法律责任，“三同时”制度所发挥的作用已经越来越明显。

县级环境保护行政主管部门依据《中华人民共和国环境保护法》的规定，对本辖区内新建、改建、扩建项目，各类技改项目以及可能对环境造成影响其他建设项目贯彻、执行“三同时”制度的情况进行监督和管理，具体内容包括：a. 同时设计，即县级环保部门要求与建设项目相配套的环保设施必须与主体工程同时设计，设计应严格按照环境影响报告书（表）的意见和要求进行，设计标准为浓度标准或总量标准，这是“三同时”的第一阶段；b. 同时施工，即县级环保部门要求完成同时设计的污染治理设施必须与主体工程同时施工，且施工方案要以设计方案为依据，其目的在于实现浓度控制或总量控制的目标，这是“三同时”的第二阶段；c. 同时投产，即县级环保部门要求完成同时施工的污染治理设施必须与主体工程同时投入使用，并对各项设施的运行情况和治理效果进行检查。

县级环境保护行政主管部门依据《中华人民共和国环境保护法》的规定，对建设单位违反“三同时”制度的行为进行处罚，主要包括：① 责令建设项目环保设施设计方案未经审查批准而擅自施工的建设单位停止施工，履行相关手续，并可对其直接责任人员处以罚款；② 责令建设项目环保设施尚未建成而投入生产或使用的建设单位停止生产或使用，并可对其直接责任人员处以罚款；③ 责令因违反“三同时”制度而造成污染事故发生的单位承担赔偿责任，并可对其给予行政处罚。

3.4.3　排污许可证制度

排污许可证制度是通过运用法律、行政、技术、经济等手段，制订总量排放规划方案，并将要削减的污染物量进行优化分配，经审查批准后向排污单位发放许可证，排污单位依据许可证上所载明的排污方式、数量、种类依法进行排污的综合性环境管理制度。排污许可证制度既是环境管理机关强化环境监管和实现环境质量改善的重要手段，又是控制新污染源产生的有效途径（王扬祖，1993）。排污许可证制度是环境行政许可的法律化，许可证具有法律效力，受法律保护。作为一项具有法律含义的环境管理制度，早在 1987 年我国就开始了总量控制和排污许可证制度的试点工作。随后召开的烟台会议对排污许可证制度的正式建立产生了重要意义。这次会议不仅讨论了排污许可证制度实施过程中可能存在的问题，明确区分了容量总量控制和目标总量控制，而且提出了进一步推行该项制度的措施、意见和建议。1988 年，国家排污许可证技术协调组成立，该协调组从技术上保证了排污许可证制度的贯彻、执行；同年召开的“水污染物排放许可证管理工作研讨会”在介绍近年来工作情况和经验的同时进行了许可证制度实施的不同阶段划分，并具体化了各个阶段的任务和要求。1989年，以总量控制和排污许可证制度为主要内容的第二次全国水污染防治会议召开。1990年，排污许可证技术交流会议召开。1991年上半年，上海市和其他试点城市先后完成了总量控制和排污许可证制度的试点任务，并顺利通过检查和验收，从而为总量控制和排污许可证制度的全面开展奠定了基础。

县级环境保护行政主管部门以污染物总量控制为基础，对本辖区内排污单位贯彻、执行排污许可证制度的情况进行监督和管理，内容包括：a. 进行排污登记，即县级环境监察部门按照《排污费征收使用管理条例》的规定，对排污单位所申报的该单位污染物排放的种类、数量、浓度及所拥有污染物排放与处理设施的情况进行登记。县级环境监察部门进行排污登记既是一项法定环境管理制度，又是污染物削减措施制定的前提和依据。b. 分配排污指标，即县级环保部门在确定发放排污许可证范围和总量控制目标值的基础上，从本地区经济与社会发展水平、污染状况、污染源分布和管理人员素质等实际情况出发，将总量指标合理地分配至各个单位。c. 审核发证，即县级环保部门对排污单位在规定时间内所提出的申请指标予以审核，并向申请单位颁发排污许可证。d. 监督管理，即县级环保部门对企业执行许可证的情况进行监管，并对违反许可证管理规定的排污单位进行处罚。

县级环境保护行政主管部门依据有关法律规定对本辖区内排污单位违反排污许可证制度的行为进行处罚，主要包括：① 责令未按照排污许可证规定进行排放的排污单位严格依据许可证上所载明的排污方式、数量、种类排放污染物；② 对违反排污许可证管理规定的排污单位给予处罚，但具体处罚内容和处罚形式尚不明确。

3.4.4 排污收费制度

排污收费制度是指依照国家法律和有关规定，对向环境中排放污染物的排污者收取一定数额的费用，以促使其污染防治责任与经济利益相结合的制度。排污收费制度是运用环境价值理论正确处理经济发展与环境保护的关系，以促进排污单位加强经营管理、积极防治污染的一项环境管理制度，它在实践中不断探索、改革和完善。1978年的《环境保护工作要点汇报》在“谁污染谁治理”环境政策的基础上首次提出了“排污收费制度”的构想，次年的《中华人民共和国环境保护法（试行）》则从法律上对该项制度作了规定。1982年，国务院发布的《征收排污费暂行办法》制定了排污收费的工作方针及其具体征收标准，排污收费制度正式在我国建立。1988年的《污染源治理专项基金有偿使用暂行办法》标志着我国排污收费制度改革的启动。在《办法》所提出的排污收费有偿使用的原则下，我国开始征收污水排污费，这种收费标准集中体现在《中华人民共和国水污染防治法》中。随着污水排污费征收工作的全面进行，我国实现了从征收超标排污费到征收排污费的重大转变。与原《征收排污费暂行办法》相比，2003年新颁布的《排污费征收使用管理条例》所规定的排污费征收方式和标准更加合理，也更加适应新时期环境保护的需要。

县级环境保护行政主管部门依据《排污费征收使用管理条例》的规定，对本辖区内直接向环境中排放污染物的工业企业、商业机构、事业单位、行政机关、服务部门等贯彻、执行排污收费制度的情况进行监督和管理，具体内容包括：a. 排污费的征收对象，即县级环保部门依据《排污费征收使用管理条例》对向环境中排放污染物的排污者收取一定数额的费用，该排污者是指所有生产、经营、管理和科研单位而不包括居民户和家庭。b. 排污费征收的条件，即排污者直接向环境排放污染物。另外，《排污费征收使用管理条例》同时规定了排污者向不同处理设施排放污水所缴纳费用的具体条件。c. 排污费的征收标准，即按照所排放污染物的种类、数量收取。对超过规定排放标准向环境中排放污染物的超标排污者征收费用的数额由县级环保部门按照《排污费征收标准管理条例》确定。d. 排污费的征收管理，即由县级环境保护行政主管部门环境监察机构具体负责本辖区内排污费的征收管理工作，排污费必须纳入财政预算，用于各类污染防治项目的拨款补助或贷款贴息。

县级环境保护行政主管部门依据《排污费征收使用管理条例》的规定，对本辖区内直接向环境中排放污染物的排污单位违反排污收费制度的行为进行处罚，主要包括：①责令迟缴、拖欠排污费的排污单位限期缴纳排污费，期限届满仍未缴纳的可按照《排污费征收标准管理办法》规定的比例征收滞纳金；②对拒绝缴纳排污费的排污单位处以罚款，并可向有关部门申请强制执行；③责令排污单位缴纳排污费的同时承担法律规定的其他责任。

3.4.5　环境监测制度

近年来，我国环境保护事业以环境法制建设为中心，通过不断强化监督管理，开创出了一条适合我国国情的环境保护道路。强化监督管理就要继续实施各项环境管理制度，逐步实现由定性管理、单向治理和浓度控制向定量管理、综合整治与总量控制的转变（张承中，1997）。环境监测始终存在于环境管理制度的贯彻和“三个转变”的落实中，离开环境监测，加强环境监管将成为一句空话。1996 年召开的第四次全国环境监测会议进一步强调了环境监测的重要性，曲格平先生提出环境监测是环保工作的“阵营”和“基础”，并阐释了环境管理要依靠环境监测的监测方针。1998 年 3 月，中央计划生育和环境保护工作座谈会在北京举行，国家主席江泽民指出：监测是环境管理的必要手段，只有严格监测才能准确反映环境质量的变化情况；在市场经济的新形势下，依据监测数据的权威性对环境违法行为进行处罚和对各单位执法效果进行监督检查显得愈来愈重要。环境监测作为环境监督管理的重要组成部分，只有通过环境监测，及时、准确地了解环境现状，评价环境质量，才能有针对性地加强监督管理。

县级环境监测机构依据《环境监测管理办法》的规定，运用理化科学技术方法，对本辖区内全面反映环境质量和污染源状况的各种数据进行监视和检测，具体内容包括：a. 环境质量监测，即县级环境监测机构对本辖区内的各种环境要素进行经常性监测，以掌握和评价环境质量状况；b. 污染源监测，即县级环境监测机构对本辖区内的污染源实施定期监测、不定期监测或现场监督监测，以掌握污染源排放动态及其执行环境法规、标准的情况；c. 应急监测，即县级环境监测机构对本辖区内的突发环境污染事故现场和邻近区域进行紧急监测；d. 服务性监测，即县级环境监测机构为支持本辖区内的经济建设活动所进行的监测；e. 任务性监测，即县级环境监测机构为配合主管部门的环境管理活动所进行的监测。

县级环境保护行政主管部门依据《环境监测管理办法》的规定，对本辖区内排污单位违反环境监测制度的行为进行处罚，主要包括：① 对妨碍或阻挠环境监测工作的排污单位给予行政处罚；② 对违反自我监测规定的排污单位给予处罚，但具体处罚内容和处罚形式尚不明确；另外，县级环境监测机构及其工作人员拒报、谎报、瞒报、伪造、篡改监测数据或违反法律规定从事环境监测活动的，由主管部门依法给予行政处分。

3.4.6 其他环境制度

除上述主要制度外，基层环境监管制度还包括环境保护目标责任制、污染集中控制制度和限期治理制度。

3.4.6.1 环境保护目标责任制

环境保护目标责任制是一项以明确地方政府环境保护目标和落实地方政府环境质量责任为主要内容的综合性行政管理制度。环境保护目标责任制以现行法律为依据，以广泛的社会监督为手段，以责任制为核心，通过层层签订责任书和定量化、制度化目标管理方法，逐级分解环境责任，逐级负责。结合县域实际并以实现县域环境质量改善为主要目的的环境保护目标责任制的实施主体为县级政府，县级环境保护行政主管部门对本级政府贯彻、执行环境保护目标责任制的情况进行监督。环境保护目标责任制的具体实施步骤为：a. 责任书的制定，即县级政府组织有关部门进行调查研究，提出制定原则和指标体系，然后确定各项指标的具体内容和定额，在经综合平衡和协商修改后，报上级政府审核、签字。b. 责任书的下达，即县级政府以签订“责任状”的形式将责任书所确定的各项指标逐级分解，使任务落实，责任落实。c. 责任书的实施，即县级政府结合不同责任书的类型特点和责任单位各自承担的任务，统一指挥，并采取有针对性的措施，分头组织实施。另外，县级政府要对责任书的执行情况进行检查，以保证责任目标的完成。d. 责任书的考核，即责任书执行完毕后，应先逐级自查，初步检验实施效果。然后由上级政府部门对环境保护目标责任书的完成情况进行考核，并给予奖励或处罚。

3.4.6.2 污染集中控制制度

污染集中控制制度是指通过运用政策、管理、技术等手段，对特定区域内同类污染源所排放的污染物采取综合控制措施，用尽可能少的投入获取较好污染控制效果和较高经济与社会效益的一项环境管理制度。污染集中控制制度是在对环境工程的费用——效益分析的基础上，充分考虑我国国情和制度优势所形成的具有针对性的污染治理政策。县级环境保护行政主管部门依据区域污染防治规划，对本辖区内排污单位贯彻、执行污染集中控制制度的情况实施监督和管理，其具体内容包括：a. 县级环保部门对废水集中控制的监督和管理，主要是指县级环保部门对企业联合进行废水集中治理的情况所实施的监督、管理；b. 县级环保部门对废气集中控制的监督和管理，主要是指县级环保部门对企业联合进行烟尘或其他有害气体集中治理的情况所实施的监督、管理；c，县级环保部门对有害固体废物集中控制的监督和管理，主要是指县级环保部门对回收利用企业和废物处理企业的运行情况所实施的监督、管理。

3.4.6.3 限期治理制度

限期治理制度是指由法定机关依据环境保护规划所作出的要求危害环境的污染源在一定期限内治理并达到规定治理效果的一项环境管理制度。限期治理制度是为保护人民群众的根本利益而在总体规划指导下进行的、以解决污染危害严重的污染源为主要内容的强制性法律措施。限期治理要经过科学的调查评价，综合考虑多种因素，选择经济有效的治理方式，从而取得显著的环境效益。结合县域实际并以实现县域环境质量改善为主要目的的限期治理制度的实施主体为县级政府，县级环境保护行政主管部门对本级政府贯彻、执行限期治理制度的情况进行监督。限期治理制度的具体内容包括：a. 限期治理的对象，即县级政府依据相关法律和污染源的具体情况确定限期治理的对象，限期治理的对象通常为污染危害严重、群众反映强烈和位于保护区内的超排污染源；b. 限期治理的范围，即县级政府依据污染治理的效果及实际治理条件确定限期治理的范围，限期治理的范围通常为区域性限期治理、行业性限期治理和污染源限期治理；c. 限期治理的决定权，即限期治理的决定权在于县级人民政府，监督权的主体为县级环境保护行政主管部门；d. 限期治理的目标和期限，即达到浓度控制或总量控制的要求，且治理最长时间不超过 3 年。

本章小结

本章将我国环境监管体制的历史沿革分为起步阶段（1972—1978）、创建阶段（1979—1992）、发展阶段（1992—2002）和完善阶段（2003 年至今），详细介绍了 40 年来我国环境管理体制的形成过程。其次，本章以现行法律、法规为依据，讨论了基层环境监管机构，认为基层环境监管机构既是基层环境监管体制的核心，又是国家环境监管机构体系的重要组成部分，而基层环境监管机构则主要是指县级人民政府环境保护行政主管部门。除此之外，基层环境监管机构还包括县级政府其他部门的环保机构。以此为据，本章进一步讨论了基层环境监管机构的各项职责。最后，本章从基层环境监管机构履行职责的角度出发，阐述了环境影响评价制度、“三同时”制度、排污许可证制度、排污收费制度、环境监测制度、环境保护目标责任制、污染集中控制制度和限期治理制度在县域范围内的实施。

第四章　重金属污染条件下基层环境监管障碍分析

4.1　环保部门监管障碍

4.1.1　基本职能定位不准

职能是人、事物、机构应有的作用或功能。基层环保部门的职能即是贯穿于环境监管工作全过程的县级环境保护行政主管部门应有的作用或功能。职能的内涵与职权、职责有所不同，职权与职责的存在是职能有效发挥的前提，职能则是职权、职责合理运用与正确履行后所追求的事物本身所具有的某种情形（刘利和潘伟斌，2006）。县级环境保护行政主管部门具有计划、组织、协调、监督四种基本职能和指导、服务两种辅助职能。

4.1.1.1　计划职能

计划职能是县级环境保护行政主管部门为克服实际工作中的盲目性和随意性而对未来环境监管目标、对策及措施所作出的合理规划与安排。计划是预防不可控因素的重要手段。它通过预测，消除各种变化对环境监管产生的不良影响，从而提高管理效益。县级环境保护行政主管部门计划职能的主要内容有：分析、预测一定时期内环境监管对象的变化趋势；制定环境监管目标；确定实施计划目标的具体方案；编制环境保护规（计）划；检查、总结规（计）划的执行情况。

4.1.1.2　组织职能

组织职能是县级环境保护行政主管部门为实现环境监管目标而对管理活动中的各种要素、社会各阶层的经济利益关系以及人们之间的分工和协作所进行的合理组织与调配。组织是计划的自然延伸，它通过组织工作，使无序的资源遵循配比和程序的要求而有序化，从而降低环境监管预定成果获取的不确定性。县级环境保护行政主管部门的组织职能分为内部组织职能和外部组织职能两种：前者包括合理组织机构的建立，各部门的分工及权限、职责的划分，管理人员的配备和奖惩制度的形成等；后者主要是在本级政府的领导下，组织本区域的城镇、农村和生态环境保护工作。

4.1.1.3 监督职能

监督职能是县级环境保护行政主管部门为促使区域环境质量的改善而对各类环境活动所进行的监察和督促。监督职能与控制职能的含义相同，它通过监督（控制），不断跟踪、修正所采取的行为，从而保证各项工作朝着既定目标方向运行。另外，监督职能也是县级环境保护行政主管部门最基本、最主要的职能。县级环境保护行政主管部门的监督职能存在多种区分方式：按监督功能划分，可将其分为内部监督职能和外部监督职能；按监督时序划分，可将其分为预先监督职能、现场监督职能和反馈监督职能；按监督对象划分，又可将其分为对经济主体监督的职能与对行政主体监督的职能。

4.1.1.4 协调职能

协调职能是县级环境保护行政主管部门为正确处理环境保护同经济建设的关系而对社会各个领域、各个部门以及其他各种横向和纵向关系及联系所进行的最优安排与配合。其作用是通过协调，统一思想认识和行动，消除矛盾，优化组织结构，防止总体效率的下降和负效用的产生；通过协调，形成合力，减少来自外部的行政干预，强化环境监管，推动环境与发展综合决策的正确实施；通过协调，调动各部门环保工作的主动性，提高效率，深化区域污染防治工作；通过协调，化解环境纠纷，营造良好的环境氛围，降低不安定性环境因素。

除以上四种基本职能外，县级环境保护行政主管部门还具有指导和服务两种辅助职能。所谓指导职能，是指县级环境保护行政主管部门为适应外界环境的变化而对有关部门的业务所进行的指示和引导，包括纵向指导和横向指导两个方面；所谓服务职能，是指县级环境保护行政主管部门从经济建设的大局出发，转换角色，为经济部门和企业提供各种咨询和帮助。

重金属污染是指县域工业企业从事生产活动排入周边环境中的重金属污染物因其数量或强度超出环境自净能力而导致环境质量下降并给人体健康或其他具有价值的物质带来不良影响的现象。县域工业企业通过对县域资源、能源的开发、开采，为社会提供各种所需的物质资料并取得经济利益，但县域工业企业又不能彻底消耗或无害转化从县域环境中所获取的物质与能量，这部分不被利用的物质与能量通过一系列的生态过程最终导致重金属污染的产生。重金属污染与县域工业企业的生产活动紧密相关，重金属污染的产生要经过重金属污染物的存在、重金属污染的形成以及危害结果的发生等三个阶段，它与环保部门的环境监管密不可分。这是因为从重金属污染企业的选址、兴建，到其投产、排放、治理，环境监管始终是政府环境工作的核心，是企业开展各类环境保护活动的前提和基础，是预防重金属污染发生、保障人民群众切身利益、维护社会稳定的关键。然而，基层环保部门监管障碍的存在致使现阶段重金属污染事故频频出现，县级环境保护行政主管部门职能定位不准正是基层环保部门监管障碍的表现。

环境监管，即环境监督和环境管理。县级环境保护行政主管部门具有计划、组织、协调、监督四种基本职能和指导、服务两种辅助职能（李兵 2010）。但在目前，县级环境保护行政主管部门往往只注重发挥环境监督职能而忽视计划、组织、协调等其他职能的履行。换句话说，县级环境保护行政主管部门将其职能定位于执法监督，而非环境综合监管。除此之外，县级环境保护行政主管部门在发挥环境监督职能时也仅仅局限于现场执法监督和对经济主体的监督，预先监督、反馈监督、内部监督和对行政主体的监督远远不够。监督职能与计划、组织、协调职能密切联系，不可分割。计划是环境管理者有效监督的基础，是组织开展环境保护的依据，监督的所有标准都源于计划；组织是深化监督的保障，组织关系的确立、组织的变革、组织结构的设计、组织人员的配置都直接影响着监督的实际效果；协调是强化监督的根本，监督的各个环节都离不开部门间的共同配合与协作。重金属污染具有较为复杂的形成过程，并要经过较长的时间周期，它的防治是县级环境保护行政主管部门计划、组织、协调、监督等多项职能整合并共同发挥作用的结果，是环境综合监管的产物，而绝非仅仅依靠环境监督单一职能的履行就能轻易获取。因此，基本职能定位不准正是重金属污染下县级环境保护行政主管部门所面临的监管障碍之一。

4.1.2 环境监管能力薄弱

4.1.2.1 监管机构不健全

《中华人民共和国环境保护法》第七条第二款规定："县级以上地方人民政府环境保护行政主管部门，对本辖区的环境保护工作实施统一监督管理。"在我国，基层环境监管机构主要是指县级人民政府环境保护行政主管部门。我国基层环境保护机构的建设与完善虽然较为缓慢，但经过持续改革，多数县（市）仍设立了相应的环境保护行政主管部门。县域是特定形式的区域，指的是县行政区划范围内的所有地域和空间，包括乡、民族乡和镇。重金属污染既与县域工业企业的生产活动紧密相关，又与环保部门的环境监管密不可分。2000—2015年所发生的较严重的重金属污染事件大都集中于乡镇区域内。乡镇环保机构是县（市）级环境保护行政主管部门的派出机构，然而截至2008年底，仅有不足55%的乡镇设立了环境保护监测站。乡镇一级环境监管机构不健全正是基层环境监管能力薄弱的主要体现和重金属污染事故频频发生的重要原因。

4.1.2.2 监管队伍素质偏低

重金属污染与其他污染不同。从重金属污染企业的选址、兴建到其投产、排放，环境监管始终是政府环境工作的核心，监管队伍素质的高低始终是决定环境监管效率的重要因素。然而，目前我国基层环境监管队伍的素质不能满足区域重金属资源开发环境保护工作的具体需要，主要表现在以下两个方面：一是监管人员数量不足。重金属污染具有突发性和复杂性，基层环境监管人员配备无法满足现场工作的需要。二是自身素质普遍不高。重金属污染是一个由多种具有因果关系的系统组成的连续过程。在生产系统中，重金属污染企业通过对县域资源、能源的开发、开采，为社会提供各种所需的物质资料并取得经济利益；在转化系统中，重金属污染企业却又不能彻底消耗或无害转化从县域环境中所获取的物质与能量，这部分不被利用的物质与能量，通过一系列的生态过程最终导致重金属污染的产生。因此，重金属污染条件下的基层环境监管要同重金属污染的生态过程相结合。但在目前，基层环境监管机构人员编制不合理，业务能力不强，专业技术人才匮乏。实践中，环境监管队伍法律意识淡薄，思想观念落后，执法效率不高，整体素质偏低。所有这些都严重阻碍了针对重金属污染企业环境监管的有效开展。

4.1.2.3 监管理念存在偏差

一是监管缺乏主动性。基层环境监管忽视了重金属污染的累积性特征，而仅停留于事后监管。重金属污染是一种长期的累积作用，从污染物进入环境到生态系统的损害以及人类与其他生物生存、发展不良影响的出现要有个过程，需要经历一定时间。重金属污染的“累积效应”正是通过其累积性表现出来的。这种未能正确认识重金属污染累积性特征的事后监管缺乏敏感性和主动性，多采取临时性的补救措施，结果往往深陷亡羊补牢恶性循环的怪圈，不能从根本上预防重金属污染的发生。二是监管缺乏有效性。基层环境监管忽视了重金属污染的形成原因，而仅停留于常态监管。重金属污染是指县域工业企业从事生产活动排入周边环境中的重金属污染物因其数量或强度超出环境自净能力而导致环境质量下降，并给人体健康或其他具有价值的物质带来不良影响的现象。重金属污染的产生要经过重金属污染物的存在、重金属污染的形成和危害结果的发生三个阶段。常态监管侧重于重金属污染是否最终形成的监管和危害结果发生后的监管，忽略了对重金属污染物全部量变过程的监管。这种未依据实际情况的常态监管加大了重金属污染防治的难度。

4.1.2.4 监管技术装备落后

一是监管缺乏技术保障。重金属污染与县域工业企业的生产活动紧密相关：首先，没有污染物就不会有污染。特定地域范围内居民生产、生活所处的自然环境在县域工业企业到来之前是一个完整、封闭的循环系统而不受外界干扰。其次，有污染物并不必然导致污染。污染物的存在是污染形成的必要条件，而非充分条件。排放污染物是县域工业企业利用环境容量空间的结果，在环境容量空间范围内，即在环境自净能力范围内排放污染物，不会造成污染。由于基层环境监管机构存在技术上的欠缺，因而无法准确计算出特定区域空间的环境容量，也就无法将环境中重金属污染物的含量限定在合理的范围内，从而利于环境自净能力将有毒有害污染物彻底化解。二是监测缺少物质装备。重金属污染的生态过程包括重金属污染物的扩散——混合过程、重金属污染物的吸附——沉淀过程、重金属污染物的吸收——摄取过程和重金属污染物的积累——放大过程。不同的过程需要采取不同的监测手段并投入不同的监测设备，这有利于较为准确地判断出重金属污染产生的具体阶段，进而采取针对性措施。而目前基层环保机构重金属元素监测设备、设施的欠缺则构成了预防该类污染事故发生的最大障碍。

4.1.2.5 监管经费难以保障

一是监管费用高。不论是大气重金属污染还是水体、土壤重金属污染，都具有极强的隐蔽性，正常环境中所附加的有害物质在人和动物的健康状况中不能及时体现出来；重金属污染物进入环境后，与环境系统中的某些因子相互作用，使非生物环境组成和生物体内成分发生改变，进而产生危害后果。此外，环境中的多种重金属污染物之间也存在关联，并能够彼此结合形成复合污染效应；同一种重金属污染会在同一地域多次、反复出现，从而使生态与环境受到持续性影响。重金属污染所具有的隐蔽性、关联性和重现性使基层环保机构监管范围扩大，监管任务量增加，监管费用提升。二是重金属污染防治专项资金尚未到位。“未来五年，中央财政将以百亿元为单位增加对重金属污染防治的投资”（周生贤，2011）。然而，资金筹措方及其出资比例与出资机制尚未明确。

4.1.3 环境执法权限欠缺

环境执法是基层环境监管的重点，是指县级环境保护行政主管部门依据国家环境法律、法规和标准，结合地方环保工作实际，在有关部门的配合下，运用国家法律赋予的权力，对本辖区内一切不利于环境保护的行为进行处理，从而达到落实环保政策和措施，实现县域经济与社会可持续发展的目的。根据《中华人民共和国环境行政处罚办法》（2009年12月30日修订）的规定，县级环境保护行政主管部门的行政处罚权即为执法权，具有明显的强制性。重金属污染是指县域工业企业从事生产活动排入周边环境中的重金属污染物因其数量或强度超出环境自净能力而导致环境质量下降，并给人体健康或其他具有价值的物质带来不良影响的现象。从重金属污染企业的选址、兴建到其投产、排放，严格的环境执法和严厉的处罚措施，不仅是基层环保部门各项工作顺利开展的保障，同时也是预防重金属污染发生、维护人民群众切身利益和实现社会稳定的关键。然而，环保法律授予县级环境保护行政主管部门针对重金属污染企业的执法权限不明确，多处规定实际操作性不强，具体行政处罚难以有效落实。

4.1.3.1　关于行政罚款

罚款是《环境行政处罚办法》所规定的环境行政处罚种类之一，也是县级环境保护行政主管部门针对重金属污染企业环境违法行为所采取的最常见的行政处罚措施，其目的在于促使重金属污染企业加强经营管理，合理利用县域资源，改善环境，防治污染。然而，由于重金属污染所侵害的对象具有不确定性，且受污染区域生态破坏严重，社会影响恶劣，对相关企业行政罚款的决定一般不能通过简易程序而在较短的时间内完成，这就难以有效控制污染迅速扩大的态势，从而错过污染治理的最佳时机。另外，重金属污染企业不履行行政罚款决定的，县级环境保护行政主管部门须在处罚决定书送达之日起的60日后才能向有管辖权的人民法院申请强制执行。行政罚款数额小，程序多，执行难，这与全面遏制重金属污染发生，切实解决现阶段突出环境问题的目标难以适应。

4.1.3.2　关于责令停产整顿和责令停产、停业、关闭

《环境行政处罚办法》规定了责令停产整顿和责令停产、停业、关闭等关于违反环境保护法律、法规或规章的行政处罚方式。对于重金属污染企业来说，这两种行政处罚方式虽然属于较为严厉的行政强制措施，但有利于污染的源头控制和区域环境质量的根本好转。然而，《环境行政处罚办法》在将这两项权力赋予环境保护行政主管部门的同时却又保留了地方政府在同一处罚决定上的话语权。《环境行政处罚办法》第十六条第二款规定：“涉嫌违法依法应当由人民政府实施责令停产整顿、责令停业、关闭的案件，环境保护主管部门应当立案调查，并提出处理建议报本级人民政府。”而哪些环境违法行为“依法应当由人民政府实施”却没有明确规定。这就等于将责令停产整顿和责令停产、停业、关闭的决定权留给了当地政府，而同级政府环境保护行政主管部门却只保留了对该项处罚决定的建议权。

4.1.3.3　关于暂扣、吊销许可证或其他具有许可性质的证件

重金属污染同县域工业企业的生产活动紧密相关。县域工业企业，即处于县行政区划范围之内为满足社会需要并获得盈利从事自然资源采掘业或农产品及初级原材料加工业等生产活动，自主经营、自负盈亏、独立核算并具有法人资格的经济组织。县域工业企业正是通过对县域重金属资源的开发、开采，在

为社会提供各种所需物质资料的同时获取经济利益。这种趋利性使针对重金属污染企业所单独采取暂扣、吊销许可证或其他具有许可性质证件的行政处罚方式威慑力不强、实际效果不大。实践中，该项行政处罚需要结合其他辅助措施，比如断水断电、取消贷款等，才能达到有效惩戒污染者的目的。而由于目前相关法律规定的欠缺以及部门之间配合的疏松，单独执行暂扣、吊销许可证等商事凭证这一行政处罚决定，其结果往往只能落空。

4.1.3.4 关于没收违法所得和没收非法财物

《环境行政处罚办法》规定：对违反环境保护产业政策、行业政策、技术支持、污染强制淘汰制度，采用国家明令禁止生产工艺、设备的企业，县级以上环境保护行政主管部门有权对其作出没收违法所得、没收非法财物的行政处罚。技术装备的依赖性和生产经营方式的粗劣性使县域工业企业在开发、利用县域资源的同时又不能彻底消耗或无害转化从县域环境中所获取的物质与能量，这部分不被利用的物质与能量通过一系列的生态过程最终导致重金属污染的产生。没收违法所得和非法财物，切断重金属污染源，能够较好地控制重金属污染事故多发的势头。然而根据《环境行政处罚办法》，没收违法所得和没收非法财物的行政处罚必须是法律、行政法规和部门规章明确规定属于可没收物品的范围，这就增大了对重金属污染企业适用该项行政处罚措施的难度，同时也使县级环境保护行政主管部门的环境执法权限更加不确定。

4.1.3.5 关于责令限期治理

根据《环境行政处罚办法》，责令限期治理是责令改正或限期改正环境违法行为这一行政命令的具体形式之一。也就是说，《环境行政处罚办法》并未将责令限期治理作为环境行政处罚种类的一项，而是将其纳入了行政命令的范畴，这不利于重金属污染综合防治工作的开展。因为限期治理作为一项最为有效的行政管理制度，针对的是特定区域内污染危害严重、公众反映强烈的污染源，而造成重金属污染的县域工业企业正符合这一标准。另外，按照法律规定，限期治理的决定权仍属于当地政府，环境保护行政主管部门仅有限期治理建议权。

4.1.4 部门之间协调不顺

根据《中华人民共和国环境保护法》的规定，我国基层环境监管实行了

“县级人民政府环境保护行政主管部门统一监督管理和各有关部门分工负责相结合”的管理形式，即县级环境保护行政主管部门对本辖区的环境保护工作实施统一监督管理，县级土地、矿产、水利、卫生、公安行政主管部门依照相关法律规定负责本系统内部的环境与资源监督管理工作。然而在环境保护横向管理方面，环境保护行政主管部门与其他部门之间协调不顺，导致针对重金属污染企业的监管陷入混乱，内聚力受到削弱，效率低下，“统管——分管相结合”的机制未能有效建立起来。

4.1.4.1　部门职责、权限划分不清

重金属污染与县域工业企业的生产活动紧密相关，从重金属污染企业的选址、兴建到该企业的投产、排放，环境监管始终是全部环境工作的核心。然而，环境保护行政主管部门同土地、矿产、水利、卫生、公安等部门的职责、权限划分不清严重影响着针对重金属污染企业环境监管活动的顺利进行：根据《中华人民共和国土地管理法》的规定，县级土地行政主管部门有对重金属污染企业违反土地利用总体规划、未经批准非法占用土地以及其他非法占用耕地采矿的行为进行监督管理的权力；根据《中华人民共和国矿产资源法》的规定，县级地质矿产行政主管部门有对重金属污染企业未取得采矿许可证而擅自采矿、超越批准的矿区范围采矿、采取破坏性方式开采矿产资源的行为进行监督管理的权力；根据《中华人民共和国水法》和《水污染防治法》的规定，县级水行政主管部门有对重金属污染企业违反水资源利用区域规划，私设排污口，新建、改建、扩大排污口以及其他因排水而损害公共利益或他人权益的行为进行监督管理的权力；根据《突发公共卫生事件应急条例》的规定，县级卫生行政主管部门有对重金属污染企业造成职业中毒以及其他严重影响居民健康的事件进行防范、调查、人员救护和现场处置的权力；根据《中华人民共和国治安管理处罚法》和《环境行政处罚办法》的规定，县级公安机关有对重金属污染企业违反污染防治法律规定的环境违法行为进行监督管理和行政处罚的权力。由此可见，环境保护行政主管部门与其他部门间存在职责上的交叉和重叠，环保部门如何指导、监督其他部门，其他部门如何协同环保部门共同做好重金属污染防治工作没有明确规定，“统一法规、统一监管、部门分工负责”的要求难以落实。

4.1.4.2　部门联动没有形成长效机制

联动机制的缺失是各部门从部门利益出发争权推责的重要原因（韩旭，2005；于文轩等，2008）。重金属污染的产生要经过重金属污染物的存在、重金属污染的形成和危害结果的发生三个阶段，而在整个过程中，县级环境保护行政主管部门和其他部门之间始终存在着利益目标的独立性与差异性，这就决定了部门联动机制难以快速、有效形成。其次，基层政府未从综合决策的角度促使联动机制的形成。环境与发展综合决策是指将环境与资源的承载力和经济发展问题作为决策行为和决策过程这一系统整体的两个对等方面进行综合考虑、综合平衡的政府行为。环境与发展综合决策是基层政府防治重金属污染的行动计划，而部门联动机制建设本应当成为该项计划的重点内容。最后，基层环保部门未将部门联动方案的提出、形成和完善纳入环境规划管理的范围统筹考虑。县域环境规划是县域社会发展规划的有机组成部分，是协调经济社会与环境的重要手段，是实现环境目标管理的基本依据，具有综合性、政策性、地域性、整体性等特点。部门联动方案应当以县域环境规划为指导，由县环境保护行政主管部门统一协调，并在环境监管实践中形成有利于本区域重金属污染防治的部门联动机制。

4.1.4.3　部门间信息沟通渠道不畅

重金属污染具有人为性、突发性和复杂性特征。因此，要解决重金属污染问题，除了明确界定各部门的权力、责任、管理范围和内容、建立长效联动机制外，还要加强部门间的信息沟通与交流工作。但在目前，信息沟通渠道不畅已经成为部门之间协调不顺和重金属污染防治工作难以有效开展的主要障碍。究其原因，主要有以下几点：首先，信息获取不全面。对重金属污染企业相关信息的获取仍以定点监测为主，多线化信息采集方式尚未形成。其次，信息传递不及时。落后的传递网络和较长的传递链条，难以实现信息的即时传输和非等级传输。再次，信息整合不规范。这主要是指缺乏统一的信息管理机构和对信息进行筛选、加工、处理、整合的工作机制。最后，信息反馈不准确。实践中，对反馈信息重视的程度不够，且反馈信息很难置于公众和各有关部门的监督之下。

4.1.5 双重领导作用有限

根据法律规定，县级环境保护行政主管部门受本级人民政府和上一级环保机构的双重领导。一方面，县级人民政府对本辖区的环境质量负责，而县级环境保护行政主管部门正是代表同级政府行使环境监督管理权的职能部门；另一方面，县级环境保护行政主管部门又受上一级环保机构的业务指导，按照统一部署开展各项工作。然而在环境保护纵向管理方面，双重领导的作用有限，导致针对重金属污染企业的环境监管难以有针对性地进行且极易受到人为因素的干扰，环境监管的独立性和公正性受到挑战。

4.1.5.1 双重领导并未增强环境保护机构间的制约力

县级环境保护行政主管部门与上一级环境保护机构之间仅存在业务指导关系，这种业务指导关系主要体现在重金属污染的生态过程方面。重金属污染是一个由多种具有因果关系的系统组成的连续过程。在生产系统中，重金属污染企业通过对县域资源、能源的开发、开采，为社会提供各种所需的物质资料并取得经济利益；在转化系统中，重金属污染企业却又不能彻底消耗或无害转化从县域环境中所获取的物质与能量，这部分不被利用的物质与能量通过一系列的生态过程最终导致重金属污染的产生。重金属污染的生态过程包括重金属污染物的扩散——混合过程、吸附——沉淀过程、吸收——摄取过程和积累——放大过程。由于不同的过程需要采取不同的监测手段并投入不同的监测设备，因此重金属污染条件下的基层环境监管要求县级环境保护行政主管部门遵循重金属污染生态过程的演化规律，并接受上一级环境保护机构的业务指导。

但是，业务指导关系的存在并未强化上一级环境保护机构对县级环境保护行政主管部门的制约和监督，主要表现在：上一级环境保护机构不享有对县级环境保护行政主管部门所制定的针对重金属污染企业环境监管方案否决的权力，不享有对其违法监管行为纠正的权力和对违法人员职务罢免的权力；由于地方保护主义的盛行，上一级环境保护机构无法从有利于重金属污染综合防治的角度出发对县级环境保护行政主管部门履行职责的行为进行强有力的监控；上一级环境保护机构对县级环境保护行政主管部门的监督和制约还面临着来自县级政府和其他机关的干扰。

4.1.5.2 双重领导并未改变环境监管主体的依附地位

县级环境保护行政主管部门是代表本级政府行使环境监督管理权的职能部门，由县级人民政府直接领导。这种领导关系使县级环境保护行政主管部门自始至终都处于从属、依附的地位，它并未因双重领导的性质而发生任何改变。究其原因，主要有以下两个方面：

其一，以“重金属污染防治”为重点内容的县域环境与发展综合决策的审批权属于县级人民政府，县级环境保护行政主管部门仅是以综合决策为指导，贯彻、落实重金属污染防治政策与措施的执行主体。环境与发展综合决策虽然属于政府行为，但离不开环保部门的参与，其中环保部门依据环境保护战略、方针、国家相关政策和规划布局的要求，并结合县域经济发展实际所提出的重金属污染防治的具体方案，政府决策者应当予以充分考虑。但在目前，环境与发展综合决策保障机制的欠缺使环保部门的建议难以成为政府决策的最终依据，其完全执行主体的地位没有改变。

其二，由于人事权和财权被严格掌握，县级政府对其环境职能部门的影响力和控制力进一步增强。根据《中华人民共和国地方各级人民代表大会和地方各级人民政府组织法》第五十七条的规定，县（市）环境保护局局长由县（市）人民政府提请本级人民代表大会常务委员会任命，这就解释了当经济发展与环境保护相冲突时，县级环境保护行政主管部门对本级政府呈现强大依附性的内在原因；重金属污染所具有的隐蔽性、关联性和重现性使县级环境保护行政主管部门监管范围不断扩大，监管费用不断上升。在这种情况下，只有依附于本级政府，取得财政支持，才能使针对重金属污染企业的环境监管顺利开展。

4.2 地方政府监管障碍

4.2.1 偏颇的发展观和政绩观

县域经济是以本地自然资源为支撑、以县域工业为支柱的行政区域经济。县域经济地位特殊，它涉及范围广，规模庞大，特有内在规定性明显，处于国民经济的基础层次。同时，县域经济承上启下，沟通城乡，总揽全局，又处于国民经济的中枢层次。县域经济是城市经济无法取代的，其实际状况已成为能否改变农村落后面貌之关键。县域工业是指处于县行政区划范围以内以自然资源采掘业和农产品及初级原材料加工业为主的独立物质生产部门。县域工业是县域经济的主导，是推动县域经济及其各类社会事业发展，实现全面建设小康社会目标的关键，也是衡量县域经济发展水平的重要标志。目前，我国县域经济正以较快的速度和较强的势头迅猛发展。

经济增长速度与经济效益是县域经济发展过程中所存在的基本问题，两者相互联系，相互依存，相互制约。经济效益的提高必须以一定的经济增长速度为基础，没有相当的速度，就不会有明显的效益；经济增长速度始终要以经济效益的不断提高为落脚点，没有效益的速度是不良的速度，也是难以持久的速度；经济质量则是速度与效益的最终体现。因此，县域经济的发展是经济增长速度和经济效益相统一基础上的发展，经济质量的不断提升才是县域经济发展的最终标志。

GDP（国内生产总值）被誉为“20 世纪最伟大的发明之一”。作为一项重要的经济指标，GDP 能够衡量经济总量，却不能客观反映经济效益和经济质量，不能及时反映环境污染、资源消耗、社会成本以及生活质量等方面的改变。在以 GDP 为标准进行政绩考核的制度安排下，地方官员首先考虑的是如何利用手中资源配置的权力去追求 GDP 增长速度。这种做法导致了速度与效益的严重割裂，在经济发展过程中表现为多投入而使生产规模快速扩大，结果往往却是经济质量下降，结构失调，比例失衡，人民生活水平提高缓慢。另外，政府虽积极参与投资，却不一定具备投资所必需的知识与信息，效率低下也在所难免。县域经济作为一种行政区域经济，具有行政区域经济的一般属性。这使得县级政府倾向于传统工业化道路的惯性思维，依靠速度型经济增长方式，在技术水平变化不大的基础上，通过扩大要素、资源的投入，快速实现经济增长。以 GDP 为核心的考核与晋升机制的存在，使县级政府推动经济增长方式转变的欲望远远比不上来自水平扩张的冲动，企业大规模投资与重复建设的热情也远远超出对劳动者素质和技术进步的关注。这种抛弃效益与质量的政府主导型增长，并非根源于企业和市场的自身需要，它增加了资源和环境的压力，不利于节约型社会的建设和县域可持续发展。

重金属污染是指县域工业企业从事生产活动排入周边环境中的重金属污染

物因其数量或强度超出环境自净能力而导致环境质量下降，并给人体健康或其他具有价值的物质带来不良影响的现象，它与县域工业企业的生产活动紧密相关。从重金属污染企业的选址、兴建到其投产、排放，环境监管始终是政府环境工作的核心，是企业开展各类环境保护活动的前提和基础，是预防重金属污染发生、保障人民群众切身利益、维护社会稳定的关键。然而，在加速推进县域经济工业化进程中，地方政府在GDP这根无形指挥棒下，无所不用其极，主要表现在：某些县市以优化经济发展环境为借口，充当重金属污染企业保护人，通过制定和实行“进厂审签”“预约执法”等土政策为其提供特殊支持，这就在一定程度上保护了污染企业的环境违法行为；部分县市党政领导打着“协调”“合理安排”的幌子，或通过“指示”“批示”“签字”“亲自出面”等方式，为重金属污染企业讲情，开脱，使针对其环境违法事实的处罚决定不能实现，从而默许了企业对环境的破坏，践踏了市场经济所依赖的法律秩序和公平环境，损害了政府的公信力；部分县市党政领导通过“越权指挥”“直接下文”的方式运用手中的权力随意发号施令，使违法超标企业的排污费得以减、免，或分期、延期缴纳。这种置国家环境法律法规于不顾的包庇纵容行为造成征收排污费的数额大幅减少，无法承担污染治理和环境修复任务，也使重金属污染企业对违法超标排放行为更加肆无忌惮。《中华人民共和国环境保护法》第十六条规定：“地方各级人民政府应当对本辖区的环境质量负责。”然而，偏颇的发展观和政绩观使县级政府丧失了环境保护的积极性和主动性，忽视了社会公平和环境正义，同时也阻碍了针对重金属污染基层政府环境监管工作的顺利开展。

4.2.2　事权与财权划分不合理

20世纪80年代的财政包干制在使地方财政得到增强的同时，也造成了中央财力下降和权威不足的现象（石佑启等，2009）。1994年分税制改革后，中央的财政能力得到加强。然而，这种针对过度分权的集权手段却给地方政府带来了困难，导致地方政府尤其是基层政府收支不对等，事权和财权严重脱节。

从收入来看，现行分税制财政体制改变了中央和地方的收入分配关系，并使地方政府的财政收入能力大大削弱：首先，在现行税制下，地方政府既无权决定是否开征所分配的税种，也无权改变税率和税基；其次，分税制改革扩大了中央政府的税源，并将地方政府的部分骨干税源留给了中央。伴随农业税的逐步取消，地方财政收入的难度进一步增大。从图 4–1 可以看出，分税制改革后地方财政收入在全国总收入中所占的比重已经明显下降。除此，省市两级政府也采取同样的方式集中财力，这就使得县乡一级基层政府可支配的收入更为有限。

从支出来看，尽管现行分税制财政体制使地方政府面临财政窘境，但由于中央和地方政府间事权划分的不明确，地方政府所承担的支出责任并没有因此减少。从图 4–2 可以看出，分税制改革后地方财政支出在全国总支出中所占的比重已经明显上升。特别是县乡一级基层政府更是在公共服务、义务教育、社会管理等领域承担着主要的支出责任（见表 4–1）。

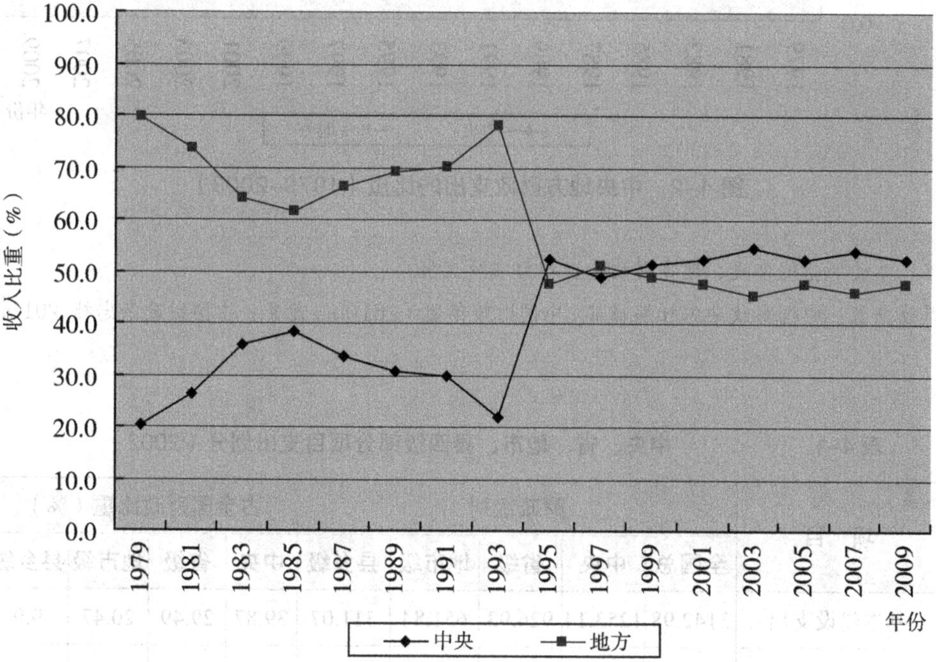

图 4–1　中央地方财政收入的比重（1979–2009）

注：本处所指的中央、地方财政收入均为本级收入。

数据来源：中国财政杂志社编辑部．中国财政年鉴（2010）．北京：中国财政杂志社，2010.

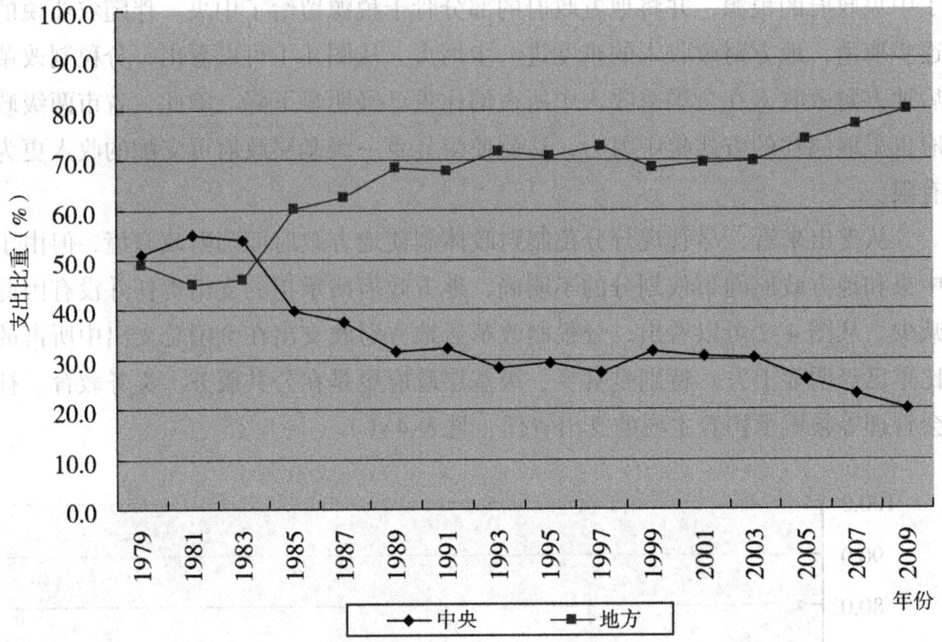

图 4-2 中央地方财政支出的比重（1979-2009）

注：本处所指的中央、地方财政支出均为本级支出

数据来源：中国财政杂志社编辑部．中国财政年鉴（2010）．北京：中国财政杂志社，2010.

表 4-1 中央、省、地市、县四级部分项目支出划分（2002）

项目	财政级别					占全国财政比重（%）			
	全国总	中央	省级	地市级	县乡级	中央	省级	地市级	县乡级
基本建设支出	3142.98	1253.14	926.93	651.84	311.07	39.87	29.49	20.47	9.9
各项农业事业费	692.67	92.93	204.28	98.56	296.9	13.42	29.49	14.23	42.86
支援农业生产支出	261.8	0	36.08	71.34	154.38	0	13.78	27.25	58.97
教育事业费	2644.98	210.25	395.85	460.77	1578.11	7.95	14.97	17.42	59.66
社会保障补助支出	1017.23	55.81	414.07	359.36	187.99	5.49	40.71	35.33	18.48
行政管理费	1801.84	367.19	186.68	385.32	862.65	20.38	10.36	21.38	47.88

续 表

项 目	财政级别					占全国财政比重（%）			
	全国总	中央	省级	地市级	县乡级	中央	省级	地市级	县乡级
公检法司支出	1101.57	60.41	285.31	371.57	384.28	5.48	25.9	33.73	34.88
本年本级支出总计	22053.2	6771.7	4330.92	4637.28	6313.25	30.71	19.64	21.03	28.63

注：此处均为本级支出。

资料来源：国家发改委宏观经济研究院课题组．公共服务供给中各级政府事权财权划分问题研究．经济研究参考，2005（26）.

转移支付制度是中央政府协调地方政府财力平衡的主要手段，适用于中央同省级政府间的转移（沈亚平，2008）。省市两级政府虽然也采取了分税的方式集中财力，但省级以下的转移支付却没有相对应的规范约束，这就导致了有限的转移支付资金被层层滞留，县乡政府因缺乏稳定的收入来源而不能提供基本公共服务支出。从目前来看，依靠转移支付并不能从根本上缓解县乡政府收支严重不平衡所形成的财政压力。

事权与财权高度不对称和转移支付制度的不完善，使县级财政缺口数额巨大，入不敷出。据统计，全国40%以上的县级政府存在财政赤字，负担十分沉重。在这种背景下，县级政府要改变自身支配财力薄弱的状况，并承担起关乎民生、维系地方政府公信力的多种公共产品供给的责任，最有效的途径就是扩大税源，招商引资，强化经济建设职能，干预微观经济活动，甚至不惜枯竭资源，破坏生态环境。重金属污染正是县级政府为获取巨额税收收入，自行制定优惠政策，疯狂上马重污染项目，以牺牲资源、损害群众身体健康利益为代价竭泽而渔的最终结果。然而，由于重金属污染监管难度大，监管设备投资高，监管过程复杂，且缺乏相应的评估机制，县级政府投资与收益高度不对称，其努力难以得到认可和回报。所有这些因素造成基层政府环境监管的动力不足和提供重金属污染防治公共服务的热情不高，而这同时也使基层政府对重金属项目的污染综合防治指导工作及有针对性的监督工作面临困境。

4.2.3　经济管理体制存在弊端

县级政府职能转换滞后。在县域经济体制转轨过程中，计划经济管理模式的强大惯性作用使市场经济体制的构建很难一步到位。县域政府作为沟通中央政府与地方居民的桥梁，经过二十多年的改革与实践，其转型的基本方向已经确立。但是，特殊的市场经济发展阶段与特殊的市场经济改革模式使县级政府依然面临诸多亟待解决的问题，与社会主义市场经济体制所要求的服务型政府、有限型政府相比，目前仍存在着较大差距（周天勇，2008）。

县级政府职能转换滞后主要表现在以下几个方面：

一是“越位”。改革开放以来，中央政府所进行的一系列财权、事权下放，扩大了企业的生产经营自主权与县级政府的经济管理权。但是，市场体系的不健全与外部环境的缺失却使企业无法自主运用所下放的权力。地方政府通过对本属企业权力的不正当截留，干预企业的各种日常活动，并实际掌控企业的人、财、物，操纵高层人员的任免。政府的屡屡“越位”，严重扭曲了政企关系，使企业完全成为地方政府的附属物和能够给地方官员带来立竿见影政绩的摇钱树，对于一些重税企业则更为明显。“越位”与以 GDP 为核心的畸形政绩观并存，无疑增加了县级政府对环境污染企业监管的难度。

二是“失位”。政府的权力具有强制性和普遍性，拥有允许或禁止优势，本应该使制度供给成为一项重要的公共产品，然而县级政府却并未承担起制度供给的责任。在市场经济条件下，县级政府有义务对微观主体尤其是重金属污染企业进行必不可少的制度约束，并通过严格的政策限制和明确的合同契约，在环境标准方面对企业的生产经营行为进行规范。

另外，县级政府也有责任在科学技术推广、基础研究投入、生态补偿等方面进行制度创新，从而为环境监管提供强有力的制度环境。但在目前，政府的“失位”使该项工作的开展严重滞后，这就使针对重金属污染企业的环境监管难以有效进行。

重要生产要素产权界定不清，县域资源难以有效配置。县域资源的有效配置是指在不同的商品生产活动中，既定而有限的县域资源得到了最充分、最合理的使用。特定量的资源被利用到不同的商品生产活动中最终能够得出相等的边际收益是县域资源有效配置的标准。当前，县级政府仍保留着对县域内某些重要资源配置的权力。它们通过行政干预来影响部分生产要素的市场价格，降低资源有效配置的标准。这一方面导致了具有高效利用能力的微观经济主体不能配置到特定资源，另一方面则是行政权力寻租下的低水平重复投资、建设，以及由此带来的资源低效使用、过度开发和环境污染。重金属污染正是县级政府为获取巨额税收收入，自行制定优惠政策，疯狂上马重污染项目，以牺牲资源、损害群众身体健康利益为代价竭泽而渔的最终结果。产权结构界定不清、资源难以得到有效配置已经成为县级政府针对重金属污染企业环境监管的主要障碍。

县域环境资源价格不能真实反映其价值。市场条件下的土地、森林、矿产、水等环境资源是可交易资源，它能够被占有并排他使用，具有市场价格，并可评估价值。根据边际效用理论，由边际效用所决定的价值理论称为“价值”。从“边际效用定律是价值的一般规律”中可以得出：若县域环境资源需求保持不变，那么供给愈大，其边际效用和价值就愈小，反之成立；若县域环境资源需求愈大，其边际效用和价值就愈高，反之亦成立。

在我国，一方面是资源约束、环境约束同县域经济进一步发展之间日益尖锐的矛盾与冲突，另一方面则是县域环境资源由于受到政府的价格管制而持续偏低。这不仅不符合边际效用定律，而且较低的价格导致了微观市场主体对资源、能源的滥用及其总体效益的低下，同时也鼓励了以高投入、高消耗、高排放为特点的粗放型经济增长方式的持续存在。重金属污染正是在低价格要素支撑下县域工业过度开发、开采县域资源、能源，在追逐经济利益的同时又不能彻底消耗或无害转化从县域环境中所获取的物质与能量的结果。县域环境资源价格与价值的严重偏离，不利于县级政府针对重金属污染企业环境监管的顺利开展。

4.2.4　环保问责制度流于形式

首先，环境绩效考核制度不完善。宪法总纲规定：“中央和地方的国家机构的职能划分，遵循在中央的统一领导下，充分发挥地方的主动性、积极性的原则。”一般来说，地方政府作为沟通中央政府和居民的桥梁，具有宏观调控，建立和维护市场秩序，发展本地经济，提供公共产品和公共服务的经济职能，以及开展污染综合治理，加强生态环境保护的社会职能。但在经济体制转型时期，权力的下放必然使县级政府以发展经济为己任，积极寻求一切可能的要素投资本地，加速推进县域经济由农业经济阶段向完全工业经济阶段的转变。而县级政府在环境治理方面却严重供给不足，多数政府规划既没有总量控制指标和区域环境质量改善的具体措施，也没有考核机制与责任机制等硬性要求。重金属污染是指县域工业企业从事生产活动排入周边环境中的重金属污染物因其数量或强度超出环境自净能力而导致环境质量下降，并给人体健康或其他具有价值的物质带来不良影响的现象。导致重金属污染的根本原因是目前县级政府综合绩效指标体系中缺乏与环境相关的内容，经济指标仍是政绩考核的重点，环境绩效考核难以规范化和制度化。由于整个考核过程缺乏环境治理目标的约束，县级政府对重金属污染企业的环境监管始终难以触及实质。

其次，官员离任职环境保护审计制不明确。根据排放达标即合法原则，可能排放较多污染物的项目，只要符合法定排放标准，就允许建设和运营。而总量控制措施也只要求总排放应保持在当地环境容量范围以内，那么对于一些拥有较大环境容量的欠发达地区，便可以大量引进在发达地区不能建设的项目，而这样会大大降低当地的环境质量。实行主要领导干部离任职环境保护审计制，才能使遭到污染、破坏地区的环境质量不会再继续下降，原本环境良好地区的环境质量能够继续保持。否则，仅坚持达标排放原则，即使本地区的环境质量正在逐步恶化，但由于排放达标、合法，环保工作仍可不理不顾。而仅依靠总量控制原则，环境优良、环境容量大的地区又将成为污染转移的天然场所，随着环境容量空间由大变小，由小变无，其先前的环境优势必然不复存在。因此，领导干部离任职环境保护审计制可以看作对浓度标准和总量标准的必要补充，它所贯彻的官员任职期内区域环境质量不得恶化的原则使环境考核有了新的依据和标准，其目的在于强化地方政府对环境保护工作的重视与领导，使环境质量得以提升。重金属污染与县域工业企业的生产活动紧密相关，它的产生不仅要经过重金属污染物的存在、重金属污染的形成以及危害结果的发生等三个阶段，而且会随着阶段的更替呈现环境质量不断恶化的趋势，官员离任职环境保护审计制则能够有效解决重金属污染问题。但在目前，具体审计工作还难以依法独立展开，且存在着审计标准的缺失和审计数据的不精确。官员离任职环境保护审计制不完善严重影响了县级政府对重金属污染企业的环境监管。

再次，节能减排责任追究制不健全。对污染源进行节能减排规划与治理，能够从源头上减少污染物的排放，阻断或延缓污染的形成，降低污染事故的发生。节能减排责任制体现了“预防为主”的环境管理思想，通过节能减排措施的实施，提高政府环保工作的主动性和积极性，促使其做好区域环境管理工作，同时减少污染治理所付出的巨大人力、物力、财力，实现经济与环境效益的双赢。然而，由于节能减排责任追究制的不健全，“先污染，后治理”的环境保护老路依然不能彻底改变。

一是现行的节能减排责任制缺乏与总量控制的适当结合，节能减排总任务没有以缓解本区域日益有限的环境容量空间为中心。二是现行的节能减排责任制缺少科学的指标体系和监测体系，在规范与整治污染源过程中既没有将节能减排任务以合理的方式进行分派，又没有将已确定指标的完成情况作为党政领导干部综合考核评价的重要内容。三是节能减排工作开展的方式与途径不明确，比如如何淘汰污染严重的设备、工艺，如何运用新技术生产高附加值且无污染的产品，如何通过调整产业结构促进节能减排。所有这些都不得而知，节能减排目标也常常“决心在嘴上，落实在纸上”。重金属污染与县域工业企业的生产活动密不可分，从重金属污染企业的选址、兴建到其投产、排放，“节能减排”始终是政府环境工作的重点和预防该类污染事故发生的有力举措。然而，节能减排责任追究制的不健全已经成为县级政府针对重金属污染企业环境监管的主要障碍。

最后，环境破坏事件问责制不成熟。针对近年来我国县域范围内重金属污染事件的频发，应强化县级政府对本区域重金属污染的预防责任，将重金属污染防治成效纳入县域经济社会发展综合评价体系，严格考核，同时对防治不力造成严重后果的，依法查处，落实责任。实践中，涉及有关党政领导干部责任的追究，主要包括对拒不纠正违反环保法律法规行为并造成较严重重金属污染事故发生和对违法者进行特殊保护最终导致较严重重金属污染事故发生所应承担责任的追究两种。然而，由于责任追究机制的欠缺，环境破坏事件问责制难以发挥有效的制约作用。

一是权力机关方面，县级人大及其常委会对选举、任免的干部造成较严重重金属污染事故应承担责任追究的机制缺失；二是上级机关方面，县级政府的上级部门对县级政府官员造成本区域较严重重金属污染事故应承担责任追究的机制缺失；三是党委相关部门方面，县级党委组织部门或纪检部门对本级政府行政人员应承担责任追究的机制缺失；四是司法机关方面，县级司法机关对严重违反国家环境法律，造成特定区域人群集体重金属中毒，构成犯罪，应当给予严厉制裁的公职人员的刑事责任追究不彻底，难以达到惩戒的目的，且进入司法审查程序的违法人员的数量极少。

4.3 企业守法障碍

4.3.1 “守法成本高，违法成本低”

4.3.1.1 法律机制作用有限

新中国成立后，共制定环境保护法律9部，其他各类资源保护法律15部。20世纪90年代中期以来，环境法制建设日益受到重视，全国人大及其常委会先后制定或修订了包括《环境噪声污染防治法》(1996年10月29日制定)、《海洋环境保护法》(1999年12月25日修订)、《大气污染防治法》(2000年4月29日制定)、《环境影响评价法》(2002年10月28日制定)、《放射性污染防治法》(2003年6月28日制定)、《固体废物污染环境防治法》(2004年12月29日修订)、《水污染防治法》(2008年2月28日修订)在内的环境保护法律，以及《清洁生产促进法》(2002年6月29日制定)、《水法》(2002年8月29日修订)、《农业法》(2002年12月28日修订)、《草原法》(2002年12月28日修订)、《可再生能源法》(2005年2月28日制定)和《畜牧法》(2005年12月29日制定)等与环境保护密切相关的法律。与此同时，国务院先后制定或修订了《野生植物保护条例》(1996年9月30日制定)、《建设项目环境保护管理条例》(1998年11月18日制定)、《水污染防治法实施细则》(2000年3月20日制定)、《农业转基因生物安全管理条例》(2001年5月9日制定)、《排污费征收使用管理条例》(2002年1月30日制定)、《危险废物经营许可证管理办法》(2004年5月19日制定)、《危险化学品安全管理条例》(2011年2月16日修订)等50余项行政法规，并发布了《关于做好建设资源节约型社会近期工作的通知》(国发〔2005〕21号，2005年6月27日)、《关于加快发展循环经济的若干意见》(国发〔2005〕22号，2005年7月2日)、《关于落实科学发展观加强环境保护的决定》(国发〔2005〕39号，2005年12月3日)等规范性文件；国务院环境保护行政主管部门制定国家环境保护标准（HJ）800项；相关部门制定军队环保法规和规章10件；地方人大及其常委会和地方人民政府为实施国家环保法律与行政法规，根据区域具体情况和实际需要，在职权范围内制定、颁布规章和地方法规660件。国际方面，我国已缔结或批准多边国际环境条 51 项（表 4–2）；此外，新修订的《中华人民共和国刑法》在“妨害社会管理秩序罪”中专设“破坏环境资源保护罪”一节，其目的在于加大对环境犯罪行为的刑事制裁力度。2007 年 6 月 5 日，国家环境保护总局联合最高人民检察院、公安部共同发布了《关于环境保护行政主管部门移送涉嫌环境犯罪案件的若干规定》，该规定使环境犯罪的种类进一步扩大，环境刑事犯罪的责任追究更加规范。目前，我国已初步建立了以宪法为纲领，以环境保护基本法为主导，以环境保护单行法和环境行政法规为支撑，以地方环境法规和其他部门法中的相关规定为补充，以各类环境标准为依据，包括国际条约中环境法规范的环境保护法律体系（如图 4–3 所示）。

表 4–2　　　　　　　　　我国环境保护立法统计

法律法规	单位	数量	法律法规	单位	数量
环境保护法律	部	9	国家环境保护标准	项	800
各类资源保护法律	部	15	规章和地方法规	件	660
环境行政法规	项	50	军队环保法规和规章	件	10
规范性文件	件	3	缔结或批准多边国际环境条约	项	51

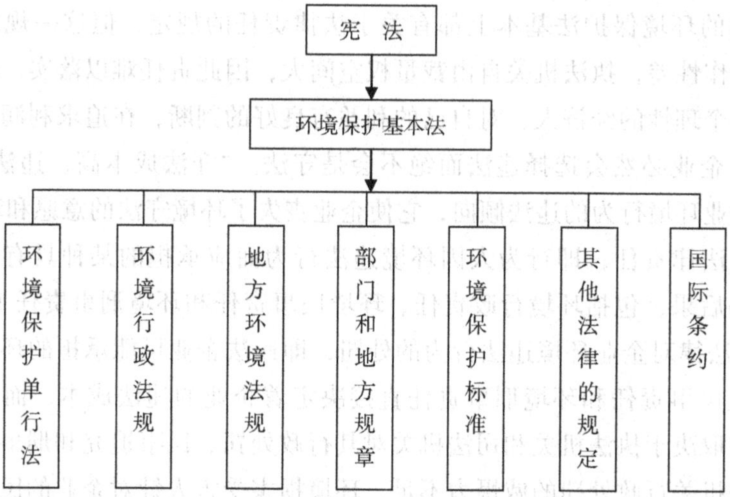

图 4–3　我国环境保护的法律体系与框架

近年来，我国虽然重视环境立法工作，然而，环境污染状况并没有因为法律条文的增多而得到显著改善，环境破坏和关系广大人民群众身体健康与社会和谐稳定的突出环境问题，尤其是重金属污染随处可见。究其原因，环保机关执法不力的事实固然存在，但是现有环保法律得不到严格遵守和执行更是直接导致了环境状况的持续恶化。由于对企业守法不良、故意违法行为惩处的力度不够，与环境守法相比，企业违法往往可以获得更大的经济利益，即所谓的“守法成本高，违法成本低”。目前，在我国环保领域，企业因此而选择故意违法的现象十分普遍。

4.3.1.2 企业为什么选择违法

法律对企业违法行为的制裁程度决定着企业违法成本的高低。而在我国环境保护领域，企业预期违法成本大大低于守法成本，环境违法往往可以获得更大的经济利益，企业宁愿受罚，也不愿进行污染防治。“宁罚不治”不仅与立法初衷相违背，也使环境监督管理工作陷入尴尬，执法的威严与震慑力严重不足。

“守法成本高，违法成本低”，正是企业普遍选择环境违法的主要原因。首先，企业缴纳的排污费低于其治理排污的成本，缴纳排污费比治污更经济，超标排污、明知故犯自然是企业的“明智”之举。其次，环境保护行政主管部门依据环境法律、法规对偷排企业采取行政处罚措施的力度与其违法情节、手段、程度及违法所得相脱节，且处罚不影响企业的任何生产经营行为。再次，尽管我国的环境保护法基本上都有关于法律责任的规定，但这一规定并不具体，可操作性差，执法机关自由裁量权空间大，因此责任难以落实。最后，企业作为一个理性的经济人，对自己的利益有良好的判断，在追求利润最大化的过程中，企业必然会选择违法而绝不会是守法。“守法成本高，违法成本低”影响着企业环境行为的违法倾向，它使企业丧失了环境守法的意愿和动机。

环境法律责任，即行为人因环境违法行为而应承担的某种具有法定强制性的不利后果，包括环境行政责任、环境民事责任和环境刑事责任（张文显，2004）。法律对企业环境违法行为的处罚，即违法企业可能承担的环境行政责任、环境民事责任和环境刑事责任直接决定着企业的违法成本，而违法成本的大小则取决于执法机关和司法机关对其行政处罚、民事追究和刑事制裁的力度。环保机关行政处罚的威慑力不足，环境损害受害人针对企业的民事赔偿无法实现，以及司法对环境犯罪行为的惩治大多流于形式，正是企业“守法成本高，违法成本低”的根本原因。这在重金属污染中的体现尤为明显：2000—2015年所发生的56起较严重重金属污染事件中，环保机关所作出的针对重金属企业环境违法行为的行政罚款中数额最高的只有5万[①]，因环境违法行为受到刑事处罚的相关企业负责人只有9个[②]。除此，在全部事件中没有向人民法院提出要求肇事企业给予环境损害民事赔偿的直接受害人。以下就从环境法律责任的角度入手，分析重金属污染企业“守法成本高，违法成本低”的具体成因。

① 行政处罚：惩处力度小

对造成重金属污染事故的县域工业，由事故发生地的县级环境保护行政主管部门依据有关法律法规实施行政处罚；对违反《环境影响评价法》、可能对周边环境造成重金属污染的建设项目，由负责该项目环评文件审批工作的环保部门实施行政处罚；对造成重金属污染事故的直接责任人员，由相关部门依法给予行政处分。目前，行政罚款仍是现行法律对县域工业违法排放重金属污染物的最主要处罚方式，而对企业责任人的处分以及其他种类行政处罚的运用则仅仅为一种辅助或补充。对造成重金属污染事故的县域工业的罚款数额，一般由县级环境保护行政主管部门按照直接经济损失的一定比例进行计算，具体计算方式与额度见表4–3。

由此不难发现，针对重金属污染企业的环境行政处罚制度存在以下缺陷：一是行政处罚以罚款为主，手段单一。虽然法律赋予了环境保护行政主管部门对企业相关责任人行政处分的权力，但缺少具体化行政处分的形式和程序。二是行政处罚的数额偏低。重金属污染使生态系统的组成、结构和功能发生改变，并通过自然介质对人体健康和生态环境产生不良效应。然而，实践中对重金属污染企业的罚款却远远低于各项社会损失及其违法所得。三是处罚数额计算依据不合理。大多数罚款数额的计算以“直接损失”为依据，这就把“间接损害”，比如重金属污染物长期蓄积于人体某一器官所产生的慢性损害排除在外，从而缩小了企业承担责任的范围，降低了企业的环境违法成本。四是罚款数额双重限定缺乏合理性。对重金属污染事故罚款的数额同时受特定比例和绝对值的限制，其意图在于限定罚款的最高额，为企业的生存提供足够的空间。

① 2009年河南济源豫光金铅集团被环保部门处以行政罚款5万元。

② 分别为甘肃省徽县有色金属冶炼公司董事长、贵州省独山县瑞丰矿业有限公司两名主要负责人和湖南省辰溪金利化工有限公司六名相关责任人。

所以，罚款根本起不到对企业应有的惩罚和威慑作用，企业宁可被罚也不愿正常运转治污设施。五是法律对其他处罚形式的规定不明确，可操作性差。新修订的《环境行政处罚办法》增加了责令停产整顿、停业、关闭，暂扣、吊销许可证或其他证件，没收违法所得和非法财物以及行政拘留等环境行政处罚方式，但这些手段的运用须符合法定条件且要得到相关部门的配合或征得当地政府的同意，这在具体实施中还有相当的难度。

表 4-3　　我国对重金属污染企业行政处罚的计算方式与额度

处罚依据	污染类别	污染程度	损失计算	处罚数额	处罚主体
水污染防治法及其实施细则	水体重金属污染	一般	按直接经济损失计算	直接经济损失的 20%；上限 20 万元	县级及县级以上环境保护行政主管部门
水污染防治法及其实施细则	水体重金属污染	严重	按直接经济损失计算	直接经济损失的 30%；上限 100 万元	县级及县级以上环境保护行政主管部门
大气污染防治法	大气重金属污染	污染	按直接经济损失计算	直接经济损失的 50% 以下；上限 50 万元	县级及县级以上环境保护行政主管部门
固体废物污染防治法	富含重金属元素的固体废物污染	一般	直接处罚	2—20 万元	县级及县级以上环境保护行政主管部门
固体废物污染防治法	富含重金属元素的固体废物污染	严重	按直接经济损失计算	直接经济损失的 30%；上限 100 万元	县级及县级以上环境保护行政主管部门
环境影响评价法	建设项目潜在重金属污染	项目违法且具有潜在重金属污染可能	直接处罚	5—20 万元	负责该项目环评文件审批工作的环保部门

② 民事赔偿：法律机制不完善

环境损害民事赔偿能够有效解决重金属污染企业的“守法成本高，违法成本低”。通过环境损害民事赔偿，弥补行政处罚数额低的不足，增加企业的违法成本，使企业的违法行为在经济上不可行。另外，对受害者给予民事损害赔偿，形成利益激励机制，可以鼓励受害人通过诉讼途径维护自身合法权益，从而调动社会主体参与环境保护的积极性。我国关于环境损害赔偿的规定散见于多部法律:《民法通则》确立了环境损害赔偿的基本原则和侵害人承担责任的具体形式，初步奠定了环境损害赔偿的制度基础;《环境保护法》进一步明确了环境损害受害人民事赔偿的权利及请求赔偿的方式和途径，为损害纠纷的解决提供了法律依据；环境保护单行法则对不同领域的环境损害赔偿分别做出了规定。

近年来，我国重金属污染事件逐年激增，但受害人要求民事损害赔偿的渠道并不畅通，这是因为目前的环境损害赔偿制度存在以下缺陷：一是环境损害赔偿制度没有受到环境立法者和监管者的重视。实践中，重金属污染损害赔偿常常受制于环境行政，即使受害人直接提起诉讼，其损害程度的评估与损害事实的认定也要由环保部门来完成。过分强调行政控制而忽视环境救济使环境损害赔偿制度没能成为解决重金属污染问题的基本制度，逃避了环境损害民事制裁的责任方，其违法成本自然降低。二是立法空白比较多。现行立法缺少对环境损害赔偿构成要件、赔偿范围及赔偿标准的规定，不利于重金属污染损害纠纷的解决和对受害人环境权益的保护。三是立法过于原则，缺乏可操作性。法律规定得过于原则，不利于重金属污染受害人对环境损害的正确认识和判断，从而影响其采取措施的及时性与有效性。同时，立法中大量原则性的规定，也不利于司法裁判尺度的统一，法律适用上的混乱难以避免。四是法律间的协调程度不高。法律规定的不一致和法律之间的不协调，使法院在对重金属污染企业进行环境损害侵权认定时经常面临两个或两个以上的参照标准，这就把选择哪类诉讼的权利留给了法官，而法官却不一定能从受害者的立场出发理性选择。五是环境损害赔偿程序不完善。重金属污染引起的环境损害赔偿普遍存在起诉难（只有直接受害人才有提起诉讼的权利）、举证难（重金属污染因其致害原因复杂常常导致受害人举证不能）和团体诉讼制度不健全等特点，不仅加大了受害人寻求民事救济的难度，也使肇事企业逍遥法外，鼓励了企业继续违法。

③ 刑事制裁：放纵环境犯罪

环境犯罪，即违反环境保护法律法规直接或间接地污染、破坏生态环境，造成人身伤亡或公私财产严重受损，依法应当承担刑事责任的行为。根据新修订的《中华人民共和国刑法》和《关于环境保护行政主管部门移送涉嫌环境犯罪案件的若干规定》，涉及重金属污染的环境犯罪共有七种，其具体罪名、法律依据及犯罪构成见表 4–4。

表 4–4　　涉及重金属污染的环境犯罪

罪　名	法律依据	犯罪构成	犯罪性质	刑事责任
走私废物罪	《刑法》第一百五十二条、第三百三十九条第三款	逃避海关监管将境外各种形态的重金属废物运输进境；或以原料利用为名，进口不能用作原料的重金属废物。	行为犯	（1）情节严重的，处5年以下有期徒刑，并处或者单处罚金；（2）情节特别严重的，处5年以上有期徒刑，并处罚金。
重大环境污染事故罪	《刑法》第三百三十八条	违反国家规定排放、倾倒、处置富含重金属元素的各种废物或有毒物质。	结果犯	（1）严重污染环境的，处3年以下有期徒刑或者拘役，并处或者单处罚金；（2）后果特别严重的，处3年以上7年以下有期徒刑，并处罚金。
非法处置进口的固体废物罪	《刑法》第三百三十九条第一款	违反国家规定将境外富含重金属元素的固体废物进境倾倒、堆放或处置。	行为犯	（1）处5年以下有期徒刑或者拘役，并处罚金；（2）造成重大重金属污染事故，致使公私财产遭受重大损失或者严重危害人体健康的，处5年以上10年以下有期徒刑，并处罚金；（3）后果特别严重的，处10年以上有期徒刑，并处罚金。

续 表

罪　名	法律依据	犯罪构成	犯罪性质	刑事责任
擅自进口固体废物罪	《刑法》第三百三十九条第二款	未经国务院相关部门许可擅自进口富含重金属元素的固体废物用作原料。	结果犯	（1）造成重大重金属污染事故，致使公私财产遭受重大损失或者严重危害人体健康的，处5年以下有期徒刑或者拘役，并处罚金；（2）后果特别严重的，处5年以上10年以下有期徒刑，并处罚金。
滥用职权罪	《刑法》第三百九十七条	国家机关工作人员滥用职权，致使公共财产、国家和人民利益遭受重大损失。	结果犯	（1）处3年以下有期徒刑或者拘役；（2）情节特别严重的，处3年以上7年以下有期徒刑。
玩忽职守罪	《刑法》第三百九十七条	国家机关工作人员玩忽职守，致使公共财产、国家和人民利益遭受重大损失。	结果犯	（1）处3年以下有期徒刑或者拘役；（2）情节特别严重的，处3年以上7年以下有期徒刑。
环境监管失职罪	《刑法》第四百零八条	负有环境保护监督管理职责的国家机关工作人员严重不负责任，导致发生重大重金属污染事故，致使公私财产遭受重大损失或者造成人身伤亡严重后果。	结果犯	处3年以下有期徒刑或者拘役。

《刑法》同时规定：单位涉及重金属污染环境犯罪的，对单位判处罚金，并对其直接负责的主管人员和其他直接责任人员，依照各该条的规定处罚。

2000—2015年，我国共发生较严重的重金属污染事件56起，但追究相关企业和个人刑事责任的却只有3起，现行的环境犯罪责任追究制度存有缺陷是导致大多数环境犯罪行为得不到惩罚的重要原因。首先，法律对环境犯罪构成要件的规定存在缺陷（齐晔，2008）。我国《刑法》对环境犯罪主观状态的规定不清晰，导致法院对重金属污染企业及其责任人的过错（故意或过失）难以认定。其结果就是，环境犯罪行为难以惩处，企业违法成本不会增加，践踏法律更为肆无忌惮。其次，强调对结果犯的惩治而忽视对行为犯和危险犯的处罚。现行《刑法》所规定的环境犯罪多为结果犯，其定罪多以造成某种特定后果，比如严重污染环境、重大财产损失或人身伤亡为构成要件。重金属污染与县域工业企业的生产活动紧密相关，重金属污染事故的发生是县域工业企业长期违法排放导致重金属污染物在周边环境中持续累积、量变的结果。而根据《刑法》关于环境犯罪的规定，呈蓄积状态尚未暴发只对周边环境形成潜在影响的重金属企业日常违法排污的行为则不属于“严重污染环境”的范畴，不属于结果犯，不能追究刑事责任。

在我国重金属污染事故多发的形势下，仅强调对严重污染环境或导致重金属污染事故发生，造成特别严重后果的结果犯的惩治，而忽视对事故发生之前就已经使周边环境处于潜在危险状态的行为犯和危险犯的处罚，显然无法遏制重金属污染企业的环境犯罪行为。再次，环境犯罪规定的范围过窄。我国环境保护法规定的环境包括自然环境和人工环境，而现行《刑法》却遗漏了对部分自然环境要素和人工环境要素的保护而没有涉及全部环境违法行为。因此，当重金属污染造成对海洋、自然保护区和风景名胜区的损害时，就会带来法律惩治上的障碍。环境犯罪范围过窄在一定程度上影响了对企业环境违法行为刑事制裁的力度。最后，刑罚处罚畸轻。一方面，法院对认定为环境犯罪的相关责任人的量刑标准偏低，且多适用缓刑，不足以震慑犯罪；另一方面，由于我国《刑法》缺少对罚金刑适用原则和处罚数额的明确规定，导致法院对犯罪单位判处罚金的额度远远低于重金属污染给社会造成的直接损失（经济损失、身体损害和精神损伤）及难以弥补的间接环境损害，企业“守法成本高，违法成本低”的现象依旧存在。

4.3.2　短期经济利益最大化的驱使

县域工业是指处于县行政区划范围以内以自然资源采掘业和农产品及初级原材料加工业为主的独立物质生产部门。以中小型企业为主体的县域工业具有发展模式的地域性、生产要素组合的低度性、技术装备的依赖性和生产经营方式的粗劣性等特点。重金属污染与县域工业企业的生产活动紧密相关，企业法人追求短期利润最大化是造成重金属污染的重要原因，其方式主要有以下几种：

4.3.2.1　违反环境保护的产业结构政策

产业结构是一定时期生产力的体现，它由该时期的经济发展水平决定，并随经济的发展不断变化。产业结构的调整在于强化产业之间的生产联系与制约关系，提高产业内在素质和资源配置效率，优化规模结构及企业组织结构，最终达到各产业比重、构成合理化的目标。产业结构政策正是从有利于环境保护的角度出发对不同时期产业结构进行调整所应遵循相关原则的规定。但在实践中，这些政策并未得到严格贯彻与执行。为追求短期经济利益最大化，县域工业企业不惜违反国家环境保护产业结构政策的要求，采取粗放型生产与管理模式，积极上马资源粗加工项目，大大降低了经济持续增长的支撑能力；不惜违反限期整改和强制淘汰制度的规定，采用国家明令禁止的落后技术、工艺和设备，导致环境污染与生态破坏；不惜违反清洁生产法律，逃避清洁生产审计，生产原材料和能源消耗高、质量低劣的产品，严重阻碍了国民经济的可持续发展。

4.3.2.2　违反环境保护的行业政策

在环境保护过程中，以特定行业为对象所制定的具有明显行业特点的各项政策即为环境保护行业政策（李哲民和于庆凯，2010）。鼓励发展、限制发展、禁止发展是国家环保行业政策的三种类别，《国务院关于环境保护若干问题的决定》、《关于公布第一批严重污染大气环境的淘汰工艺与设备名录的通知》、《冶金工业环境管理若干规定》、《关于加强乡镇企业环境保护工作的规定》等一系列规范性文件是国家环保行业政策的具体体现。然而，在短期利润最大化的驱使下，县域工业企业不断进行着违背国家环境保护行业政策的各种尝试：

借助地方保护从事国家禁止发展的“十五小”行业；采取隐瞒、欺骗等手段逃避执法检查，从事国家限制发展的八种行业；以国家鼓励发展的行业为掩护，继续涉足已经被严格规范的行业等。

4.3.2.3 违反环境保护的技术政策

环境保护技术政策是以环境保护为目的，在行业政策许可范围内所制定的生产技术政策与污染防治技术政策（解振华，2005）。发展科技含量高的适用生产技术和投入低、见效快的污染治理技术是我国环境保护技术政策的总体思想。近年来，我国制定了包括《环境保护技术政策要点》《关于防治水污染的技术政策》《危险废物污染防治技术政策》和《推行清洁生产的若干意见》在内的多项环境保护技术政策规范性文件。尽管环境保护技术政策对各项技术的采用均有明确的要求和规定，但短期经济利益最大化仍是县域工业从事各项生产经营活动的基本依据和对自身行为选取的唯一标准。实践中，县域工业企业放弃成本较高但适宜推广的生产技术，取而代之的依然是价格低廉、已被严格限制或淘汰的生产技术；抛弃运转与维护费用较高、经济负担较大但实际效果明显的污染治理技术，取而代之的依然是花费与投入几乎为零的直接排放。

在短期利润最大化的驱使下，企业“守法”完全成了一句空话，重金属污染的发生自然不能幸免。

4.3.3 企业自我环境管理引导不足

企业环境管理包括企业作为管理主体的自我环境管理和企业作为管理对象被管理。企业被管理，即企业被其他管理主体通常是指环境保护行政主管部门所管理，这是企业环境管理的主要内容；企业自我环境管理，即企业作为自然环境管理的主体，运用各种手段，限制生产经营活动中对环境不利的行为，协调发展生产和保护环境之关系，遵照环保法律的规定和企业管理的基本原则，促使生产目标与环境目标相结合，实现经济效益与环境效益的统一。企业自我环境管理是企业环境管理的重要部分，是解决现阶段重金属污染问题的有力途径。这是因为重金属污染与以中小型企业为构成主体的县域工业的生产活动紧密相关，是从事生产活动的县域工业企业排入周边环境中的重金属污染物的数量或强度超出环境自净能力而导致环境质量下降的结果。因此，重金属企业自我环境管理的有效进行能够最大限度地减少或控制重金属污染的产生。我国环境执法片面强调执法的强制性，缺乏对重金属企业自我环境管理的引导与培育，严重忽视了社会主体主动守法的意愿和能力。政府职能部门对重金属企业自我环境管理的引导不足，既不利于妥善地解决重金属污染问题，实现工业的文明生产、资源的合理利用和生态的良性循环，同时也造成了重金属企业守法上的困境，使企业环境管理难以成为企业管理的组成部分并将其渗透到企业管理的各个环节之中。

4.3.3.1　政府职能部门缺乏对重金属企业环境计划管理的引导

将环境保护纳入企业计划管理，并在计划制订、执行和调整的同时考虑环境保护的要求；确保环境目标与生产目标提出的同步性和实现的一致性，强化对企业环境工作的计划指导；抓好控制工业污染工作，将污染防治计划和产品生产计划结合，以获取良好的经济效益与环境效益：这就是企业环境计划管理的主要内容。而要将企业环境计划管理融入企业管理，使企业环境计划管理真正成为企业管理的一部分，并制订出科学的企业环境保护规划，就需要政府职能部门合理引导，加强对企业环境意识和管理思想的培育。但这在目前并未实现，从而导致重金属企业无法依据行业污染控制指标和区域环境容量要求，提出恰当的环境目标，无法进行客观、准确的污染源调查、取样，以分析、确定主要污染源与污染物，无法评价污染现状并进行排污量增长预测和环境影响预测，无法在环境目标的框架内合理确定各规划年污染物的削减总量，更无法将污染物削减总量进行分解并运用系统分析等方法研究综合防治措施，从而选取最优方案。

4.3.3.2　政府职能部门缺乏对重金属企业环境质量管理的引导

企业环境质量管理，即为控制本企业污染物排放量，减少污染，实现区域环境质量目标而进行的各项管理工作。重金属污染使生态系统的组成、结构和功能发生改变，并通过自然介质对生态环境产生不良效应，它的发生是从事生产活动的县域工业企业长期违法排放导致重金属污染物在周边环境中持续累积、量变的结果。因此，实施以控制污染物排放量为主要内容的企业环境质量管理能够有效预防重金属污染的产生。但由于政府职能部门缺乏对重金属企业环境质量管理的积极引导，企业无法在充分了解所在地环境特征、人口密度的基础上掌握和理解区域环境质量要求，也就无法合理地将其分解为本企业的具体控制指标，无法建立完整的监测系统，更无法形成稳定的内部监测网络，无法建立健全的环境质量分析报告制度，也无法向本企业职工代表大会和周边居民定期报告污染物排放情况及受影响区域的环境质量状况。政府职能部门对重金属企业环境质量管理引导的不足阻碍了重金属污染综合防治工作的顺利开展。

4.3.3.3 政府职能部门缺乏对重金属企业环境技术管理的引导

企业环境技术管理是指通过制定技术标准和技术规程，对生产技术和污染防治技术的先进性与合理性进行系统评价，从而使技术的运用既能满足生产发展的需要，又能促进环境质量的提高。

重金属污染与县域工业企业的环境技术管理有关。重金属企业通过对县域资源、能源的开发、开采，在为社会提供各种所需物质资料的同时取得经济利益。然而由于环境技术管理上的缺陷，重金属企业又不能彻底消耗或无害转化从县域环境中所获取的物质与能量，这部分不被利用的物质与能量通过一系列的生态过程最终导致重金属污染的产生。

因此，强化重金属企业环境技术管理，一方面能够最大限度地将重金属污染物消除于生产过程，减少环境中有毒有害物质的含量，切断污染物量变的途径，降低污染事故发生的可能，另一方面能够将重金属污染物的处理与综合利用结合起来，实现“废物”的资源化，从根本上预防重金属污染。但在目前，由于政府职能部门对重金属企业环境技术管理引导的缺失，企业无法通过制定技术标准、规程的方式进行环境约束，从而达到限制生产活动对环境损害的目的，无法对技术改造方案和设备更新方案进行全面、客观的环境影响分析，因而无法将技术改造与污染治理相结合，无法对环境保护设备进行环境经济评价，因而无法选定合理的污染防治技术路线，无法将环境技术管理纳入企业技术管理之中，并通过生产技术部门和环保部门之间的密切配合，高效率地开展环境技术管理工作。

政府职能部门缺乏对重金属企业环境技术管理的引导使重金属污染综合防治计划无法借助企业的技术标准、产品标准、技术规程和工艺规程来实现，这无疑加大了防治的难度。

4.4 公众参与障碍

4.4.1 公众参与缺少依据和保障

4.4.1.1 公众参与缺少法律依据

公众参与环境保护有如下作用：有利于实现社会利益结构的重新组合，使公民权益在环境决策中得到体现，有效促进公众权利的再次分配；有利于政府环境管理工作的高效开展，增加环境政策的公开性与透明度，降低政策执行的成本和阻力；有利于公众环保意识的提高，增进公众的责任感和使命感，激发公众环境保护的主动性和积极性；有利于可持续发展战略的实施，使可持续发展的目标和行动获得最大限度的支持与认同，增强可持续发展的社会基础；有利于环境保护事业的推进，解决危及群众生产生活的突出环境问题，协调经济建设同环境保护的关系，实现环境保护的总体目标。公众参与所起到的积极作用已经得到全社会的高度重视，公众参与环境保护程度的高低已经成为衡量一个国家或地区环境监管水平的重要标志（石路，2009）。我国鼓励广大民众各种类型的环境参与，鼓励对环境立法和相关政策制定的参与，鼓励环境监督。纵观我国的环境法律法规，从宪法、环境保护基本法到环境保护单行法及各类环境行政法规与部门规章都有关于公众参与的相应规定（见表4–5），这就为公民环境权利的行使和环境权益的维护提供了强有力的保障。

表 4–5　　　　我国有关环境监管公众参与法律法规汇总

法律种类	条文依据	具体内容
宪法	《中华人民共和国宪法》（1982 年）	第一章第二条：人民依照法律规定，通过各种途径和形式，管理国家事务，管理经济和文化事业，管理社会事务。
环境保护基本法	《中华人民共和国环境保护法》（1989 年）	第一章第六条：一切单位和个人都有保护环境的义务，并有权对污染和破坏环境的单位和个人进行检举和控告。

续　表

法律种类	条文依据	具体内容
环境保护单行法	《中华人民共和国环境影响评价法》（2002年）	第一章第五条：国家鼓励有关单位、专家和公众以适当方式参与环境影响评价。
环境保护单行法	《中华人民共和国环境影响评价法》（2002年）	第二章第十一条：专项规划的编制机关应当在该规划草案报送审批前，举行论证会、听证会，或者采取其他形式，征求有关单位、专家和公众对环境影响报告书草案的意见。
环境保护单行法	《中华人民共和国环境影响评价法》（2002年）	第三章第二十一条：……，对环境可能造成重大影响、应当编制环境影响报告书的建设项目，建设单位应当在报批建设项目环境影响报告书前，举行论证会、听证会，或者采取其他形式，征求有关单位、专家和公众的意见。
环境保护单行法	《中华人民共和国水污染防治法》（2008年修订）	第一章第十条：任何单位和个人都有义务保护水环境，并有权对污染损害水环境的行为进行检举。
环境保护单行法	《中华人民共和国固体废物污染环境防治法》（2004年修订）	第一章第九条：任何单位和个人都有保护环境的义务，并有权对造成固体废物污染环境的单位和个人进行检举和控告。
环境保护单行法	《中华人民共和国环境噪声污染防治法》（1997年）	第一章第七条：任何单位和个人都有保护声环境的义务，并有权对造成环境噪声污染的单位和个人进行检举和控告。
环境保护单行法	《中华人民共和国海洋环境保护法》（1999年修订）	第一章第四条：一切单位和个人都有保护海洋环境的义务，并有权对污染损害海洋环境的单位和个人进行监督和检举。
环境保护单行法	《中华人民共和国大气污染防治法》（2000年修订）	第一章第五条：任何单位和个人都有保护大气环境的义务，并有权对污染大气环境的单位和个人进行检举和控告。

续　表

法律种类	条文依据	具体内容
其他单行法规	《中华人民共和国土地管理法》（2004年修订）	第一章第六条：任何单位和个人都有遵守土地管理法律、法规的义务，并有权对违反土地管理法律、法规的行为提出检举和控告。
环境行政法规	《中华人民共和国自然保护区条例》（1994年）	第一章第七条：一切单位和个人都有保护自然保护区内自然环境和自然资源的义务，并有权对破坏、侵占自然保护区的单位和个人进行检举、控告。
环境行政法规	《规划环境影响评价条例》（2009年）	第二章第十三条：规划编制机关应当在规划草案报送审批前，采取调查问卷、座谈会、论证会、听证会等形式，公开征求有关单位、专家和公众对环境影响报告书的意见。
环境保护部门规章	《废物进口环境保护管理暂行规定》（1996年）	第一章第四条：任何单位和个人都有权向有关部门检举违法进口废物的单位。
环境保护部门规章	《环境保护行政许可听证暂行办法》（2004年）	第一章第四条：环境保护行政主管部门组织听证，应当遵循公开、公平、公正和便民的原则，充分听取公民、法人和其他组织的意见，保证其陈述意见、质证和申辩的权利。
环境保护部门规章	《环境影响评价公众参与暂行办法》（2006年）	第一章第四条：国家鼓励公众参与环境影响评价活动。公众参与实行公开、平等、广泛和便利的原则。 第一章第五条：建设单位或其委托的环境影响评价机构，应当依照本办法的规定，公开有关环境影响评价的信息，征求公众意见。
环境保护部门规章	《环境影响评价公众参与暂行办法》（2006年）	第一章第六条：按照国家规定应当征求公众意见的建设项目，建设单位或其委托的环境影响评价机构应当在建设项目环境影响报告书中，编制公众参与篇章；应当编制公众参与篇章而没有编制的，环境保护行政主管部门不得受理。
地方性环境法规与规章	《沈阳市公众参与环境保护办法》（2006年）	该办法第五条明确了公众参与环境保护所享有的九项权利，并规定了市、区、县（市）政府有关部门在公众参与环境保护过程中应履行的责任和义务。

由此不难发现，我国法律关于公众环境参与的规定过于笼统且缺乏可操作性，既没有明确公民在环境保护中的责任、权利与义务，公民如何参与、以什么程序参与不得而知，也未赋予公民在法律上的独立地位，导致公民在行使环境参与权和请求权时缺少法律依据，公众参与成了一种口号，实际维权更是举步维艰。重金属污染是县域工业企业从事生产活动排入周边环境中的重金属污染物因其数量或强度超出环境自净能力而导致环境质量下降，并给人体健康或其他具有价值的物质带来不良影响的现象。重金属污染的产生要经过重金属污染物的存在、重金属污染的形成以及危害结果的发生等三个阶段，因此预防重金属污染的公众参与应结合污染物自身的特点和污染的形成与演化规律，采取适当的方式进行。这就需要法律对公众参与原则、参与时间及参与方式有较为明确和详细的规定，而我国目前尚未制定《重金属污染防治法》,《重金属污染综合防治“十二五”规划》又侧重于政府环境行政监管而缺少对社会公众环境监督的规范，这显然不利于整合社会力量共同参与重金属污染的预防和治理。公众参与缺少法律依据，使公众在重金属污染防治行动中陷入“政府依赖”，其实际参与行为有限，参与程度不高，参与困境凸显。

4.4.1.2 公众参与缺乏保障措施

公众参与缺乏信息支持。重金属污染与县域工业企业的生产活动紧密相关，重金属污染事故的发生，是县域工业企业长期违法排放导致重金属污染物在周边环境中持续累积、量变的结果。重金属污染包括大气重金属污染、水体重金属污染和土壤重金属污染。然而，无论是大气重金属污染、水体重金属污染还是土壤重金属污染，从污染物的存在到污染的最终形成，都需要经过一系列的生态过程，同时需借助精密仪器检验，并进行连续跟踪监测才能获取较为准确的污染物与环境容量变化信息。地方政府是本辖区环境监测管理的实施主体，公开环境监测数据，不仅属于地方政府职责与义务的范畴，而且能够使公众及时获得所必需的各种信息，提高环境参与能力。对处于重金属企业周边可能遭受重金属污染的居民来说，政府环境监测数据的公开更是其衡量是否环境参与及如何参与的直接依据。但在目前，由于信息公开制度的缺失和政府官员思想观念上的障碍，公众环境参与仍停留于纸面。信息不通畅使公众参与环境保护的基础丧失，公众的环境要求无法通过正常的渠道顺利实现，重金属污染自然不能避免。

公众参与缺乏资金保障。非政府环保组织是实现公众环境参与的重要力量。然而，我国非政府环保组织参与环境保护缺乏固定的筹资渠道，这使得非政府环保组织的影响十分有限，表现在重金属污染问题上则尤为突出。非政府环保组织要进行环境参与，必须建立专门的监测机构，对重金属企业的排放及周边居民所处特定区域的环境质量进行全面、持续的监测。而重金属污染具有极强的隐蔽性，正常环境中所附加的有害物质在人体健康状况中不能及时体现出来。此外，环境中的多种重金属污染物之间能够彼此结合形成复合污染效应，且同一种重金属污染会在同一地域多次、反复出现。重金属污染的隐蔽性、关联性和重现性无疑加大了非政府环保组织环境监测的难度，导致其监测范围不断扩大，监测任务量不断增加，监测费用大幅上升，这使原本资金力量薄弱的非政府环保组织难堪重负。资金保障不到位，使非政府环保组织始终无法起到维护公众环境权益的应有作用。

公众参与缺乏责任约束。从表 4–5 可以看到：无论是宪法、环境保护基本法还是环境保护单行法和其他环境行政法规与部门规章都有关于公众参与的若干规定，特别是 2003 年 9 月开始实施的《中华人民共和国环境影响评价法》和 2006 年 3 月开始实施的《环境影响评价公众参与暂行办法》更对公众参与的原则、范围、时间、方式做出了明确规范。然而，纵观我国的环境法律法规，却没有关于妨碍公众环境参与应承担具体责任的条款。目前对违反公众环境参与程序规定的单位或个人承担责任的形式及责任追究机关发动责任追究的方式仍处于理论探讨阶段，实践中的公众环境参与因缺乏相关责任约束而常常被忽视。重金属污染是从事生产活动的县域工业企业为获取最大利润而减少污染控制行为，导致重金属污染物不断在周边环境中扩散，迁移，转化，最终造成生态系统结构与功能发生改变的结果。有效的公众参与及完善的责任约束机制是预防重金属污染事故发生、实现区域环境质量改善的关键。但在《重金属污染综合防治“十二五”规划》和其他关于重金属污染防治的规范性文件中，既没有明确何种行为属于妨碍公众环境参与的行为，妨碍公众环境参与行为的主观过错及认定该项行为属于应承担法律责任行为所必备的构成要件，又缺少对责任追究机关包括权力机关、司法机关、政府内部部门发动对妨碍公众环境参与行为责任追究和责任人承担何种责任的专门规定。公众参与缺少责任约束，使针对重金属污染的环境参与难以取得显著成效。这不利于社会矛盾的化解，实现环境政策的公平、公正，同时也使重金属污染综合防治工作陷入困境。

4.4.2 公众参与有效性严重不足

4.4.2.1 公众参与受现行行政体制的制约

我国公众环境参与作为一种社会行动模式，促进了环境保护事业的长足发展。然而，实践中的公众参与往往难以达到预期的参与目标和参与效果。公众参与的有效性严重不足，究其原因在于公众环境参与受现行行政体制的制约。在我国等级递阶的科层结构中，下级政府主要官员的任免权完全由上级政府所掌控，这导致下级政府的工作重点侧重于完成上级政府所指派的各项任务。这种一级政府主要责任是向上负责的政府体系，使上级政府必然会将更多的要求施加于下级政府，如果下级政府不能很好地完成下达任务，其官员的晋升势必因此受到影响。政府对上级负责而非对公众负责，公众的压力自然不会有这种立竿见影的效果。“理性的”地方政府必然受从上到下的任务分解和要求的制约，对群众所反映的包括环境污染在内的若干问题，排列先后顺序，权衡轻重缓急，而后进行处理。因此，公众的意见只有影响到了任务的完成和政府整个工作的绩效评估时，才能得以重视。目前，计划生育、社会治安等问题常常被上级政府纳入政绩考核“一票否决”的范围，对下级政府来说，近期内不会影响这些任务完成的其他事项就会暂缓处理或者视而不见。当然，近年来也有部分地区为遏制日益恶化的环境形势而将环境保护纳入“一票否决”的范围之列，但下级政府存在向上级政府隐瞒环境信息的利益驱动，最终的环境绩效考核仍是以地方政府所提供的环境状态数据为依据。由此可见，公众的意见并不会直接对地方政府产生有效的压力，而是要经其过滤后才有可能生效。在现行行政体制的制约下，群众的需要被排除在外，上级的要求和问题对晋升的影响才是地方政府过滤公众意见的唯一标准。

重金属污染使生态系统的组成、结构和功能发生改变，并通过自然介质对生态环境产生不良效应，它的发生是从事生产活动的县域工业企业长期违法排放导致重金属污染物在周边环境中持续累积、量变的结果。结合污染物自身特点和污染形成与演化规律的公众参与能够有效预防重金属污染事故的发生。然而，公众参与重金属污染防治却未必能够得到地方政府的肯定和重视，公众参与要受现行行政体制的制约。因此在多数情况下，公众的意见并不能成为地方政府亟待处理的事项。当公众的要求长期得不到满足，重金属污染严重影响其生产生活时，他们可选择的行为并不多，且每项选择所付出的社会成本与最终效果也大不相同（表 4–6）。

表 4–6　公众行为的再选择及其成本与有效性分析

公众的选项	公众参与的成本	公众参与的有效性	问题解决的程度
忍气吞声、听之任之	无	无	不能解决
信访	不大	不显著	一般不能解决
通过媒体扩大影响	较大	较显著	具有解决的可能
通过精英制造影响	较大	较显著	具有解决的可能
非理性抗争	巨大	显著	常常获得解决

4.4.2.2　公众参与内容不全面

我国公众参与环境保护的内容通常包括以下几个方面：

a. 参加环境建设，优化生活环境；

b. 做好环境保护本职工作，促进污染防治，改善生态环境；

c. 支持环境执法，监督污染和破坏环境的行为，为环境保护尽职尽责；

d. 参与执法监督，保证环境法律法规的贯彻落实；

e. 参加环境知识的宣传、教育，参与环境文化建设，提高全社会的环境道德水平。

以上内容主要涉及三个层面：一是公众自身的环境友善行为；二是公众对环境宣传教育的参与；三是公众发挥民主管理的作用。目前我国的公众参与主要集中在前两个方面，较少触及并延伸至民主管理领域和对环境管理决策的参与，从而限制了公众参与作用的充分发挥，并使公众参与长期停留在较低的层次之上。重金属污染预防和治理的关键在于科学、合理的环境政策和切实、有效的环境监管。发挥公众民主管理的作用，一方面能够促使重金属污染防治政策质量的改进，降低政策执行的成本和阻力，另一方面能够克服政府环境监管能力薄弱的短处，维护社会公平和环境正义。现阶段，由于公众对环境管理决策参与的不足和对环境行政执法监督的缺失，使重金属污染防治工作因缺乏群众基础而无法高效展开。

4.4.2.3 公众参与过程不完整

我国公众环境参与侧重于事后监督，事前参与不到位。《中华人民共和国环境保护法》规定：一切单位和个人都有权对污染和破坏环境的行为进行检举和控告。《水污染防治法》、《大气污染防治法》、《环境噪声污染防治法》、《固体废物污染环境防治法》和《海洋环境保护法》等分别从不同的角度规定了公众对危害环境的行为享有监督权和诉讼权。《国务院关于环境保护若干问题的决定》也指出：鼓励公众参与环境保护工作，建立公众参与机制，检举和揭发各种环境违法行为。从这些规定中不难看出，目前我国的公众环境参与强调的是对污染和破坏环境行为的事后监督。也就是说，只有当环境违法行为危及自身权益时，公众才会寻求法律救济，公众环境参与才可能由此进入法定程序。重金属污染是一种长期的累积作用，从污染物进入环境到生态系统的损害以及人类与其他生物生存、发展不良影响的出现要有个过程，需要经历一定时间。重金属污染的“累积效应”正是通过其累积性表现出来的。重金属污染累积性的存在使公众事前环境参与远比事后监督更为重要。因此可以说，公众参与过程的不完整在一定程度上加速了重金属污染事故的发生。

4.4.3 公众参与的意识水平较低

公众参与环境保护的意识水平决定着公众参与环境保护的积极性及其实际参与程度。完善的环境法律和教育制度，健全的信息公开与反馈机制，先进的技术支撑和稳固的资金保障，使发达国家公众的参与意识普遍较高。随着生态破坏和环境污染的加剧，我国公众的环保意识快速觉醒，公众参与环境保护开始在不同的领域以不同的形式频繁呈现。然而由于多种因素的制约，我国公众的环境参与意识一直较低。实践中，公众对环境的索取和忧虑也远远超出对环境的奉献和参与。在发达国家，群众是环境保护运动的组织主体，公众环境参与以自下而上的方式进行。而我国公众参与环境保护活动则主要由政府发动，政府在整个活动过程中起着决定作用。此外，在经济建设和环境保护关系的处理上，我国公众大都倾向于经济建设而非环境保护。重金属污染与县域工业企业的生产活动紧密相关，重金属污染的产生要经过重金属污染物的存在、重金属污染的形成以及危害结果的发生等三个阶段，结合污染物自身特点和污染形成与演化规律的公众参与能够从根本上遏制重金属污染事故的发生。然而，有效的公众参与需要参与主体具备较高的环境意识和对法律规定环境权利深刻认识的能力。这对大多数民众而言，显然需要一个较为漫长的过程。公众参与环境保护的意识水平较低已成为重金属污染防治工作的顺利进行的严重障碍。

本章小结

本章主要讨论了重金属污染条件下基层环境监管的障碍。首先，环保部门监管方面，基本职能定位不准，环境监管能力薄弱，环境执法权限欠缺，部门之间协调不顺，双重领导作用有限使以基层环保部门为主体的重金属污染防治工作难以有效开展。其次，地方政府监管方面，偏颇的发展观和政绩观，事权与财权划分不合理，经济管理体制存在弊端，环保问责制度流于形式不仅使基层政府丧失了环境保护的积极性和主动性，造成基层政府环境监管的动力不足和提供重金属污染防治公共服务的热情不高，同时也使基层政府针对重金属项目的污染综合防治指导工作及有针对性的监督工作面临困境。再次，企业守法方面，“守法成本高，违法成本低”，短期经济利益最大化的驱使，企业自我环境管理引导不足使“企业故意违法”这一现象十分普遍，环境违法往往可以获得更大的经济利益，企业“宁罚不治”。最后，公众参与方面，公众参与缺少依据和保障，公众参与有效性严重不足，公众参与的意识水平较低使重金属污染防治工作因缺乏群众基础而无法高效展开。

第五章 监管案例分析：F县"血铅"事件实地调查

F县地处我国腹地，现辖12镇5乡，233个村，版图面积1179平方公里，总人口51万。

经过多年发展，F县现拥有总装机容量440万千瓦的发电公司和750千伏变电站及±500千伏换流站，建成八大工业园区，形成了以酒业、化工、机械、纺织、造纸、建材为骨干的县域工业体系。2009年，全县地方生产总值88.24亿元，地方财政收入1.9亿元，农民人均纯收入5212元，城镇居民人均可支配收入16518元。

C镇距F县县城19公里，现辖9个行政村，82个村民小组，全镇总面积48平方公里，人口3.23万人，其中农业人口2.6万人、非农业人口4300人、流动人口近2000人，耕地2.6万亩。2003年，经上级部门同意成立工业园区管委会（副县级），与C镇党委、镇政府实行三位一体合署办公，内设"一办部四分局"。目前镇区已形成了电力能源、金属和非金属冶炼、煤化工等三大主导产业。

D公司是引入C镇工业园区的一家大型企业，是F县"招商引资的历史性突破"。D公司注册资本14亿元，主要从事锌锭及其副产品、焦炭及其副产品的生产和销售。此外，D公司还是本省发展循环经济试点单位。F县为引入此项目，对企业用地实行零地价政策，县上还发动财政供养人员筹集510万元资金支持该项目建设。D公司"投桃报李"，2008年上缴利税1.23亿元，其中地方财政税收2400万元，这个数字占到F县当年地方财政税收总额的17%，这对F县来说，是极大的鼓舞。2009年8月，D公司突发Ⅰ级环境事件[①]，共造成851名14岁以下儿童血铅超标，其中174人中重度铅中毒。下面将详细介绍该事件发生、发展的全过程，以印证有关基层环境监管困境的理论分析，同时也为基层环境监管体制的改进提供实践基础。

① 造成30人以上死亡，或中毒（重伤）100人以上的为突发特别重大环境事件，或称Ⅰ级突发环境事件。

5.1 领导决策

D公司的引入并非一帆风顺，在相关材料提交F县政府集体讨论之初就存在较大的争议和分歧。笔者费尽周折，终于联系上了F县环保局的一位副局长，谈起七年前D公司的具体引进过程，他表现出了一脸的无奈：

“每次县政府开会讨论，环保局的主要领导都去，但每次都没发过言。最后的那次会议让环保局谈意见，我们就提出环境污染太严重可能会招来村民不满，话还没说完，县政府的一位领导就回了一句：‘都是些小事，真有事了我负全责。’我们就没敢往下再说。这位领导站了起来，手一拍桌子，接着说：‘D公司的事就这么定了，你们马上去落实，让他们尽快投产！’”

笔者了解到，F县资源匮乏，不沿高速公路（2003年），是个典型的农业大县。2003年之前，县地方财政收入仅有5000多万元，而F县全县吃“财政饭”的干部、职工、教师约两万人。此外，县政府还要在公共服务、社会管理等领域承担主要的支出责任，这导致县财政缺口数额巨大，入不敷出。F县政府要改变自身支配财力薄弱的状况，并承担起关乎民生、维系政府公信力的各种公共产品供给的责任，最有效的途径就是扩大税源，招商引资，强化经济建设职能。另一方面，在以GDP为标准进行政绩考核的制度安排下，县政府官员首先考虑的是如何利用手中资源配置的权力去追求GDP增长速度。F县环保局是代表本级政府行使环境监督管理权的职能部门，由于人事权和财权被严格掌握，县政府对该部门有较强的影响力和控制力，这就解释了当经济发展与环境保护相冲突时，县环保局对本级政府所呈现强大依附性的内在原因。

笔者在走访过程中，巧遇F县发改局一位负责重点项目建设督促、协调、指导工作的领导，他回忆说：

“2003年时周边的几个县都在争这个项目，我们也是费了很大劲才把其落户到C镇工业园。为引入此项目，县政府想尽一切办法，除对企业用地实行零地价政策外，还提供了许多优惠措施，并发动财政供养人员筹集510万元资金支持该项目建设。”

笔者从侧面了解到，F县政府在D公司引进过程中存在改变环境监管策略、降低环境准入门槛和为企业提供“保姆式”服务以达到排斥竞争对手和吸引企业投资本地的思想倾向。这种做法一方面会导致周边的几个县在环境监管领域展开竞争，竞相放松环境监管，另一方面将引起企业投资的跨区流动，并由此给F县政府带来政治和经济资源上的优势。

为进一步了解D公司引入C镇工业园区过程中F县政府所表现出来的行为，笔者经过多方打听，终于找到了当年参加政企双方协商会谈，确定D公司入驻事宜的原D公司总部的一位已退休的高层管理人员。当笔者说明来意后，他点了点头，说出了这样一番话：

“当时确有两三个地方和F县竞争，之所以选择F县，主要基于三点考虑：一是县政府同意我们将厂址选定在紧邻水库一带以方便大量用水；二是县政府同意我们围绕F县火车站开工建设和生产以方便大量用煤及运输；三是由于产品要打入国际市场，我们所提出的一个月内建厂并快速投入生产的要求得到了县政府的同意，县政府专门开辟了绿色通道，协助我们迅速、顺利地办完了所有手续，这一点最重要。”

可以看出，D公司入驻与F县政府所提供的种种优惠政策密不可分。为了更全面、更准确地了解各种政策对企业入驻究竟产生了多大影响，笔者将所掌握的信息进行汇总，并通过图表将其完整地呈现了出来（如图5–1所示）：

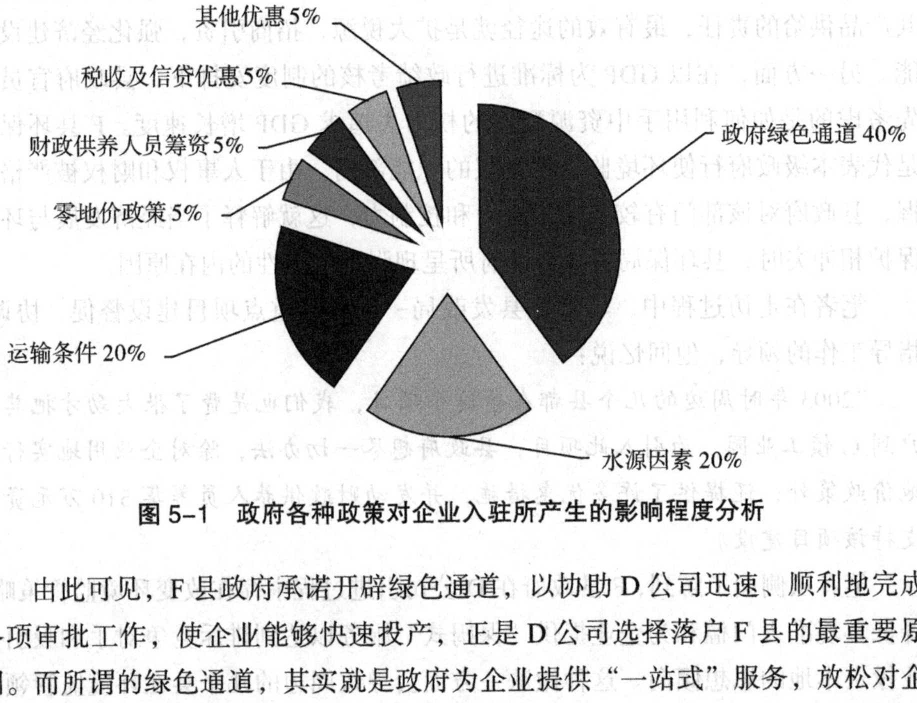

图5–1　政府各种政策对企业入驻所产生的影响程度分析

由此可见，F县政府承诺开辟绿色通道，以协助D公司迅速、顺利地完成各项审批工作，使企业能够快速投产，正是D公司选择落户F县的最重要原因。而所谓的绿色通道，其实就是政府为企业提供“一站式”服务，放松对企业的各种管制，尤其是环境管制，赋予其在环保方面的软约束，以达到吸引企业入驻的目的。D 公司在生产经营过程中必然大量产生污染物，控制污染排放和清洁生产会耗费资本，挤占产品投入，从而降低企业的竞争优势，影响企业的规模扩张。因此，D 公司在环境问题上表现出了极强的敏感性，力图寻求不严格的环境监管。正是 F 县政府的绿色通道政策和 D 公司寻求环保软约束的机会主义倾向直接导致了后来重金属污染事故的发生。

5.2 公司选址

2003 年 9 月，F 县政府成立了针对 D 公司的建设协调领导小组，专门负责 D 公司的选址、兴建工作。笔者经过多方努力，了解到当年该小组向本地政府所递交的关于 D 公司选址考察报告的部分内容。在该考察报告的结论部分，建设协调领导小组做出了这样的认定：

C 镇工业园区环境地质条件差，不是良田，从长远来看，不是人居最佳环境……

可以将处于厂区规划范围内的 S 村村民和 M 村村民迁往他处。

然而，这一说法得到了大多数村民的反驳。虽然处于厂区规划范围内的 150 余户 S 村村民和 M 村村民已于 2003 年 10 月底搬离原址，但当笔者问及其中 26 户村民当年的搬迁过程时，他们仍然记忆犹新：

S 村八组的姚 XX 对笔者说：“我家原来的地就在河滩里，种西瓜、辣椒特别好，每年能卖 2000 多元。”

S 村十组的张 XX 同样说：“那时候我们家六口人，儿子和媳妇在省城打工，两个孙子由我和老婆带着，平时靠卖地里种的菜过日子，不用向儿子要钱不说，一年到头还能存几个。”

M 村七组的李 XX 回忆：“以前我承包了十亩地种苹果和梨，我的地就在水库边，浇地方便，苹果长得个大，每年能挣一万多。”

笔者对所走访的 26 户村民搬迁当年（2003 年）和搬迁前五年（1998—2002 年）的家庭收入情况进行了详细调查，进而计算出 26 户搬迁村民的年人均纯收入，并将这一数字与同期 F 县农民年人均纯收入对比，如图 5–2 所示：

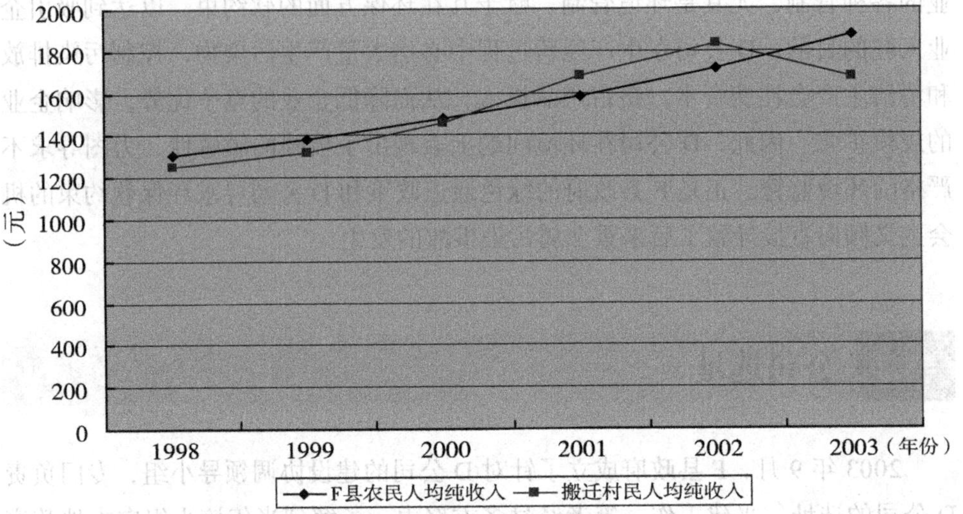

数据来源：F 县人民政府工作报告（1998-2003）。

图 5-2　1998—2003 年搬迁村民人均纯收入与 F 县农民人均纯收入对照图

由此可知：在 1998—2003 年期间，被调查的 26 户搬迁村民年人均纯收入与这一时期 F 县农民年人均纯收入基本相当甚至略高。从世世代代以这片土地为生的 S 村和 M 村村民的实际情况来看，建设协调领导小组所认定“C 镇工业园区环境地质条件差，不是良田，从长远来看，不是人居最佳环境”的结论与事实有差异。

笔者了解到处于厂区规划范围内的 156 户村民已于 2003 年年底搬入 H 镇，但 2009 年发生在 F 县的“血铅”事件证明 H 镇同样存在污染。

5.3 环评落实

D 公司投入生产前是否作了详细的环评报告？F 县环保局副局长接着回答了笔者的提问：

“作了。铅中毒事件发生后，我又仔细查看了当时的环评材料，环评是由省城一家矿业测评公司具体负责的。这家公司有资质证书，信誉良好，与我们不存在任何利益关系。我记得 D 公司冶炼项目在可行性研究阶段就报批了环境影响报告书，我们也在做出审批决定后进行了书面通知。你想想，如果它不履行环评手续，就不能办理营业执照，也就无法生产，铅中毒肯定不会发生。再说，要是滥用职权违法批准环评文件，是要受处分的。”

为了证实这位副局长所说的话，笔者又前往上一级市环保局，该局一位负责宣传的工作人员向笔者出示了一份当年D公司冶炼项目环评审批文件的复制本，这位工作人员同时告诉笔者：

“就当时（指2003年）来说，D公司冶炼项目环境影响报告书的编制符合《环境影响评价法》的相关规定，报告书的内容详细，全面，环保部门的审批及时，合法。但2006年的时候，D公司又建立了配置在一起的年产10万吨的铅锌冶炼项目和年产70万吨的焦化项目，根据《环境影响评价法》，建设项目环评文件经批准后，如果该建设项目的性质和规模又发生重大变动的，必须重新报批环评文件。我个人认为，可能是由于D公司没有履行二次环评手续，所采用的生产工艺和污染防治措施没有经过严格把关，最后酿成了重金属污染事故的发生。”

为了更好地说明D公司冶炼项目的环评情况，笔者将调查所获的材料进行汇总，并通过图表将前后两份环境影响报告书的内容进行对比，如图5–3所示：

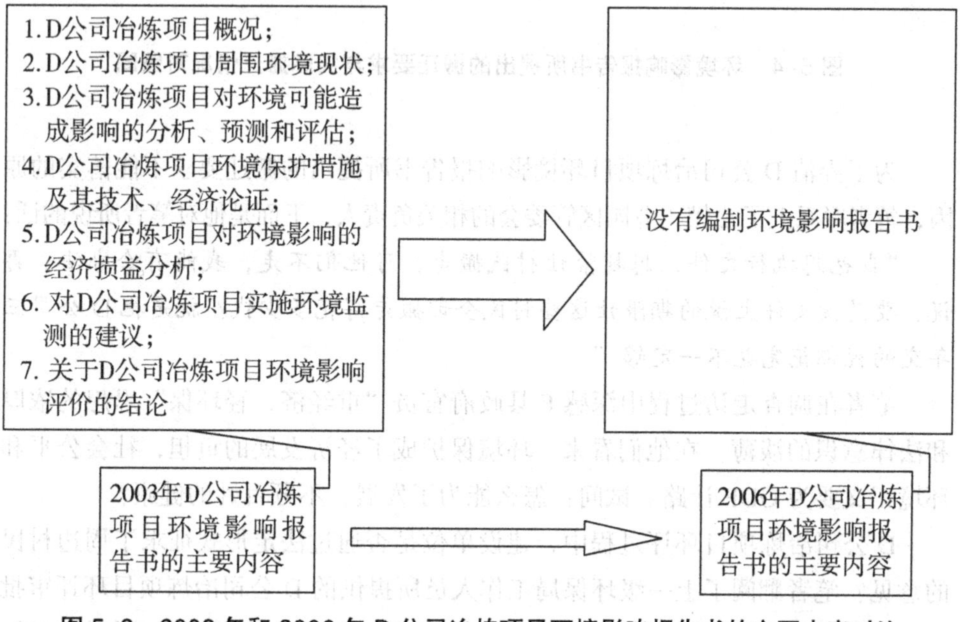

图5–3　2003年和2006年D公司冶炼项目环境影响报告书的主要内容对比

笔者了解到，建议处于厂区规划范围内的156户村民和紧邻厂区的425户村民搬离原址是2003年D公司冶炼项目环境影响报告书重点强调的内容。除了处于厂区规划范围内的156户村民已于2003年完成搬迁外，其余村民的搬迁计划一直拖延至血铅事件的发生。D公司冶炼项目环境影响报告书所提出的搬迁要求和实际搬迁情况如图5–4所示：

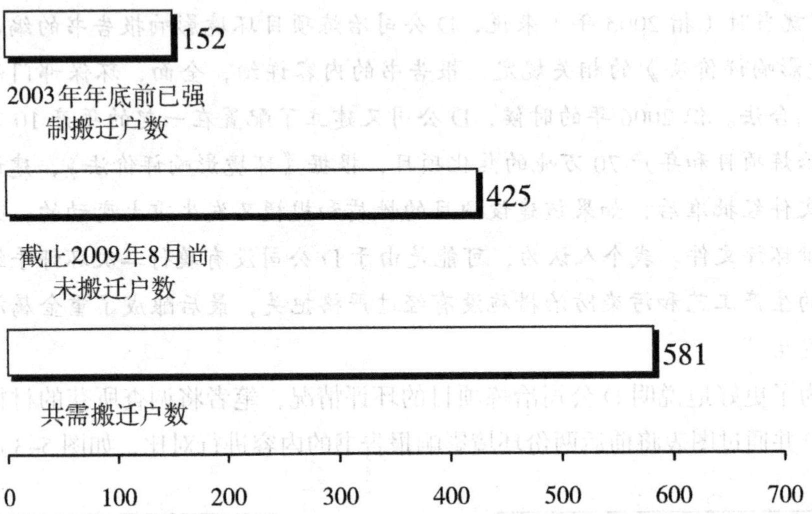

图5–4 环境影响报告书所提出的搬迁要求与实际搬迁情况对照图

为了弄清D公司冶炼项目环境影响报告书所提出的搬迁要求不能落实的原因，笔者联系上了C镇工业园区管委会的相关负责人，下面是他对笔者所说的话：

“我也想执行文件，想赶紧让村民搬走，可他们不走，我能有啥办法。再说，要是按文件上说的期限让这些村民全部搬走得花多少钱？就是把D公司三年交的税都花完也不一定够。”

笔者在调查走访过程中深感F县政府官员“重经济，轻环保”思想的浓厚和法律意识的淡薄。在他们看来，环境保护成了经济发展的负担，社会公平和环境正义要为GDP让路。试问：怎么能为了发展，不顾百姓的健康？

D公司冶炼项目环评过程中，建设单位是否通过法定形式征求了周边村民的意见？笔者翻阅了上一级环保局工作人员所提供的D公司冶炼项目环评审批文件复制本，并没有发现建设单位举行说明会、论证会、听证会的任何记录，环境影响报告书中更没有附具对有关村民意见采纳或不采纳的说明。为了深入了解村民当时的想法和所采取的行动，笔者走访了紧邻厂区但目前已基本搬迁完毕的 425 户村民中的 39 户共计 51 人，调查结果如图 5–5 所示：

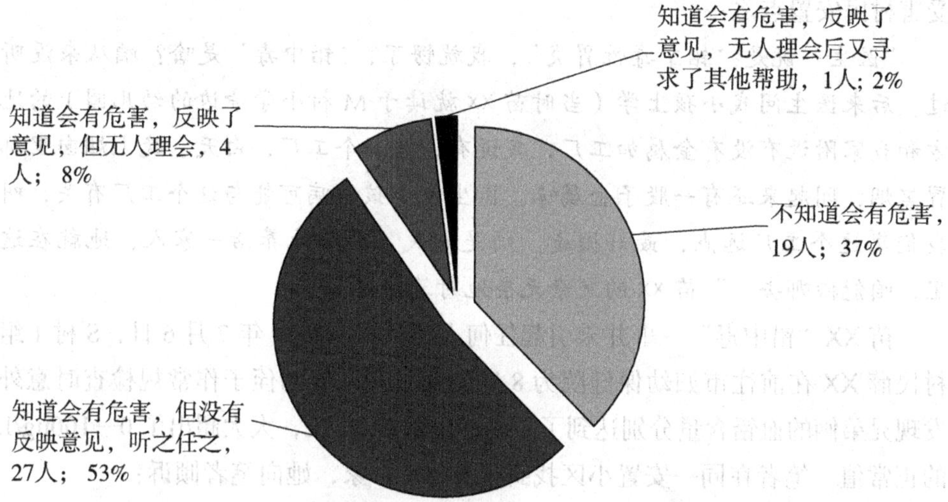

图 5–5　2003 年 D 公司冶炼项目环境影响评价过程中村民参与的实际情况

从以上可以看出：村民对 D 公司入驻 C 镇工业园区从事铅锌冶炼生产经营活动可能造成环境危害的估计严重不足，村民参与环境保护的意识水平有待提高；村民参与缺乏责任约束，虽然《环境影响评价法》和《环境影响评价公众参与暂行办法》对村民参与的原则、范围、时间、方式做出了明确规定，但相关单位或个人却并没有因违反此规定而承担任何责任；村民参与缺乏有效性，群众的需要因得不到重视而被排除在外，环境参与难以达到预期的参与目标和参与效果。

5.4　血铅征兆

2009 年上半年，F 县 C 镇 S 村和 M 村部分村民自发到 F 县各大医院检测并查处 200 多名婴幼儿和儿童体内铅元素含量严重超标是该地区此次大规模“血铅”事件爆发的先兆。

2009年3月，M村9组6岁女童苗XX经常肚子疼，烦躁不安，注意力不集中，随后被父母带往F县医院检查，诊断结果为“铅中毒性胃炎[①]、铅中毒[②]”。为深入了解情况，笔者辗转多次，终于找到了已搬至位于F县县城某一小区的苗XX一家人，该小区是“血铅”事件发生后当地政府所提供的三个受害村民安置点之一。

“医生一说是‘铅中毒性胃炎’，我就愣了，‘铅中毒’是啥？咱从来没听过。后来医生问我小孩上学（当时苗XX就读于M村小学旁边的幼儿园）的地方和我家附近有没有金属加工厂，我说有，有一个工厂，白天、晚上烟囱里都冒黑烟，闻起来还有一股子金属味，医生说小孩的病可能与这个工厂有关，叫我们离这个工厂远点，最好搬走。咱是农民，靠种地养活一家人，地就在这里，咱能搬哪去？”苗XX的父亲无奈地对笔者说。

苗XX“铅中毒”一事并未引起任何人的重视。2009年7月6日，S村1组村民薛XX在前往市妇幼保健院为8岁的儿子和6岁的侄子作常规检查时意外发现兄弟俩的血铅含量分别达到了239ug/L和242ug/L，大大超出了0—100ug/L的正常值。笔者在同一安置小区找到了薛XX一家，她向笔者倾诉：

“那时候，我娃又矮又瘦，老长不高，只有45斤。我侄子头上到处都是一块一块的小斑，学习成绩也不好。到了医院，医生说要做个元素检测（即微量元素检测），做完了医生说两个娃的血铅含量都严重超标，不正常，我问是什

---

① 根据卫生部《儿童高铅血症和铅中毒预防指南》的规定，儿童高铅血症和铅中毒要依据儿童静脉血铅水平进行诊断。高铅血症，即连续两次静脉血铅水平为100–199ug/L；铅中毒，即连续两次静脉血铅水平等于或高于200ug/L，并依据血铅水平分为轻、中、重度铅中毒：①轻度铅中毒，即连续两次静脉血铅水平为200–249ug/L；②中度铅中毒，即连续两次静脉血铅水平为250–449ug/L；③重度铅中毒，即连续两次静脉血铅水平等于或高于450ug/L。儿童铅中毒可伴有某些非特异的临床症状，如腹隐痛、便秘、贫血、多动、易冲动等。血铅等于或高于700 ug/L时，可伴有昏迷、惊厥等铅中毒脑病表现。

② 国际上对儿童铅中毒的诊断与分级主要依照血铅水平来确定：Ⅰ，血铅 < 100ug/L，为可以接受的血铅水平，相对安全，不需临床处理；Ⅱ，血铅100–199ug/L，为无症状性铅中毒，或称轻度铅中毒。没有特异的临床症状，有时有行为异常；Ⅲ、血铅200–449ug/L，为中度铅中毒，可出现缺钙、铁、锌，血红蛋白合成障碍，免疫力低下、注意力不集中、学习困难、智商水平下降，生长发育迟缓等症状；Ⅳ，血铅450–699ug/L，为重度铅中毒。可出现性格改变，易激怒、攻击性行为、运动失调、贫血、腹绞痛、高血压和痴呆等症状；Ⅴ，血铅≥700ug/L，为极重度铅中毒，可导致脏器损害、肾功能损害、铅性脑病（头痛、惊厥、昏迷等）甚至死亡。

么原因，医生说是娃体内的铅太多了，给开了八盒药。回来后我自己就琢磨，娃身上从哪儿来那么多的铅？他爸说咱家北边不是有个炼铅的厂吗，是不是那个铅厂的原因。我觉得他说的在理，第二天就跑到我二哥家，催他赶紧去城里给娃检查一下，那天去的还有其他家的几个娃，检查结果都是超标好几倍，后来全村的小孩都被家长带去检查了，我没听说有一个是正常的。”

M村董姓村民11岁的女儿董XX，2009年7月31日在市人民医院检测血铅含量为102，653ug/L，只高出正常标准一点点。由于担心孩子会受到铅污染，他当时就给孩子办理了转学手续，并选择了30公里外邻近县的一所寄宿式民办学校。笔者在位于H镇另一个村民安置点找到了他的家，他的妻子对笔者说：

“你来得不巧，他出去打工了，半年都没回来过。我娃查出来的早，查出来我就把她送到外地亲戚家了，她爸第二天就给她办了转学手续。我娃2009年去那个全封闭学校的时候一个学期的学费加住宿费就要2100元，还不包括吃饭，没办法，为了娃安全呗，谁愿多花钱？咱都是农民，一年能挣几个钱？孩子上学的钱都是她爸借的，现在搬到这里又花了十几万。唉，没办法！”

S村孙姓村民的孩子李XX，2009年7月底在市妇幼保健院检测血铅含量为263ug/L，属于中度铅中毒。目前居住在H镇安置点的孙姓居民提起孩子转学的事点了点头，表示当时村里确有二三十名像董XX一样的孩子选择了去外地上学，但她同时对笔者说出了这样一番话：

“我娃也检查得早，但我一直没给他办转学手续，因为离9月份开学还早，想着县里很快就能有解决办法，可一直等到八月底那家工厂才停产，真让人着急！再说，工厂炼铅都炼了快四年了，县里咋说都该给村民做个健康检查了吧，可从来都没有。要不是我们发现得早，娃中毒肯定会更严重。”

铅污染物侵入人体后，很难被立即察觉。随着有毒有害物质在人体内不断迁移，转化，富集，其毒害作用的潜伏期可达几年，甚至几十年。由于铅污染的演变过程具有迟缓性，大多数损害后果在污染物未具有明显强度之前并不会马上出现。然而，当污染物的浓度逐渐增强，完成由量变到质变的积累后，其危害性后果又会以“裂变”的形式突然产生，人们这才意识到它的严重性，但已造成的健康和财产损失却难以挽回。铅污染所具有的累积性、隐蔽性和持久性特点，要求有关部门坚持“预防为主”的管理原则，加强对污染源周边环境的监测和对人体健康状况的检查。为了弄清F县环保局对D公司的日常监测情况，笔者走访了F县环保局环境监测站的相关负责人：

“县上的监测条件有限，人手不齐，监测设备比较陈旧，监测数据不够精确。不过，从事发前我们对D公司周边环境的监测情况来看，该公司废水、废气、固体废渣排放符合国家标准，该公司所在地的地下水、周边土壤和地表水铅浓度等也均符合国家标准。”

但这位负责人同时承认：

“符合标准并不等于对人体健康和周围环境没有任何影响，铅中毒可能是工业铅尘在人体内不断累积的结果。”

笔者在调查走访中深感F县环保局环境监测站监测能力的薄弱。由于监测机构技术条件不足，物质装备欠缺，因而无法准确计算出D公司影响区域范围内的环境容量，也就无法将环境中铅污染物的含量限定在合理的范围内，从而利用环境自净能力将其彻底化解，无法从铅污染生态过程的角度出发，针对不同的过程或阶段采取不同的监测手段并投入不同的监测设施。最重要的是，F县环保局贯彻和执行“预防为主”环境监管原则的力度远远不够，既然已经认识到“符合标准并不等于对人体健康和周围环境没有任何影响，铅中毒可能是工业铅尘在人体内不断累积的结果”，为什么不对广大村民采取“尽早检查、尽早发现、尽早控制”的全过程预防措施？

5.5 灾难降临

2009年8月7日，家住F县C镇M村7组的王婆婆正坐在门口扎布鞋，她发现马路对面的小学眨眼间就被围了个水泄不通，孩子、家长、穿白大褂的……人越聚越多，早已放假的学校突然变得极为热闹。原来，省城中心医院的8名医护人员正在这里对14岁以下的儿童及婴幼儿进行血样采集，目的在于检测其中的铅含量。根据此前该村和邻村村民的自发检测，至少已有280名儿童血铅超标，部分已达中毒标准。

为更深入地了解事情的经过，笔者亲赴省城中心医院，找到了当时为儿童抽取血样的医疗小组组长、中心医院职业中毒科主任医师郭XX，他回忆道：

“我们是受省卫生厅指派前去C镇采集0至14岁儿童和婴幼儿血样的。去了才发现需要进行检测的孩子太多，所带的器材、用具根本不够，我急忙联系F县城的几家医院，请他们过来协助，并嘱咐他们带上本院所有的检测试剂，以便我们回去作血样分析。一个多小时后，两家医院的医护人员才赶到现场，我迎上去询问是否带了检测试剂，他们称自己的医院从来都没有储备过这种试剂，说是根本用不上。没有试剂就无法对采集到的血样进行检测，意味着血采了也白采。我马上停止了手头上的采集工作，准备回去想办法，只有筹集到了足够的检测试剂，才能继续更多的血样采集。回来后，我立刻向院领导汇报了情况，领导十分重视，紧急从省内的其他医院和北京调运检测试剂。8 月 10 日和 11 日，我们又分两次完成了环评标准范围内的 M 村、S 村 430 名 14 岁以下儿童和环评标准范围以外的 G 村 286 名 14 岁以下儿童的血样采集任务，三次采集共采得血液样本 1017 份。"

在郭 XX 主任医师的帮助下，笔者获取了以上人员血铅含量的最终检测结果，并将这一结果用图表的形式表现了出来，如表 5–1 所示：

表 5–1　　D 公司铅污染事故 14 岁以下儿童血铅检测情况一览表

检测范围	采集血样（份）	无效血样（份）	实检样本（份）	检测结果（份）				
				小于 100 ug/L	100–199 ug/L	200–249 ug/L	250–449 ug/L	大于 449 ug/L
M 村	409	1	408	64	87	166	89	2
S 村	323	0	323	52	65	131	74	1
G 村	285	0	285	49	176	52	8	0
合计	1017	1	1016	165	328	349	171	3

"血铅"事件发生后，F 县环保局是否在第一时间启动了环境监测应急预案？是否采取了必要的监测措施对大气、土壤、水源、企业排污口等进行了应急监测？就这个问题笔者走访了 F 县环保局监督管理科的相关负责人：

"环境监测应急预案？有必要制定这个吗？环保局上上下下就这么几十个人，有什么事都是大家齐上，问题很快就能解决。再说像小孩铅中毒这种事根本不可能天天都有，就是制定了应急预案恐怕也用不上。D 公司出事后省环保厅直接派人去监测了，人家的仪器设备先进，当时我们也过去帮了忙。"

笔者在调查走访中深感 F 县环保部门突发环境事件应急意识的淡薄与应急能力的不足。在他们看来，环境应急工作可有可无，环境应急物资储备可多可少。同时，F 县环保部门职能定位不准，偏重于环境执法而忽视计划、组织、协调等其他职能的履行，环境规划和其他环境预案的制定工作难以有效开展，环保部门与其他部门间的协作难以顺利进行，突发环境事件发生后只能被动、消极地应对，而不能采取有针对性的措施主动、积极地干预，最终错失将群众健康和财产损失降低至最小的良机。

此外，在短期利润最大化的驱使下，D 公司也不断进行着违背国家环保法律法规的各种尝试。同时，F 县环保职能部门缺乏对企业环境计划管理、环境质量管理和环境技术管理的引导。企业“守法”完全成了一句空话，重金属污染的发生自然不能幸免。

“血铅”事件发生后，F 县县委、县政府两次召开常委扩大会议，专题研究部署血铅超标事件处置工作。会议提出了若干处置原则：1. 依靠权威机构省市疾控中心核查确认；2. 政府出资全面检测相关儿童的血铅含量；3. 公开公正，第一时间公布检测结果；4. 以人为本，对血铅超标的儿童，全部免费予以及时有效治疗，确保早日治愈，不留后遗症；5. 着眼长远，制定规划，做好相关搬迁工作。8 月 15 日，由省保护厅环境监测局组成的监测组公布了 F 县儿童血铅超标事件污染源的调查监测结果，监测组认为 D 公司是造成这次儿童血铅超标的主要原因。8 月 16 日，环保部门正式下达了 D 公司停产通知书，要求公司严格按照环评要求全面落实整改措施，确保污染物达标排放。自此，该公司的铅锌冶炼和焦化生产终于被彻底叫停。

虽然 F 县政府在“血铅”事件发生后制定了一系列应对措施，但笔者在调查走访中仍听到了来自村民的怨言。原 S 村村民、现已搬至 H 镇的冯 XX 告诉笔者：

“2009 年 7 月，我把娃带到市妇幼保健院检测，当时的检测结果是 269（269ug/L），医生说是中度铅中毒。后来县上又组织检测，结果却是 190（190ug/L），成了高血铅症。前后隔了不到二十天，检测结果咋差这么多？我也问了，人家说是我自己去检测的不准，说要以统一公布的检测结果为依据。”

居住在同一安置点的李 XX 对笔者说：

“2009 年 7 月的时候，好多人都带娃去医院检测了，都是超标，我们就去反映。后来我们堵住了经过村口拉原料的大卡车，希望能引起注意，尽快解决问题，不要让娃们再受到污染，可一直等到 8 月 16 日，D 公司才停产。”

目前已搬至 F 县县城某一小区安置点的郭 XX 说：

“当时我娃是县上给检测的，结果是248（248ug/L），说不用住院。我说这么高不住院咋行？人家说有规定，超过250（250ug/L）的才让去住院，我娃在家注意注意饮食就行。我不放心，就去县里给娃买了六盒排铅药，190多块钱，可人家说不给报销。我说别人家的娃免费住院，一天还给20块钱，我娃吃点药都不行？可人家不理。”

笔者在调查走访中深感F县政府信息公开的不透明、以人为本发展理念的缺失和村民对政府信任度的严重下降。对F县政府来说，检测结果如何公布、污染企业如何关停、治疗费用如何报销都要以自身利益为出发点来进行考虑和权衡。只有当某一事项影响到了政府整个工作的绩效评估时才能得以重视，村民的意见也只有经过过滤后才有可能生效。同样，村民对政府信任度的问题由于未被上级政府纳入政绩考核“一票否决”的范围之内而只能得到暂缓处理或根本视而不见。

5.6 政府承诺

“血铅”事件发生后的第十一天，县、市部分领导先后来到D公司，现场向数百名村民频频鞠躬，对该起事件给当地村民及他们孩子所造成的伤害表示深深的歉意。他们均表示，要对D公司制定更深入、长效的环评方案，“什么时候达到环评要求，什么时候才能开工”。为深入了解D公司停产后整改措施和环评方案的落实情况，笔者走访了F县环保局污染控制科的相关负责人：

“D公司2006年建厂的时候和县政府有约定，县上答应三年内让附近的村民都搬走，村民都搬走了还能出事？当时停产通知书也是县政府让下的，环保局早就收到了村民的投诉。省环保厅的人在D公司停产后就走了，停产期间我们过去看了两次，没有再提出意见。2009年10月的时候，县政府发文说D公司整改完毕，已经达到环评要求，工厂当即就恢复了生产。”

环境执法是基层环境监管的重点，是环境保护行政主管部门依据国家环境法律、法规和标准，对本辖区内一切不利于环境保护的行为进行处理，从而达到落实环保政策和措施，实现经济与社会可持续发展的目的。根据《环境行政处罚办法》的规定，F县环保部门的行政处罚权包括行政罚款、责令停产整顿等。然而，环保法律授予F县环保部门的执法权限并不明确，多处规定实际操作性不强，且保留了F县政府对部分处罚事项的最终决定权。此外，F县政府也存在对同级环保部门不合理的行政干预，这直接导致了F县环保局不能依法独立行使环境行政处罚权。无论是从法律规定还是从执法实践中都可以看出，由于人事权和财权被牢牢掌握，F县环保局只有选择依附于本级政府才能获得足够的生存空间。

"血铅"事件发生后，F县县委、县政府在C镇召开了镇、村、组三级干部大会。县上的主要领导在会上表示将加快环评标准范围内425户村民的搬迁，并宣布了搬迁新址位于距D公司1.3公里外的H镇。但这很快就引起了村民新的不满，原因是村民们认为H镇同样有儿童自检出血铅超标。为了验证这一说法的真假，笔者走访了H镇原村民赵XX，她对笔者说：

"刚开始听说S村和M村有娃铅中毒了，怨村里那个工厂，当时咱也不知道铅中毒是个啥，就没在意。后来娃他爸去S村干活，听人家说G村的娃都中毒了，我就害怕了，因为咱村离那个工厂也不远。我记得是六月初七（即2009年7月28日）那天，我带着娃去了市人民医院，抽血检查完医生说是183（183ug/L），高血铅症，开了四盒药。"

赵XX边说边从柜子里翻出了市人民医院儿童血样检测报告单，指着报告单上的数字给笔者看。赵XX还告诉笔者，除了她的孩子，其他家的孩子也有检测出血铅含量超标的。但她同时表示，这些孩子的血铅含量都在200（200ug/L）以内，情况并不严重。

事实证明，F县政府所提供的搬迁新址确实存在污染。难道F县政府在启动搬迁方案之前，没有对新址进行过监测吗？针对这一问题，笔者再次走访了F县环保局环境监测站的有关负责人：

"环评标准范围内的四百多户村民搬迁之前，我们曾两次对新址进行监测。监测结果显示，除公路旁空气环境铅浓度明显偏高外，H镇附近的大气、土壤、水源等均符合国家相关标准。虽然新址也有污染，但总比以前强吧。"

用这种监测方式监测受害村民原住地周边环境，结果没发现任何问题。用这种监测方式监测造成严重污染的D公司，结果公司各项指标都符合国家标准。现在又将这种监测方式用于新址环境认证，还能有多大权威？原S村村民、现已搬至H镇的李XX对笔者说："我们住的这一带已经没有干净地方了。"这表明，可能还有更多人不得不生活在血铅阴影之下。

5.7 现状考察

“血铅”事件发生后的第十九天，F 县政府公布了新的搬迁方案。与原搬迁方案相比，新方案扩大了搬迁范围，除环评标准范围内的 425 户村民外，还包括环评标准范围以外三个村庄的 908 户村民。同时，考虑到部分村民不愿就近搬迁，新方案还增加了 F 县县城某一小区搬迁点。据笔者调查统计，截至 2011 年 7 月 31 日，累计已有 1452 户村民搬入政府所提供的安置点（包括已于 2006 年 10 月底搬入 H 镇的处于厂区规划范围内的 156 户村民）。2009 年 F 县“血铅”事件受影响村民搬迁总户数及各安置点具体搬迁户数见图 5–6：

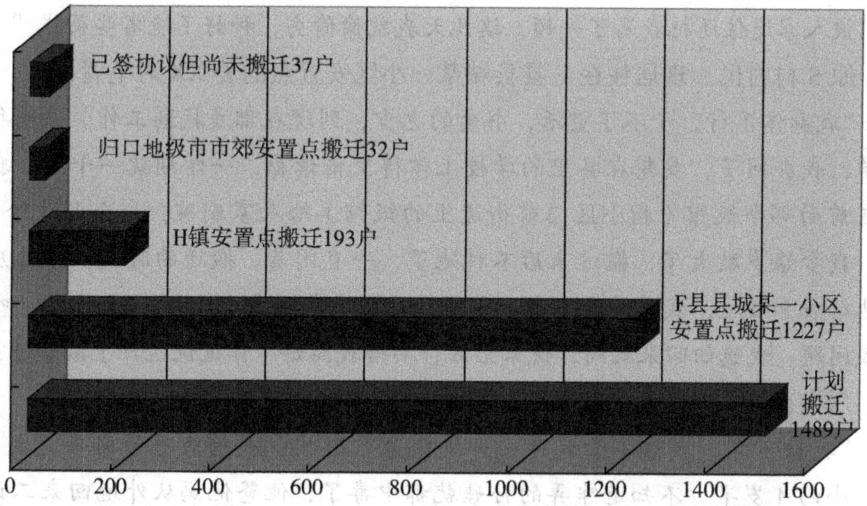

图 5–6　2009 年 F 县“血铅”事件受影响村民搬迁总户数及各安置点具体搬迁户数

为了解搬迁村民的生活现状，笔者走访了 H 镇安置点和 F 县县城某一小区安置点的部分搬迁人员。原 M 村村民、现居住在 H 镇的宋 XX 告诉笔者：

“我家里现在的房子是 180 平方，总共要十六万八千九。村里的老房子只赔了 4 万（指估价赔偿），剩下的钱都是管人家借的。原先也想着搬到县城去，娃上学能方便些，可县城的房子要的太高，买不起。这儿的房子也贵，还大得很，可好歹比县里头的便宜点。住在这儿的人少，稍微有钱的都去县城了。我娃和媳妇也在县城打工，老是干干停停，找不到正式的工作。我守在家里管着孙娃，娃的学费都是他爸他妈拿回来的，现在没地了，我也不干活了，帮不上啥忙，有时候就去捡个瓶子卖俩钱补贴补贴。哎，真不知道这债要还到啥时候。”

笔者在该安置点走访时碰上了骑着自行车刚回到家的谢XX，她的自行车后座上还捆着一些用麻袋裹起来的东西。笔者上前打招呼，发现这位40多岁的中年妇女身材瘦小，面容苍老，但精神抖擞，动作麻利。她悄悄地对笔者说：

“别吭气，别吭气，我去地里了，拿的小铲子，不敢让人家看见。我在老家原来的地里种了些绿叶子菜，今个去拔草了，这几天老下雨，地里的草长得快。住到这儿啥都要钱，电费、水费、垃圾费一个月就得几十块。我家里的房子还欠人家好几万，现在地没了，粮食要拿钱买，紧得很。我老伴和大儿子没找到活，媳妇也在家带娃，娃才三岁。我还有个小儿子和一个女儿，俩都在念书，都需要钱。我看原来的地闲着也是闲着，就过去种点菜，可人家不让，前一段时间被人家逮住还把我骂了一顿，这几天我就偷偷去，种好了能省些菜钱。”

原S村村民、现居住在F县县城某一小区安置点的姜XX对笔者说：

“我身体不行，干不了重活，书念的也少，到现在都没找到工作。娃明年上小学，我去问了，要想在县里的学校上学得交借读费，一学期就一千多。我媳妇在前面那个饭馆（指小区门前街道上的饭馆）给人家刷碗，一个月才给600元。我爹娘岁数大了，搬过来后不种地了，一直闲着。搬迁的时候人家答应每亩地给补800元，我家总共1亩6分地，每年才拿到手1280元，太少了，吃饭都成问题。我媳妇回来就闹，说家里穷，要给我离婚。你说说这日子该咋过？”

居住在同一安置点的连XX对笔者说：

“我娃不孝，我娃不管我了……没搬来的时候，我给我娃带孙子，大的6岁，小的4岁半。不知道咋弄的孙娃就都中毒了，他爸他妈从外地回来二话不说就把娃们弄走了，媳妇还骂我不会看娃。后来媳妇拿了钱，我老两口就搬到了这儿。两年了，我娃一次都没回来看过，一分钱都没捎过。刚搬来人家一个月还给260块钱（指搬迁过渡费，每人每月260元），可给了一年就不给了。我就会种地，可现在没有地，娃又不给钱，这叫人吃啥啊？”

当笔者准备离开的时候，遇到了推着三轮车卖水果回来的赵XX夫妇，他苦笑着对笔者说：

“刚搬来的时候，我和我媳妇出去找工作，咱都是农民嘛，一没技术，二没经验，只能给人家下苦力。在工地上干了俩月，工头一直不给钱，我就回来了。后来，我媳妇我俩去街上摆摊，该着倒霉，碰见了城管，东西都给收了。

我俩又去发传单，一天能挣 20 块钱，也没干多少天。现在在小区门口卖水果，生意也不好，天太热，水果坏得快，又没有冰箱。嗨，看来又得改行了。”

在对搬迁村民生活现状的实地考察中，笔者共走访 H 镇安置点和 F 县县城某一小区安置点搬迁村民 43 户，合计 61 人。这些村民都从不同方面向笔者表达了他们内心深处极为强烈的渴求与愿望。笔者根据某种需要实际反映人数的多少及该种需要对村民整个家庭的影响程度，将村民的需要依次分为生存需要、发展需要和高级需要，如图 5–7 所示：

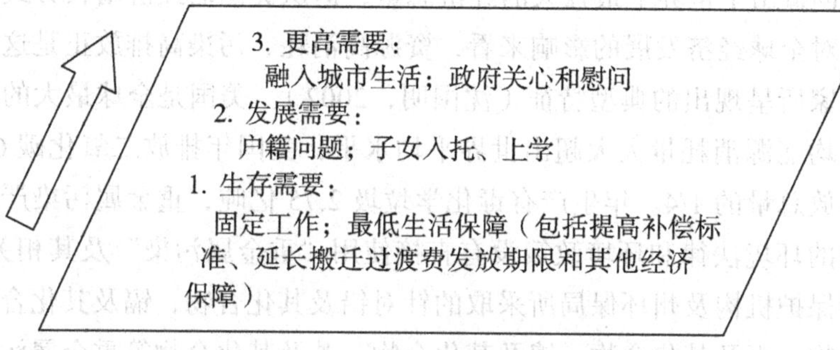
3. 更高需要：
融入城市生活；政府关心和慰问
2. 发展需要：
户籍问题；子女入托、上学
1. 生存需要：
固定工作；最低生活保障（包括提高补偿标准、延长搬迁过渡费发放期限和其他经济保障）

图 5–7　2009 年 F 县“血铅”事件受害村民搬迁后的各种需要

2009 年 F 县“血铅”事件受害村民的搬迁任务已经结束，但从搬迁村民的实际生活状况及其所反映出来的各种需要来看，政府的工作还远未完成。在笔者看来，现阶段 F 县政府所要做的不仅是如何最大限度地满足搬迁村民的各种需要，更重要的是痛定思痛，吸取教训，切实加强环境监管，改进体制，形成有助于重金属污染防治的基层环境监管主体结构和基层环境监管方式，从根本上预防同类事故的再次发生。

本章小结

本章是关于 2009 年 8 月 F 县“血铅”事件的实地调查。2009 年 8 月，位于 F 县的 D 公司突发Ⅰ级环境事件，共造成 851 名 14 岁以下儿童血铅超标，其中 174 人中重度铅中毒。本章围绕与该起事件相关的领导决策、公司选址、环评落实、血铅征兆、灾难降临、政府承诺和现状考察等七个方面，通过访谈、问卷、获取原始材料等形式详细介绍了整个事件发生、发展的全过程。本章印证了针对重金属污染基层环境监管困境的理论分析，同时也为重金属污染条件下基层环境监管体制改进提供了实践基础。

第六章 国外重金属污染监管状况分析

6.1 美国重金属污染监管

美国创造出了世界上最强大的经济总量，但从美国的经济增长方式、消费方式及其对全球经济发展的影响来看，资源高消耗、污染高排放正是这个传统工业化国家所呈现出的典型特征（沈国明，2002）。美国是全球最大的能源消耗国，人均能源消耗量大大超出世界平均水平；美国年排放二氧化碳6亿吨，占世界排放总量的1/4。年生产有毒化学垃圾2.75亿吨，重金属污染严重。然而，美国的环境法律和环境政策没有直接使用“重金属污染”及其相关表述，联邦环境保护机构及州环保局所采取的针对铅及其化合物，镉及其化合物，铬及其化合物，汞及其化合物，镍及其化合物，苯及其化合物等重金属污染物的预防和治理措施被统称为有毒有害物质监管。

6.1.1 美国重金属污染监管体制与机构

美国的环境监督管理实行联邦政府环境监管机构统一管理并制定基本政策、管理制度、排放标准和环境目标，州和地方政府环境监管机构负责实施的管理体制。联邦政府环境监管机构处于主导地位，负责全国的环境保护工作；联邦政府其他部门环境监管机构兼有环境保护的重要功能；州和地方政府环境监管机构则是本州环境政策、法规、规章、制度及各类标准的制定与执行主体。

6.1.1.1 联邦政府环境监管机构

（1）环境质量委员会（The U.S.Council on Environmental Quality，简称CEQ）

该委员会依据《美国环境政策法》设置，是环境政策的制定主体和总统的环境顾问，委员会主席也由总统任命。环境质量委员会负责总统环境政策方面的咨询工作，提供建议，提交年度环境质量报告，监督、审查国家环境政策各法案的执行情况，并协调联邦政府及相关部门有关环境方面的活动。环境质量委员会的具体职能是：

① 指导或开展有关环境质量的调查、分析和研究；

② 收集并报告有关环境现状及其变化趋势的信息；

③ 定期向总统报告环境状况；

④ 评估政府的环境保护工作并提出政策建议；

⑤ 协助总统完成年度环境质量报告。

美国国家环境质量委员会具有重要的地位。其中，指导或开展有毒有害污染物的调查、分析和研究、收集并报告受有毒有害污染物影响地区的环境质量状况及其变化信息、评估政府的污染防治工作并提出政策建议都属于环境质量委员会的职责范围。然而，委员会的合理建议能否实现则取决于总统对环境事务的态度。也就是说，总统对建议的采纳程度直接决定着环境质量委员会建议的最终实现程度。

（2）国家环境保护局（The U.S.Environmental Protection Agency，简称 EPA）

它于 1970 年创立，其性质属于联邦政府执行部门的独立机构，主管全国的环境污染防治工作，并具有审查环境影响报告书的权力，直接对总统负责。20 世纪 70 年代以来，经过多次调查合并，原本分散于联邦政府各部门的职能被集中到国家环境保护局。目前，国家环境保护局的主要职责包括：

① 确立国家环境目标，制订环境保护计划，促使经济发展同环境保护相协调；

② 实施和执行联邦环境保护法；

③ 制定国家环境标准；

④ 制定对内对外环境保护政策；

⑤ 制定水资源、大气、有毒有害物质（包括重金属污染物）以及其他废弃物管理方面的法规、条例；

⑥ 企业、公司排污许可证的审查和发放；

⑦ 监督、检查州和地方政府的环境保护工作及其对联邦环境法律、法规的执行情况；

⑧ 提供技术帮助和技术咨询服务；

⑨ 环境保护的国际合作。

美国国家环保局主要由以下三个部门组成：

① 国家环境保护局总部。主要职责：制定条例；协调行动；促使国家环保项目取得持续进展；控制各类预算；对区域特殊问题进行规范性解释；对外国政府提供技术协助；为相关协会提供有关国家环境问题的材料；吸收公众信

息；开展区域和州职员的技术培训。美国环保局的运行体制如图 6–1 所示：

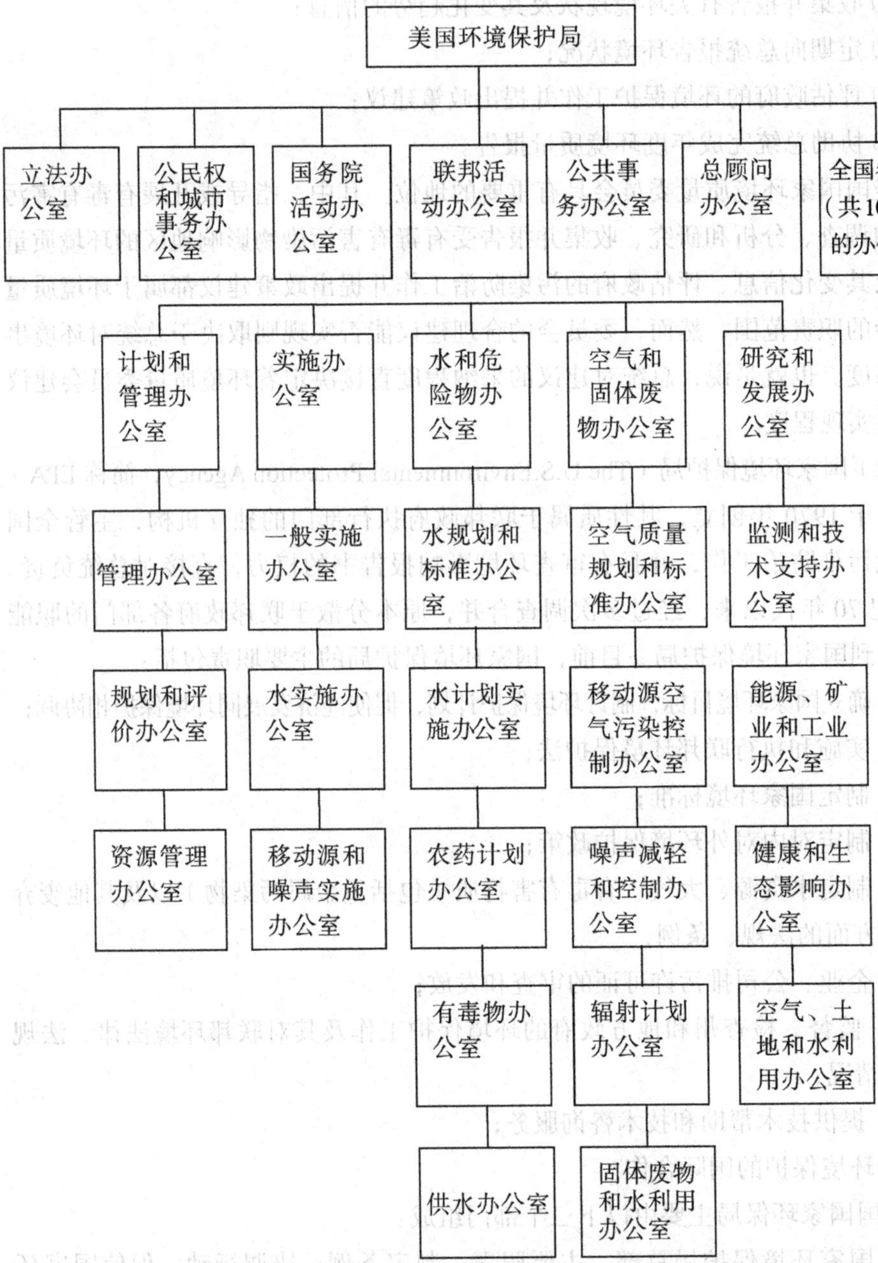

图 6–1　美国环境保护局运行体制

②国家环境保护局的区域办公室。主要职责：执行环境项目；及时报告

项目进展情况；采取各种手段支持联邦政府下达的项目；协助州争取可授权项目；为总部提供所需要的各类信息；为所在州及总部进行辩护；服务于公众信息和教育；协助将环保技术转移到州；对州所关心的事务提供上述渠道。

③ 研究与开发办公室。主要职责：污染物迁移与转化过程的综合研究；健康和生态效应的综合研究；开发项目的风险评价与管理；技术评估、专家咨询和技术帮助等。

美国国家环境保护局具有制订有毒有害污染物排放标准和专项防治计划，颁布有毒有害污染物防治法规和条例，审查并发放有毒有害污染物排放许可证，监督针对该类污染物专项法律执行的职责。此外，国家环境保护局区域办公室和研究与开发办公室还分别负责有毒有害污染物防治项目的执行和相关研究工作。

（3）联邦政府其他部门的环境监管机构

除了以上两个专门性环境监管机构，美国环境法律还授权联邦政府相关部门环境监督管理的部分权力，因此，联邦政府其他部门环境监管机构兼有环境保护的重要职能（表 6–1）：

表 6–1　　联邦政府其他部门的环境保护机构

联邦部门	授权法律	环保职能
商业部	1973 年《濒危物种法》	管理、保护濒危物种
内政部	1973 年《濒危物种法》	管理、保护濒危物种
	1976 年《联邦土地政策和管理法》	监督管理国有土地
	1984 年《露天采矿控制和回填法》	预防露天采矿活动环境污染
劳工部	《职业安全和健康法》	监督管理劳动场地周边环境
运输部		监督管理危险废物运输
核管理委员会		防治放射性物质污染

联邦政府其他部门的环境监管机构具有在职权范围内防止因使用、排放、运输、管理有毒有害物质造成环境污染的责任，以及根据有关法律协助国家环境保护局调查、处理有毒有害物质污染事故的责任。

6.1.1.2 州政府环境监管机构

州环境监管机构主要是指各州的环境质量委员会和环境保护局，它们是本州环境政策、法规、规章、制度及各类标准的制定与执行主体，并在美国环境保护实践中发挥重要作用，具体表现在以下三个方面：第一，州环境监管机构经审查合格后便具有了联邦法规所授予的实施和执行大多数环境污染法律的权力；第二，根据州环境保护法律，州环境监管机构享有对本州环境事务的行政管理权，主要包括对被管理者进行现场检查、取证的权力和对环境违法者采取没收违法所得及行政罚款的权力；第三，在大多数情况下，环境污染防治工作都由州环境保护局承担，但这并不排除环境保护工作中的兼管情况，比如有的州将大气污染控制交由一个专门的委员会负责，而有的州则将水污染防治交由自然资源部门或独立委员会管辖。

各州的环境保护局依据本州法律独立履行职责，州环保局与联邦环保局之间不存在任何行政隶属关系。只有当联邦法律有明文规定或其中一方提出合理请求时，州环保局才会同联邦环保局合作。

6.1.1.3 地方（县市）环境监管机构

州与地方（县市）环境监管机构之间的关系具有以下两种情况：其一，各个县市本身不设立环境监管机构，该区域内的环境事务由州环境监管机构直接进行管理。这种建制方式仅存在于一些面积较小、人口较少的州，例如华盛顿特区。其二，各个县市设有环境监管机构，负责本区域内的环境事务，并由州环境监管机构的派出机构对其进行监督管理，其性质类似于联邦环境保护局区域办公室。在一些面积较大、人口较多的州，这种建制方式极为普遍。

美国地方环境监管机构（州、县、市环境监管机构）分级负责有毒有害物质的监管工作，主要表现在：州环境监管机构依据相关法律实施和执行有毒有害物质污染防治专项法律、法规，州环境监管机构对排放有毒有害污染物的企业进行现场检查和取证，对违法者没收违法所得或处以罚款，州环境监管机构与其他部门联合共同预防有毒有害物质污染事故的发生；县、市环境监管机构负责本区域内有毒有害物质的污染防治工作。由此可见，美国环境监管部门在对包括重金属污染物在内的有毒有害物质监管时，建立并采取了联邦环境监管机构统一管理，州、县、市环境监管机构分级执行的监管体制。

6.1.2　美国重金属污染监管制度与策略

6.1.2.1　美国重金属污染监管制度

（1）环境影响评价制度

1969 年的《国家环境政策法》和《关于实施国家环境政策法程序的条例》（以下简称“条例”）是促使美国环境影响评价制度形成并最终完善的两个纲领性文件。前者首先确立了环境影响评价制度的法律规范地位，后者则从不同的角度对环境影响评价制度的内容进行了具体规定。

① 环境影响评价制度的目的。通过环境影响评价制度的实施，改进和提高行政决策的质量，确保国家环境政策的推行，并最终实现《环境政策法》所规定的环境目标。

② 环境影响评价的对象和评价者。首先，关于评价对象。《国家环境政策法》所确定的评价对象包括对环境可能产生较为严重影响的立法行为和行政行为。行政行为既可以是联邦政府机关的直接开发行为，又可以是联邦政府机关所实施的具体行为或抽象行为。其次，关于评价者。《条例》规定，环境影响评价工作由联邦行政机关主持，并对环境影响报告书负主要责任。联邦行政机关具有批准或否定项目的权力。

③ 环境影响评价的程序。《条例》对环境影响评价的程序进行了详细规定，具体评价步骤如图 6–2 所示。首先，环境影响报告书是否需要编制的审查。需要编制环境影响报告书的行为必须属于《国家环境政策法》所确定的评价对象。其次，评价范围的确定。评价者协商确定具体评价范围并分配编制任务。再次，环境影响报告书初稿的编制。评价者开始环境影响报告书初稿的编制工作，并讨论所有可供选择方案的环境影响。最后，环境影响报告书的评论和定稿。报告书初稿完成以后，评价者应公开举行听证会，邀请各方进行评论。评价者须对评价有所反馈。

对排放有毒有害污染物的项目建设者来说，环境影响评价工作除了要遵循上述评价要求和评价程序外，还必须注意以下几个方面：首先，环境影响报告书应包含以可供选择方案为依据的决策最终实现的环境目标及其实现的可能性；其次，报告书的分析和讨论应严谨，完整；再次，应充分保障公众参与环境影响评价的整个过程，特别是可能受到有毒有害污染物影响的居民通过参与

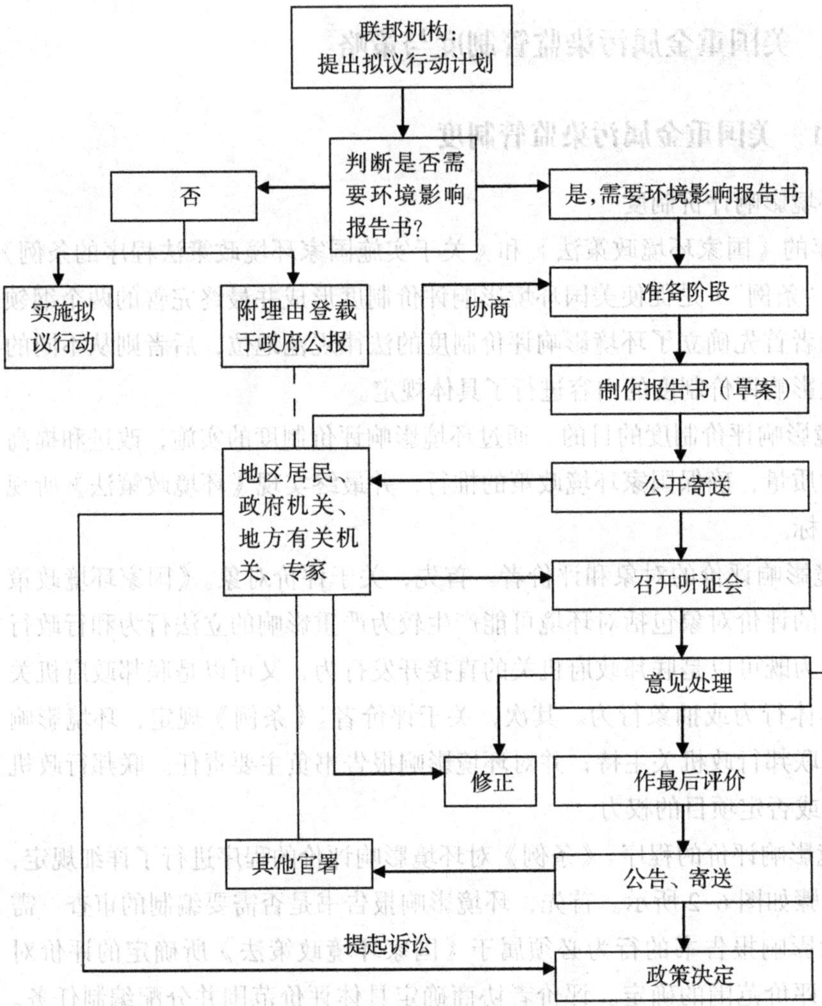

图 6-2 美国环境影响评价程序

听证会的方式提出要求项目负责人采取合理方式减轻有毒有害污染物对周边环境影响的意见，项目负责人必须予以回复。报告书定稿后，公民还可再次参与评论并提出改进建议，由非评价者进行相应的修改或补充。

（2）许可证制度

美国的许可证制度又称国家消除污染物排放制度，1977 年的《清洁水法》和 1990 年的《清洁空气法》修正案都对污染物排放许可证制度进行了详细规定。

① 许可证的管理体制。美国的许可证管理实行由联邦环境保护局制定有关

许可证计划内容的条例并予以监督、各州负责实施的管理体制。

② 许可证的管理对象。许可证的管理对象包括以下几个方面：排放危险空气污染物的污染源；防止空气质量严重恶化条款规定的污染源；空气质量未达标地区条款规定的污染源；酸雨控制条例规定的污染源；相关条例中指定的其他污染源。

③ 许可证的申请和审批。根据1990年的《清洁空气法》修正案，污染源在其成为许可证的管理对象后，排污者至少应在12个月内提出许可证申请，审批机关应在该项申请到达之日起的18个月内作出决定。对于符合修正案规定、属于许可证管理对象范围内的污染源，审批机关须将申请书提交联邦环保局，并听取当地政府及联邦环保局的意见。在许可证的审批遭到拒绝后，审批机关可以及时修改许可证中的不适当条款，但许可证的发放则由联邦环保局决定。

虽然排放有毒有害污染物、可能造成环境污染的污染源属于许可证管理对象的范围，但排污者在规定的时间内提出的许可证申请必须包含有毒有害污染物的具体削减目标，经审核发放的许可证则以合理的削减目标为依据对排污者进行定期检查。

（3）排污交易制度

为缓解工业企业因控制污染而面临的经济压力，联邦环境保护局开始推行“排污抵消”政策，其目的在于减轻污染并同时促进企业经济发展。假设特定区域的环境容量大小不变且仅存在甲、乙两个污染源，那么用甲的污染物排放削减量来抵消乙的污染物排放增加量，或用甲、乙共同的污染物排放削减量来抵消新污染源丙的污染物排放量的做法即是“排污抵消”。

实践中，“泡泡政策”成了应用较为广泛的一项排污抵消措施（张戈跃，2009）。“泡泡政策”在经济上具有较强的刺激性，易于灵活控制，该政策的实施打破了传统单一指令性管理的被动局面。随着“泡泡政策”的持续推行，排污削减量的转让和交换开始在不同地区展开，企业的污染削减方案有了新的选择。排污交易制度以最低廉的代价控制有毒有害污染物的排放，降低了环境治理的费用，其应用范围被大大扩展。

6.1.2.2 美国重金属污染监管策略

（1）增加环境保护经费的投入

自20世纪70年代开始，美国污染控制总费用呈逐年上升趋势。1993年污染控制总投入达到920亿美元，环境保护支出接近国民生产总值的2%。与此同时，美国有毒有害物质污染防治专项经费也大幅度增加，这使美国的环境状况迅速好转。根据现行法律的要求和总体环境管理战略，美国有毒有害物质污染防治的总费用仍将继续增长。

（2）完善环境法律体系

美国环境法律条文详细，可操作性强，体现了环境监管的权威性（李亚军，2004）。1969年《国家环境政策法》的颁布为有毒有害物质污染防治专项法律的制定提供了依据。此后，美国国会先后通过了《清洁空气法》（The Clean Air Act）、《清洁水法》（The Clean Water Act）、《有毒物质控制法》（The Toxic Substances Control Act）、《禁止海洋倾倒法》（The Ocean Dumping Ban Act）、《污染预防法》（The Pollution Prevention Act）等多项法律法规，分别对防治有毒有害物质造成大气污染、水污染和海洋污染进行了明确规定。

（3）加强环境管理的研究

随着人们对环境问题认识的逐步深入，美国开始运用整体观点考虑问题，并以人体健康为重点，采取系统的方法和风险评价的手段开展针对有毒有害物质的管理研究。风险评价主要涉及两点：一是对有毒有害物质污染防治政策进行风险估计；二是对处于有毒有害污染物影响下的人体健康情况进行估算。通过风险评价和科学的决策分析，从而选择最适用的监管方案。

（4）大力开展环境教育

美国从法律层面确保公众的环境教育。根据1990年的《国家环境教育法案》，联邦环境保护局设置了专门的环境教育办公室，有毒有害污染物安全防范教育是该部门的主要任务之一。此外，美国的环境教育项目和计划，比如全美环境教育和培训基金会、环境教育教师培训、环境教育奖、环境青年总统奖和国家环境管理研究网络等，也都有关于有毒有害物质污染防治的部分内容。

6.1.3 美国重金属污染监管的主要特点

6.1.3.1 强化法律手段

美国的有毒有害物质防治突出强调法律的规范作用，特别是20世纪70年代以来的三次关于污染控制法案的修正彻底改变了先前立法所主张的工业生产必然会造成有毒有害物质污染且只能将有毒有害物质污染程度限定在一定范围内的预防思路。随着联邦政府污染管制态度的加强，有毒有害物质“零污染”的目标最终被提出。

美国的《空气污染控制法》《空气质量法》《清洁空气法》和《水质法》都有关于预防有毒有害物质造成大气环境污染和水环境污染的详细规定，法案还要求各州政府制订改进环境质量的具体方案并严格实施。为进一步控制有毒有害物质污染环境，联邦环保局制定了有毒有害污染物国家排放标准，并进行了环境质量等级划分，要求各州对其管辖区域内的环境质量负责。为防止优于国家环境质量标准的地区的环境质量恶化，联邦环保局实行防止严重恶化原则，并要求州计划中必须包含有防止有毒有害物质污染环境、导致环境质量严重恶化的详尽方案。此外，《有毒物质控制法》《资源保护和回收法》也对有毒有害物质的管理与控制进行了规范。《含汞蓄电池管理法案》则首次提出生产者责任延伸制度，并通过各种形式的税收优惠政策，要求企业自行回收含有有毒有害物质的废旧蓄电池。

6.1.3.2　强调经济手段的运用

美国的有毒有害物质监管充分运用了环境经济政策手段。实践证明，通过各种形式的经济激励以及基于市场政策工具的采用来改变企业的生产经营行为往往比直接的行政命令更为有效。

（1）财政援助及补助金、补贴

联邦政府尽一切可能提供财政和技术援助，指导能减少有毒有害物质产生的新工艺的发展、示范和推广，指导各类处置有毒有害物质新方法的应用。联邦法律要求有毒有害污染物的产生设施必须具有合理性和先进性，并严格限制该项设施补助金的发放，补助金总额原则上不超过全部工程费用的75%。联邦法律还鼓励从事有毒有害污染物控制的其他有关机构开展减排研究、提供技术服务，政府给予有关机构和个人补贴。

（2）税收刺激

联邦政府通过各种税收奖励制度实施清洁生产方案，采取投资减税、比例退税和特别扣除等多种方式，淘汰落后技术设备，抑制有毒有害污染物排放。联邦政府还将税收与环保表现挂钩，对排放有毒有害污染物且造成严重污染的企业课以重税。部分州和地方政府则把环境税收义务同州环境标准挂钩，以此给污染企业施加压力。

（3）排污交易政策

这项政策允许处于同一区域的排放有毒有害污染物企业之间以及排放有毒有害污染物企业和其他企业之间进行排污削减量交易或转让。排污交易政策既能够灵活地控制污染源，又能够在大幅降低区域污染治理费用的同时改善区域环境质量。1990 年，美国制定了可交易的许可证制度，在排放有毒有害污染物的企业之间推行基于市场环境经济政策的排污信用购买和交易机制，有毒有害污染物许可证交易市场正在初步形成。

6.1.3.3 自愿性伙伴合作计划

为实施《污染预防法》所提出的生产源头控制的环境政策，企业开始注意自身经营中的环境因素，并获取了巨大的经济和社会效益，自愿性伙伴合作计划也由此产生。自愿性伙伴合作计划的推行旨在以鼓励性的模式激励企业超越现行的环境标准，通过非强制性环境管理手段的运用使企业取得更佳的环境表现（比舍普，2003）。

（1）33/50 有毒化学物质削减计划

33/50 计划针对铅及其化合物，镉及其化合物，铬及其化合物，汞及其化合物，镍及其化合物，苯及其化合物，氰化物，甲基乙烷基酮，甲基异丁基酮等 17 种有毒化学物质。计划提出了 1995 年之前 17 种有毒化学物质总排放量减少 50% 的目标。33/50 计划允许企业根据其减排的潜在能力，自愿参加，环保局为参与企业颁发证书，计划证书可为企业赢得优先权，公众对 33/50 计划的支持也有利于企业完成具体削减目标。33/50 计划取得了巨大成功，这种非对抗性的环境管理方式在减少有毒有害污染物排放、促进环境问题解决的同时也使企业承担的排污费用大幅度下降，企业的经济效益得以显著提升（马英杰和房艳，2007）。

（2）为环境而设计计划

“为环境而设计计划”由联邦环境保护局推出，旨在促使企业全过程考虑工业产品可能带来的环境影响，特别是有毒有害物质污染，以降低环境风险。“为环境而设计计划”通过部门间的协作，开发出了可对有毒有害物质进行 PBT 性质分析的软件，以此评估人工化合物产品的环境影响。此外，该项计划还向商业部门提供各类信息以协助其做出对环境有利的选择。

（3）绿色化学项目

绿色化学项目旨在通过全新化学物质生产系统的引入，消除有毒有害物质的使用和产生，以控制环境风险，确保人体健康和环境安全。绿色化学项目提出了一整套“绿色原则”，指导企业的原料选择、工艺设计和产品开发，有利于从根本上推动化学工业的污染预防进程。绿色化学项目在使企业获得巨大经济回报的同时带动了企业清洁生产计划的进一步实施，使用或排放有毒有害物质的传统污染型企业已经很难在美国立足（朱玲等，2010）。

6.1.3.4　积极实行环境信息公开

美国环境政策中关于有毒有害物质信息公开的措施日趋增加。有毒有害物质名录制度（TRI）是应急规划编制和实施的依据，它要求企业及时、准确地报告使用或排放有毒有害物质的情况，这也增加了企业排污行为的透明度。根据《应急规划和公众知情权法案》，有毒有害物质名录制度已经成为环境信息公开的一项基本制度。《能源政策法案》也要求使用有毒有害物质的工业产品必须采用统一的管理标记，严格注明成分、含量等基本信息，并承诺其对人体的危害处于合理的范围之内。此外，《饮用水安全法案修正案》则规定必须以邮寄的形式，由饮用水供应组织向公众提供包括水源地水质情况和有毒有害物质污染水平在内的年度报告。

6.2　日本重金属污染监管

“二战”后，日本将经济复苏置于最优先的地位，并创造出了举世瞩目的经济奇迹。然而，政府对已出现的公害问题缺乏有效的应对措施，环境污染严重危害了人们的身体健康。50—60 年代发生在日本熊本县水俣市的“水俣病”和神通川河流两岸的“痛痛病”即是高速工业化过程中企业大量排放重金属污染物，导致周边居民长期汞中毒和镉中毒的结果。进入 70 年代，日本开始总结环保工作中的经验教训，积极制订环境标准和环保计划，并设置了综合性的研究机构，环境治理工作全面展开。与美国类似，日本的环境法律和环境政策同样没有使用“重金属污染”及其相关表述，环境管理部门所采取的针对铅、镉、铬、汞、镍等重金属污染物及其化合物的预防和治理措施被统称为特殊有毒物质监管。

6.2.1 日本重金属污染监管体制与机构

日本环境监管机构的设置较为完整。中央机构依据《公害对策基本法》而设立，统一监管全国的环保工作。地方机构则突出地方长官的环保职责，其目标明确，管理科学，且注重与中央机构的密切配合。此外，日本环境法律还强调企业内部的环境监管，建立企业内部的环境监管体制是日本防治环境污染的重要措施。随着环境法制的健全和环境科学研究的深入，日本环境管理部门对包括重金属污染物在内的特定有机化学物质监管已取得了显著成效。

6.2.1.1 中央环境监管机构

（1）公害对策会议

公害对策会议由总理府直接管辖。日本《公害对策基本法》规定了公害对策会议的基本人员组成：会长由内阁总理兼任；委员由部分省、厅长官组成，并由内阁总理任命。公害对策会议的具体职责是：

① 审议有关防治公害的各项措施，并监督这些措施实行；

② 指导地方政府制订公害防治计划，并促使该项计划实施；

③ 处理会议职权范围内的其他事项。

其中，针对特殊有毒物质的预防和治理属于公害对策会议审议有关防治公害的措施和指导地方政府制订公害防治计划的职责范畴，公害对策会议从总体上负责特殊有毒物质的监管工作。

（2）环境省

日本环境省是负责全国环境保护工作的环保职能机构，其内部编制严格依据《环境省设置法》确定，省长为内阁大臣，直接归首相领导。环境省下设六个主要部门（图 6–3），它们在环境省省长的领导下开展各类环境事务。环境省的主要职责为：

① 制订环境保护计划，协调经济发展同环境保护的关系；

② 制定环境政策和环境标准；

③ 监督环境法规的贯彻执行；

④ 提供技术帮助和技术咨询服务；

⑤ 组织协调各部门间和地方政府间的环境管理工作；

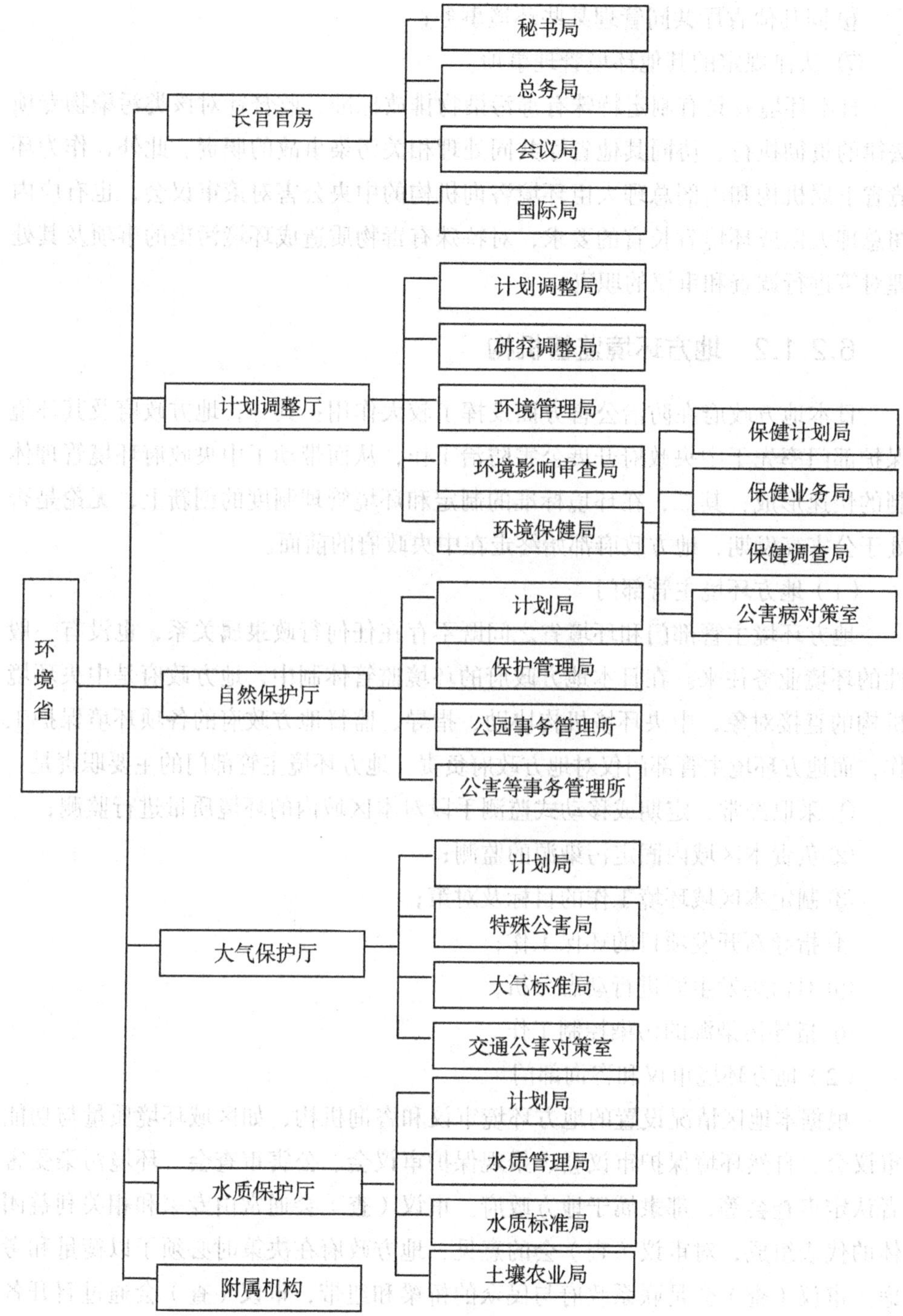

图 6–3　日本环境省机构设置

⑥ 同其他省厅共同管理某些环境事务；

⑦ 法律规定的其他环境管理事项。

日本环境省具有制定特殊有毒污染物排放标准、监督针对该类污染物专项法律的贯彻执行、协同其他省厅共同处理相关污染事故的职责。此外，作为环境省下属机构和内阁总理大臣环境咨询机构的中央公害对策审议会，也有应内阁总理大臣或环境省长官的要求，对特殊有毒物质造成环境污染的事项及其处理对策进行调查和审议的职责。

6.2.1.2 地方环境监管机构

日本地方政府在防治公害方面发挥了较大作用：其一，地方政府及其环境保护部门率先于中央政府开展公害防治工作，从而带动了中央政府环境管理体制的快速形成；其二，在环境标准的制定和环境管理制度的创新上，无论是否处于公害高发期，地方政府都始终走在中央政府的前面。

（1）地方环境主管部门

地方环境主管部门和环境省之间既不存在任何行政隶属关系，也没有一般性的环境业务往来。在日本地方政府的环境监管体制中，地方政府是中央环境机构的直接对象，中央环境机构协助、指导、监督地方政府的各项环境保护工作，而地方环境主管部门仅对地方政府负责。地方环境主管部门的主要职责是：

① 采取经常、定期或移动式监测手段对本区域内的环境质量进行监测；

② 负责本区域内固定污染源的监测；

③ 制定本区域环境工作的目标及对策；

④ 指导新开发项目的环保工作；

⑤ 对污染发生源进行动态分析；

⑥ 指导污染源的污染控制工作。

（2）地方环境审议和咨询部门

根据本地区情况设置的地方环境审议和咨询机构，如区域环境质量与功能审议会、自然环境保护审议会、景观保护审议会、公害审查会、环境污染受害者认定审查会等，都隶属于地方政府。审议（查）会通常由专家和相关利益团体的代表组成，对审议（查）会的意见，地方政府在决策时必须予以衡量和考虑。审议（查）会是联系政府与民众的桥梁和纽带，审议（查）会通过召开各种听众会议，发表意见和建议。地方政府也以这种会议的形式征求市民和社会各界的意见。实践中，各种环境审议（查）会正发挥着重要的沟通和协调作用。

（3）地方环保派出机构

地方环保派出机构根据实际需要建立。与当地环境管理部门不同，地方环保派出机构不是独立的环境监管主体，不具有独立的执法资格，它仅负责某一项具体业务。

日本地方环境监管机构具体负责特殊有毒物质的监管工作，主要表现在：地方环境主管部门负责本区域内特殊有毒污染物的监测，并对该类污染物的污染发生源进行取样、分析，进而提出污染控制对策。地方环境审议和咨询部门负责特殊有毒物质造成污染的审查以及污染受害者认定的审查，并向地方政府提出相关意见和建议。地方环保派出机构负责开展与特殊有毒物质污染有关的某一项具体工作。

6.2.1.3 企业环境监管机构

日本企业环境监管体制的建立和环境监管机构的设置具有自身的特点。在体制建立之前，企业内部要形成统一的认识，明确所经营行业的性质，相关污染物排放情况，对周边环境的影响程度及其应负的责任，然后推出统一的公害对策方案，并认真彻底地加以贯彻执行。日本企业一般都设有环保委员会，环保委员会负责本企业的日常环保工作，由企业领导直接管理。污染物排放达到一定标准的企业的分支机构设有专职环保部门，由相应分支机构的领导全权负责。此外，为促使企业自主管理，经过长期探索，日本政府开始在企业内部推行“公害防治管理员”制度。按照相关法律规定，经选拔聘任后的公害防治管理员属于企业的一员，负责统管企业防治公害的全面工作。日本企业环境监管体制的建立和环境监管机构的设置（图 6–4），有效地配合了政府环境保护工作的顺利开展，这使日本在较短的时间内就取得了环境污染防治上的巨大成功。

对排放特殊有毒污染物的企业来说，由于企业对特殊有毒污染物对周边环境造成危害及其应负责任和环境保护重要性的认识更为深刻，企业环境监管体制的建立和环境监管机构的设置除具有以上特点外，还遵循了人体健康“零损害”的原则。除此，这类企业公害对策方案的形成更是经过了极为严密的决策过程，企业领导对公害防治管理员的要求也更为严格。

综上所述，日本环境监管部门在对包括重金属污染物在内的特殊有毒物质监管时，建立并采取了中央环境监管机构总体负责、地方环境监管机构具体实施、企业环境监管机构自主管理的自上而下的监管体制和监管方式。

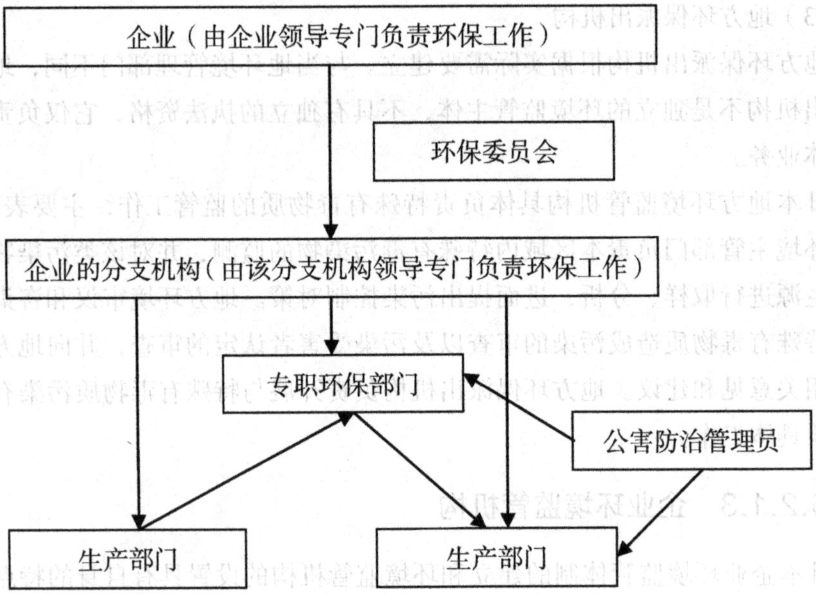

图 6-4　日本企业环境监管体制与机构

6.2.2　日本重金属污染监管制度与对策

6.2.2.1　日本重金属污染监管制度

（1）环境影响评价制度

第二次世界大战后，日本公害事件屡屡发生，导致社会矛盾急剧尖锐。1971 年，日本社会各界针对日益严重的环境危机，纷纷强烈要求政府采取相应措施对建设项目和区域开发活动可能造成的环境影响进行事前调查、预测和评估。此后，环境影响评价作为一项政策开始在日本推行。各都、道、府、县也制定了比中央政府更严格的环评要求，规定各类新建、改建、扩建项目和区域开发项目必须进行环境影响评价。1980 年，日本《环境影响评价法案》的制定则标志着环境影响评价已经成为一项具有法律效力的基本环境制度。

① 评价对象和评价者。首先，关于评价对象。根据《环境影响评价法案》，所有私人或团体负责的开发行为以及由政府负责、私人或团体执行的开发计划都属于环境影响评价的对象，主要包括修建道路、铁路、机场、港口，修建工

业区，修建城镇，围垦等可能对环境产生影响的工业建设和区域开发项目。其次，关于评价者。项目组织者实施拟定项目时，必须严格按照法定程序进行调查并编制环境影响报告书，环境影响评价工作由建设单位负责。

② 评价程序。日本地方政府大都制定了关于环境影响评价的指导纲要，各地纲要所规定的评价程序基本相同，主要包括环境影响报告书草案的提交、召开说明会并征询意见、环境影响报告书的正式提交等三个阶段。

对排放特殊有毒污染物的项目建设者来说，环境影响评价工作除了要遵循以上评价要求和评价程序外，还要特别关注评价资料的公开和公众参与的情况。对可能受到特殊有毒污染物影响的居民的意见，项目负责人必须予以说明或对评价书草案进行必要的修改。更为严格的是，为了检验评价效果，各地政府还实行了事后环境监测和调查制度，以从根本上预防特殊有毒物质污染的产生。

（2）污染物总量控制制度

日本的污染物排放总量控制制度是通过规定区域污染物总量的最高容许限度（数值），以控制难以达到国家排放标准的地区的污染物排放的一项制度。1974 年修订的《大气污染防治法》和 1978 年的《水污染防治法》都明确规定了总量控制制度的实施对象、方法和目标。根据日本环境政策及其相关法律，企业因排放特殊有毒污染物，致使该地区难以达到国家规定的大气（水质、土壤等）环境标准，地方政府应制订企业降低特殊有毒污染物排放量的计划，然后在此基础上规定排放总量的控制标准并严格实施，从而达到防止公害发生和促使区域环境质量改善的目的。

（3）公害纠纷处理制度

日本《公害对策基本法》和《公害纠纷处理法》规定了行政机关以法定方式解决公害纠纷的环境行政制度。1972 年，日本《公害等调整委员会设置法》获得批准，根据该项法律，公害等调整委员会正式成立，该委员会可以通过斡旋、调解、仲裁等方式处理以下纠纷：

① 因大气污染引起的危害人体健康、动植物本身或其生长环境的纠纷；

② 因水质污染引起的危害人体健康、动植物本身或其生长环境的纠纷；

③ 因交通工具噪声引起的纠纷；

④ 跨地区的公害纠纷。

另外，公害等调整委员会还具有以下职责：

① 斡旋可能产生重大社会影响的公害纠纷案件；

② 斡旋难以解决的公害纠纷案件；

③ 斡旋将造成多数受害者生活贫困的公害纠纷案件；

④ 调解地方公害审查委员会移交的案件；

⑤ 仲裁当事人协商一致请求仲裁的案件。

公害等调整委员会通过斡旋、调解、仲裁等方式处理的由大气污染或水污染引起的公害纠纷自然包括因使用或排放特殊有毒物质造成大气污染或水污染而引起的公害纠纷，并且公害等调整委员会所解决的跨地区公害纠纷也常常由特殊有毒物质污染引起。此外，公害等调整委员会运用职权所斡旋的可能产生重大社会影响的公害纠纷案件和难以解决的公害纠纷案件同样包含因特殊有毒物质污染而最终形成公害纠纷案件的部分内容。

6.2.2.2 日本重金属污染监管对策

（1）加强环境法制

日本环境立法体系较为完备，专门性环境保护法律、法规编纂、出版及时，各类环境标准制定规范、合理，1967 年的《公害对策基本法》和 1993 年的《环境基本法》都将包括特殊有毒物质在内的废弃物处理对策视为公害对策，并委托地方部门设立相关环境标准的权限。《大气污染防治法》《水质污染防治法》《矿业法》等都有关于防治特殊有毒物质造成大气污染或水质污染的明确规定。《公害纠纷处理法》《关于危害人体健康的公害犯罪惩治法》《公害损害健康补偿法》则对特殊有毒物质所致公害纠纷的处理原则和处理方式及公害造成人体健康损害的补偿办法和补偿标准进行了规范。为预防特殊有毒物质污染，日本形成了以宪法为基础，以环境基本法为支撑，包括相关部门法、环境标准和环境纠纷处理及损害行政救济在内的完整的防治体系。

（2）加强环境监测和科学技术研究

日本的环境监测系统周密完善，环境监测网点遍布全国。环境监测是环境监管的耳目，日本环境监测的重点是针对曾引发严重公害事件的特殊有毒污染物排放的监测，具体监测以通过排放口排入环境中的污染物的浓度或数量为依据。日本政府强调环境科学技术的研究，各研究机构在环境标准、生态过程演变和环保技术的开发与应用方面做了大量有价值的工作。在日本，有专门机构承担特殊有毒物质污染危害机制和生态毒理的研究，其中不少项目都居于世界领先水平。

（3）加强企业内部的环境监管

为防治特殊有毒物质污染，日本企业内部除设有相应的环境监管部门负责调研、计划、监测外，还设有环境对策会议以评议企业的环境工作情况，监督企业环境规划的实施，防止公害。另外，企业公害防治管理员能够通过对企业污染物排放设施的监视、对企业所排放污染物的测定和对企业环保设备、设施的管理，有的放矢地进行特殊有毒物质污染防治。

（4）大力治理污染源

对于排放特殊有毒污染物的污染源，日本政府和企业采取了一系列污染治理措施，取得了很大成效，主要包括：第一，改变传统工业生产模式，淘汰高消耗、高污染型企业，并通过产业结构调整与整顿，大力扶持节省能源、资源的产业；第二，以强制命令的方式对造成严重污染的企业进行直接行政管制；第三，促使企业对所排放的特殊有毒污染物进行无害化处理和再生利用，以减轻环境负荷；第四，采用经济手段对不能达到特殊有毒污染物排放标准的企业苛以重罚。

6.2.3 日本重金属污染监管的主要特点

6.2.3.1 具有健全的环境监管机构

日本环境监管机构的设置较为完整。中央环境监管机构依据《公害对策基本法》设立，统一监管全国的环境保护工作。地方环境监管机构则突出地方长官的环保职责，其目标明确，管理科学，且注重与中央机构的密切配合。此外，日本环境法律还强调企业内部的环境监管，建立企业内部的环境监管体制与机构是日本防治环境污染的重要措施。这种从中央到地方依次设置的环境监管机构之间联系紧密且相互制约，相互促进，使日本的环境管理卓有成效，也使日本在面对日益严重的特殊有毒物质污染时能够迅速建立和采取中央环境监管机构总体负责、地方环境监管机构具体实施、企业环境监管机构自主管理相结合的监管方式，并取得良好的防治效果。

6.2.3.2 强调政府在环境监管上的作用

日本政府认为，市场机制不能有效解决特殊有毒物质污染等较为严重的环境问题。与市场手段相比，政府的作用不仅必不可少，而且会成绩斐然。

（1）法律上明确政府的责任

关于防治特殊有毒物质污染的基础性调查研究、民间必需而又无力解决的技术开发以及专项法令的执行，一般都由日本政府负责解决。此外，对特殊有毒污染物所致公害纠纷的调停与解决，对肇事者法律责任的追究以及对受害者的赔偿与救济，也同样由政府负责管理。

（2）提高环境意识

随着循环型社会系统的确立和政府部门各种形式的环境教育，日本各阶层国民的环境保护观念不断提升。日本政府还提出要强化企业的主动型治污理念，以防止各种类型的环境污染。

6.2.3.3 地方政府的行为超前于中央政府

日本地方政府在防治公害方面发挥了较大作用。地方政府及其环境保护部门率先于中央政府开展公害防治工作。另外，在环境标准的制定和环境管理制度的创新上，无论是否处于公害高发期，地方政府都始终走在中央政府的前面（国冬梅，2008）。日本地方政府的立法和对污染控制措施的实施都超前于中央政府，究其原因，主要有以下几点：第一，地方主导与自主型的环境监管体制使地方环境监管机构成为全国环境管理行为的主导力量，并通过中央政府与地方政府职能的划分，使地方政府成为本区域环境质量的责任主体；第二，地方政府享有较大的自主权，包括制定更为严格环境标准和条例的权力，预算和发展自主权等；第三，日本地方政府及其官员必须对选民负责而不是对上级政府负责，必须面对由选民选举权所带来的各种挑战，这也是地方政府具有很高自觉性和主动性的真正原因。所有这些使日本地方政府在解决包括特殊有毒物质污染在内的公害问题时所采取的环境监管行为超前于中央政府，而这也正是日本污染防治行动上的传统特点。

6.2.3.4 将环境标准作为政策的目标和手段

20 世纪 70 年代以来，日本的产业污染防治取得了巨大成功，而完善的环境标准正是日本政府污染防治措施推行的重要手段。以“保护公民健康及其生活环境应维持的基准”为出发点，日本政府将标准作为最基本的环境政策目标。日本环境标准的特点是：① 将环境标准分为“环境标准”和“排放标准”两种，前者是对环境政策目标的规定，后者是环境政策的手段；② 环境标准通常由国家制定，但允许地方政府制定比中央政府更严的排放标准；③ 各类环境标准明确，具体，且不断修订，更新；④ 通过建立完整的监测体系来保证各类标准的严格实施。针对特殊有毒污染物，日本地方政府依据本地实际情况，纷纷制定出比中央政府更严的排放标准，要求企业必须向地方政府缴纳排污费，并通过建立完整的监测体系促使企业达标排放。充分运用相关环境标准作为政策的目标与手段，日本的特殊有毒物质污染防治工作取得了显著成果。

6.2.3.5　企业环境监管重在“防”

日本环境厅要求企业不断强化主动型治污理念，加强环境监管，防止各种类型的环境污染。日本企业的环境监管具有自身特点，它始终与企业的经济发展和企业文化紧密相连，监管的重点在“防”而不是“治”，监管的目的在于减少污染事故造成的经济损失（易阿丹，2005）。对排放特殊有毒污染物的企业来说，预防特殊有毒物质污染往往是企业环境监管的重点。因此，在环境监管体制建立之前，企业内部要形成统一的认识，明确所经营行业的性质，特殊有毒污染物的排放情况，对周边环境的影响程度及其应负的责任，然后推出统一的公害对策方案，并认真彻底地加以贯彻执行。为进行有效的预防，企业一般都设有环保委员会负责本企业的日常监管工作，环保委员会由企业领导直接管理。特殊有毒污染物排放达到一定标准的企业的分支机构则设有专职环保部门，并由相应分支机构的领导全权负责。日本政府还在企业内部推行“公害防治管理员”制度。按照相关法律规定，经选拔聘任后的公害防治管理员属于企业的一员，负责统管企业防治特殊有毒物质污染的全面工作。日本企业还将环境保护、职工劳动保护和预防公害集为一体进行管理，以达到更有利于改善环境的目的。

6.3　印度重金属污染监管

印度是世界上增长最快的经济体之一，同时也是全球资源能源的主要消耗国和污染物排放的重要贡献者。自 1991 年大规模改革以来，印度工业在 GDP 中所占的份额快速增加，然而环境污染却严重破坏了生态系统的完整性，使印度面临着前所未有的压力和挑战。90 年代中后期，印度更是由于工业固体废物处理不当而导致重金属污染事故频频发生，居民身体健康状况及其生存环境急剧恶化。近年来，印度开始总结环保工作中的经验教训，加大环境立法、环境政策和计划的制定，并细化环境监管部门的职责，环境治理工作全面展开（中国环境保护部环境规划院和印度能源与资源研究所，2010）。与美国、日本类似，印度的环境法律和环境政策同样没有使用“重金属污染”及其相关表述，环境管理部门所采取的针对铅、镉、铬、汞、镍等重金属污染物及其化合物和其他工业固体废物的预防与治理措施被统称为有害物质监管。

6.3.1 印度重金属污染监管体制与机构

印度的环境监管采取环境与资源一体化的监管体制，并且建立了完整的监管机构。中央环境监管机构依据《环境保护法》设立，统一监管全国的环境保护工作。地方环境监管机构负责具体的资源与环境保护任务及环境政策、法律和标准的实施与执行。此外，依据权力的传统分配原则，印度的立法机关和司法机关也有监督中央与地方环境管理部门的权力。

6.3.1.1 中央环境监管机构

（1）中央污染控制委员会

中央污染控制委员会由印度政府在内阁秘书处设立，是国家环境政策的制定主体和总理的环境顾问，委员会主席也由总理任命。中央污染控制委员会负责研究各个水平的环境问题，监督、审查国家环境政策法案的执行情况，并提出建议。中央污染控制委员会的具体职责是：

① 收集环境信息并开展环境质量的调查与研究；

② 审议有关污染防治的政策和措施；

③ 指导邦污染控制委员会制订污染防治计划；

④ 协调各邦之间的环境事务；

⑤ 对大型工业企业进行监督，检查；

⑥ 负责总理环境政策方面的咨询工作；

⑦ 定期向总理报告环境状况，并提出建议。

其中，针对有害物质的预防和治理属于中央污染控制委员会审议有关污染防治政策、措施和指导邦污染控制委员会制订污染防治计划的职责范畴，中央污染控制委员会从总体上负责印度有害物质的监管工作。

（2）环境与森林部

印度环境与森林部的前身是国家环境政策和规划委员会，后经多次合并，形成独立的环境部。环境与森林部依据《环境保护法》设置，是印度环境监管的最高行政机关，在内阁总理的直接负责下开展工作。环境与森林部的主要职责包括：

① 制订环境保护计划，并协调、监督环境计划的实施；

② 制定环境政策和环境标准；

③ 监督、检查环境法律的执行情况；

④ 组织、协调部门间和邦政府间的环境管理工作；

⑤ 为邦政府提供技术帮助；

⑥ 进行国际合作。

印度环境与森林部具有制定有害污染物排放标准及有害物质污染防治政策，监督有害物质污染防治法律的实施，协同其他部门或邦政府共同处理有害物质污染事故的职责。

（3）联合政府其他部门的环境监管机构

除了以上两个专门性环境监管机构，印度环境法律还授权联合政府相关部门环境监管的部分权力，因此联合政府其他部门环境监管机构兼有环境保护的重要职能，见表 6–2。

表 6–2　　印度联合政府其他部门的环境监管机构

联合政府部门	授权法律	环保职能
水资源开发部	《水污染防治法》	管理、保护水资源
电力部	《空气污染防治法》	负责减少空气污染物
农村发展部	《水污染防治法》、《生物多样性法案》	防治农村饮用水污染、负责生物多样性保护
城市发展和减贫部	《水污染防治法》、《危险废弃物管理和处理规则》	防治城市饮用水污染和工业固体废物污染
农业部		监督、管理土地资源

联合政府其他部门环境监管机构具有在职权范围内防止有害物质造成空气

污染、水污染和土壤污染的责任，以及根据有关法律协助环境与森林部调查、处理有害物质污染事故的责任。

6.3.1.2 地方环境监管机构

（1）邦污染控制委员会

邦污染控制委员会是印度地方政府的环境监管机构，它在环境与森林部的领导下负责具体的资源与环境保护任务，以及环境政策、法律和标准的实施与执行。邦污染控制委员会除了接受环境保护部的指导和监督外，还受邦政府的行政影响和制约，因此，印度地方环境监管机构具有双重附属关系。根据印度法律和环境保护部的授权，邦污染控制委员会的主要职责包括：

① 制定本区域环境工作的目标与政策；

② 制定更严格的地方环境法规和标准；

③ 改善区域环境质量，防治污染；

④ 接受环境与森林部的技术支持和技术帮助；

⑤ 协助环境与森林部处理其他环境事务。

（2）地区和分区环保办事机构。地区和分区环保办事机构接受邦污染控制委员会的领导，并履行邦污染控制委员会的部分职责。与邦污染控制委员会不同，地区和分区环保办事机构不是独立的环境监管主体，不具有独立的执法资格，它仅负责某一项特定执法工作。

印度地方环境监管机构具体负责有害物质的监管工作，主要表现在：邦污染控制委员会依据相关法律制定针对有害物质的地方法规和排放标准，努力促使本区域环境质量改善，防止有害物质污染；协助环境与森林部调查、处理所辖区域内的有害物质污染事故；将防治有害物质污染的部分职责下放至地区和分区环保办事机构以提高执法效率。由此可见，印度环境监管部门在对包括重金属污染物在内的有害物质监管时，建立并采取了中央环境监管机构统一领导、地方环境监管机构组织实施的中央与地方分级负责的双重环境监管体制和监管方式。

6.3.2 印度重金属污染监管政策与措施

6.3.2.1 印度重金属污染监管政策

印度的环境监管通过一个包含立法和规章制度在内的广泛的政策框架来促

进。为使环境与经济社会协调发展，环境与森林部于1992年颁布《环境与发展国家保护战略和政策声明》，提出了环境政策制定所遵循的基本原则。同年，《减少污染的政策声明》公布，该《声明》进一步提出了保护与改善环境措施制定的目标和程序。1993年，环境与森林部通过了《环境行动计划》，旨在将环境保护纳入经济与社会发展计划统筹考虑，以加强资源和环境管理。此后，环境与森林部又制定了一系列特定行业政策，针对不同行业特点，解决各行业的问题。

为进一步理顺发展活动中的环境问题，促进环境与资源的有效利用，印度《国家环境政策》于2006年颁布，它提供了印度政策干预方案及其实施和印度专项政策行动所要求的立法和制度条件。《国家环境政策》的目标是：

① 有效使用环境资源；

② 提高资源质量，保护环境；

③ 将环境问题同经济发展相联系；

④ 环境治理；

⑤ 代内公平，保证贫民的生存；

⑥ 努力促使并实现代际公平。

除了实施一般性环境政策对有害物质进行约束外，印度环境与森林部还通过了若干防治有害物质污染的专项政策。2000年，环境与森林部要求企业或其他经济主体在排放有害物质前必须安装相应处理和处置设备，以防止有害物质污染。2003年，新能源与可再生能源部制订了《国家总体规划》，规划的主旨领域之一是回收包括重金属污染物在内的有害废物并把其转变为能源。2005年以来，印度又通过一系列政策积极引导社区参与和私人部门参与，在一定程度上解决了有害物质的监管问题。

6.3.2.2　印度重金属污染监管措施

（1）健全环境法律

1986年颁布的《环境保护法》和《环境保护规则》分别以基本法的形式规定了印度环境保护的目标和环境污染物排放标准的设定程序。与此同时，中央污染控制委员会制定了包括重金属物质在内的有害污染物排放标准和环境质量标准——《国家最低标准》。1989年，《危险废弃物管理和处理规则》的实施为有害物质的使用、贮存和管理提供了指南。2000年，《城市垃圾管理和处理规则》要求城市当局必须以科学的方式处理有害物质。2000年，《危险废弃物管理和处理规则修正案》对有害物质的进出口进行了详细规定。由此可见，印度防治有害物质污染的法律较为完善，且法律文件之间的关联性强，协调程度高。

（2）提升监管机构的作用，严格执法

有害物质的监管需要清楚地划分有害污染物产生者和污染控制委员会之间的责任。印度中央污染控制委员会承诺在有害物质处理设施安装及其有效运行、设备维护成本和维护费用、有害物质再循环筹集资金方面提供支持和帮助。邦污染控制委员会提供的支持包括监督有害物质处理设施的日常工作，提供技术服务降低污染物的处置难度及其对环境的影响，确保有害物质科学管理战略的有效实施等。对于有害物质，严格执法是最重要的监管措施。严格执法包含从培训上和制度上强化有害物质自产生到处置整个监管过程的所有环节，而工业部门、邦污染控制委员会和其他参与有害物质管理的人员和机构则是需要培训的主要利益相关者。

（3）加强源头控制

印度环境与森林部根据有害物质的质量和特性将有害物质分为可生物降解有害物质、可再循环有害物质、尾矿与惰性物质，进而制订处理和处置计划，并由邦污染控制委员会负责执行。邦污染控制委员会通过运用经济手段和行政手段，强化所有利益相关者对有害物质进行管理，保证有害污染物分离措施的有效实施，以加强源头控制，从根本上减少污染物的产生。此外，印度政府对排放有害污染物造成严重污染的生产者的生产设备、设施和工艺进行淘汰，鼓励企业采用低消耗、低排放、低污染的设备和设施，并通过对这些设施进行现实成本估计和企业自主选择的方式，达到污染物源头控制的目的。

（4）鼓励循环利用

印度政府鼓励非正式部门对有害物质进行再循环处理和再循环利用，并通过审查和修订相关政策的方式，从成本上削减非正式部门所需的费用。另外，印度政府还从技术上支持非正式部门从事再循环活动，以最大限度地实现废物的资源化；环境与森林部为从事有害物质再循环工作的工业企业提供补贴，并为其在污染控制、废物再循环、设备投资等方面提供退税。印度还建立了生产者责任延伸制度，以保证有害物质得到适当的再循环和处置。

6.3.3　印度重金属污染监管的主要特点

6.3.3.1　采用适合的手段保护环境

这些年来，印度的环境监管主要通过包含立法和规章制度在内的广泛的政策框架来促进。然而，这种政策框架代价高，效率低，实施难度大。为克服这些限制，提高效率，缩短时间，印度开始运用经济和财政手段加强环境监管，防止有害物质污染。其中，直接手段包括排污收费、许可费和银行担保金制度，间接手段包括环境税、清洁技术补贴和资本补贴。尽管经济手段在有害物质监管方面作用显著，但它的使用仍然十分有限。在这种情况下，《国家环境政策》提出为环境资源赋予经济价值的要求，行为者须为施加外部因素而付费，并以此提高环境保护的经济效益。这就意味着有害污染物排放者必须尽可能地减少实现该利益所需的成本。

6.3.3.2　保证信息获取

为提高透明度，畅通信息渠道，保证信息获取，规范政府行为，印度国会通过了《信息获取权法》。根据该项法案，任何公民都有查阅政府记录的权利，政府部门对公民提供信息的要求必须及时回复而不得以任何理由拒绝。《信息获取权法》的颁布使公众获取公共领域信息成为可能，印度的民主政体建设由此得以进一步加强。知情权是公众参与有害物质污染防治决策、维护自身合法权益的关键，而《信息获取权法》则有力地保障了公众的环境知情权。加强信息公开，保证信息获取已成为印度环境监管部门进行有害物质污染防治的重要手段。

6.3.3.3　加强环境教育，提倡公众参与

印度环境教育的目标是：提高公众的环境意识，增进解决环境问题的技能，并通过参与决策，评价发展计划，提出污染防治建议，改善环境质量。为此，印度的高等院校、科研所、规划管理学院、企业等都制订了环境教育计划，以加强环境教育。提倡公众参与，特别是提倡利益相关者参与是印度环境监管的重要特点。印度有害物质监管的成功经验首先就是把处于有害污染物影响范围内的居民动员起来，建立公众意识，并对其进行有害物质安全防范培

训。其次是鼓励公众参与环境影响评价，听取公众关于减轻有害污染物排放的建议和措施，并支持公众参与有害物质污染防治的决策过程。

6.3.3.4 强调非正式部门的作用

利用非正式部门进行有害物质管理经营，不仅可以减轻政府环境监管部门的负担，而且能够降低成本，提高运营效率。非正式部门作为最有效的部门之一，能够最大限度地关注有害物质对环境的影响，并以环境友好和可持续的方式对其进行最终处置。印度政府鼓励非正式部门对有害物质进行再循环处理和再循环利用，并通过审查和修订相关政策的方式，从成本上削减非正式部门所需的费用。另外，印度政府还从技术上支持非正式部门从事再循环活动，以最大限度地实现废物的资源化。

6.3.3.5 积极开展环境灾难管理

长期以来，印度的环境灾难管理一直都以灾后救济和恢复为重点，较少涉及灾前预防工作，因此在早期的环境规划和方案中很难看到有关减小灾难风险的内容。但在近几年，印度政府开始采用预防性措施和计划来减轻或避免灾难，努力使其对环境和人体健康的危害降低至最小。印度第十个五年计划（2002—2007 年）和第十一个五年计划（2007—2012 年）最终确定了环境灾难管理开展的基本思路：前者将环境灾难管理确定为发展问题，并提出在经济发展过程中减小环境灾难风险；后者则进一步强调开展避免或减轻环境灾难项目和计划的重要性。印度的两个五年计划为有害物质污染造成的环境灾难的管理提供了目标和依据。积极开展环境灾难管理，在发展经济的同时运用预防性措施和计划来减轻或避免有害物质污染造成的环境灾难，是印度环境监管的另一特点。

6.4 国外重金属污染监管路径选择与经验借鉴

6.4.1 国外重金属污染监管路径选择

对包括重金属污染物在内的有毒有害物质，不同国家环境监管的方式、措施不同，主要表现在：

6.4.1.1　监管对象界定方面

美国环境管理部门将针对铅及其化合物，镉及其化合物，铬及其化合物，汞及其化合物，镍及其化合物，苯及其化合物等重金属污染物的监管统称为有毒有害物质监管，因此美国环境管理部门针对重金属污染物的预防和治理措施属于有毒有害物质监管的范畴。日本环境管理部门将针对铅、镉、铬、汞、镍等重金属污染物及其化合物的监管统称为特殊有毒物质监管，因此日本环境管理部门针对重金属污染物的预防和治理措施属于特殊有毒物质监管的范畴。印度环境管理部门将针对以上污染物和其他工业固体废物的监管统称为有害物质监管，所以印度环境管理部门针对有害物质的监管政策和监管措施适用于重金属污染物。

6.4.1.2　监管体制方面

美国对包括重金属污染物在内的有毒有害物质监管采取联邦环境监管机构统一管理，州、县、市环境监管机构分级执行的监管体制。日本对包括重金属污染物在内的特殊有毒物质监管采取中央环境监管机构总体负责、地方环境监管机构具体实施、企业环境监管机构自主管理的自上而下的监管体制。印度对包括重金属污染物在内的有害物质监管采取中央环境监管机构统一领导、邦污染控制委员会组织实施的中央与地方分级负责的双重监管体制。

6.4.1.3　监管机构方面

美国环境质量委员会是有毒有害物质污染防治政策的制定主体，国家环境保护局主管全国的有毒有害物质污染防治工作，州环境质量委员会和环境保护局是本州有毒有害物质污染防治政策、法规、规章、制度及标准的制定与执行主体，州环保局与联邦环保局之间不存在任何行政隶属关系。日本公害对策会议是特殊有毒物质污染防治计划的审查主体，环境省是特殊有毒污染物排放标准和污染防治政策的制定主体，地方环境主管部门具体负责特殊有毒物质的监管工作，且与环境省之间既不存在任何行政隶属关系，也没有一般性的环境业务往来。印度中央污染控制委员会从总体上负责有害物质的监管工作，环境与森林部是有害污染物排放标准和污染防治政策的制定主体，邦污染控制委员会具体负责有害物质的监管工作，邦污染控制委员会除了接受环境与森林部的指导和监督外，还受邦政府的行政影响和制约。

6.4.1.4 监管措施方面

美国在对包括重金属污染物在内的有毒有害物质监管时，除采取环境影响评价、许可证、排污交易等一般性监管措施外，还强调经济手段的运用，并通过完善专项法律、开展自愿性伙伴合作计划、增加经费投入、加强环境教育等手段预防有毒有害物质污染。日本在对包括重金属污染物在内的特殊有毒物质监管时，除采取环境影响评价、污染物总量控制等监管措施外，更注重专项法律的健全、企业内部的环境监管、环境监测、污染源治理、污染纠纷的处理和科学技术研究工作。印度环境监管部门侧重于环境政策的运用，并通过严格执法、加强源头控制、鼓励循环利用、保证信息获取、提倡公众参与等手段对包括重金属污染物在内的有害物质进行监管。

6.4.2 国外重金属污染监管经验借鉴

6.4.2.1 改革环境监管体制

防治重金属污染，需要建立科学、合理的环境监管体制。20 世纪 60 年代，日本成立了以防治特殊有毒物质污染为主要任务的“公害对策特别委员会”。然而，该委员会仅是由相关省、厅官员组成，负责探讨和研究各类公害问题的非实体组织。随着环境污染的日益严重，这种协调性机构很快被撤销。1971 年，日本设立了指导和管理全国环境保护工作的环境省，环境省下设特殊有毒物质污染防治专项机构，对有关问题进行直接行政干预和处理。70 年代中期，日本又综合运用经济、行政、教育等手段治理特殊有毒物质污染，并取得了良好效果。此外，日本各省、厅还共同研究和讨论环境保护问题，旨在通过相互合作，加大污染防治工作的开展力度。1993 年，日本《环境基本法》通过。根据该项法律，日本地方环境主管部门、地方环境审议和咨询部门分别设立。日本企业也在明确所经营行业性质、相关污染物排放情况、对周边环境影响程度及其应负责任的基础上设立了环境监管部门。为防治包括重金属污染物在内的特殊有毒物质污染，日本最终形成了中央环境监管机构总体负责、地方环境监管机构具体实施、企业环境监管机构自主管理自上而下的监管体制。

在环境监管机构方面，20 世纪 60 年代，日本虽然成立了以防治特殊有毒物质污染为主要任务的“公害对策特别委员会”，但该委员会仅负责探讨和研究各类公害问题而不具有审议污染防治措施和指导地方政府制订污染防治计划的职责。20世纪70年代，日本设立了指导和管理全国环境保护工作的环境省，但环境省始终没有把防治特殊有毒物质污染列入发展计划和决策中，因排放该类污染物而造成的环境污染仍然十分严重。20世纪80年代以后，日本开始真正认识到必须将保障人体健康和提高环境质量作为发展不可或缺的重要内容，从根本上防止特殊有毒物质污染。1993年，日本制定了《环境基本法》。该项法律规定：公害对策会议从总体上负责特殊有毒物质的监管工作；环境省具有制定特殊有毒污染物排放标准，监督针对该类污染物专项法律的贯彻执行，协同其他省厅共同处理相关污染事故的职责；地方环境主管部门负责本区域内特殊有毒污染物的监测，并对该类污染物的污染发生源进行取样、分析，进而提出污染控制对策；地方环境审议和咨询部门负责特殊有毒物质造成污染的审查以及污染受害者认定的审查，并向地方政府提出相关意见和建议；排放特殊有毒污染物的企业负责制订适合本企业的污染防治方案，并认真彻底地加以贯彻执行。

6.4.2.2 发挥政府的基础性作用

美国政府大幅增加环境保护经费的投入。自20世纪70年代开始，美国污染控制总费用呈逐年上升趋势。1993年污染控制总投入达到920亿美元，环境保护支出接近国民生产总值的2%。与此同时，美国有毒有害物质污染防治专项经费也大幅度增加，这使美国环境状况迅速好转，美国政府运用整体观点考虑问题，并以人体健康为重点，采取系统的方法和风险评价的手段开展针对有毒有害物质的环境管理研究。美国政府还大力开展环境教育。联邦环境保护局设有专门的环境教育办公室，有毒有害污染物安全防范教育是该部门的主要任务之一。

日本政府认为，市场机制不能有效解决特殊有毒物质污染等较为严重的环境问题。与市场手段相比，政府的作用不仅必不可少，而且会成绩斐然。首先，关于防治特殊有毒物质污染的基础性调查研究，民间必需而又无力解决的技术开发以及专项法令的执行，一般都由日本政府负责解决。此外，对特殊有毒污染物所致公害纠纷的调停与解决，对肇事者法律责任的追究以及对受害者的赔偿与救济，也同样由政府负责管理。其次，政府部门通过各种形式的环境教育，使日本各阶层国民的环境保护观念不断提升。日本政府还提出要强化企业的主动型治污理念，从根本上防止各种类型的环境污染。再次，日本地方政府在防治特殊有毒物质污染方面发挥了较大作用。地方政府及其环境保护部门率先于中央政府开展特殊有毒物质污染防治工作。另外，在相关环境标准的制定和环境管理制度的创新上，无论是否处于污染高发期，地方政府都始终走在中央政府的前面。最后，日本政府强调环境科学技术的研究，各研究机构在环境标准、生态过程演变和环保技术的开发与应用方面做了大量有价值的工作。在日本，有专门机构承担特殊有毒物质污染危害机制和生态毒理的研究，其中不少项目都居于世界领先水平。

印度中央政府承诺在有害物质处理设施安装及其有效运行、设备维护成本和维护费用、有害物质再循环筹集资金方面提供支持和帮助。邦政府提供的支持包括监督有害物质处理设施的日常工作，提供技术服务降低污染物的处置难度及其对环境的影响，确保有害物质科学管理战略的有效实施等。印度政府鼓励非正式部门对有害物质进行再循环处理和再循环利用，并通过审查和修订相关政策的方式，从成本上削减非正式部门所需的费用。另外，印度政府还从技术上支持非正式部门从事再循环活动，以最大限度地实现废物的资源化。印度政府强调环境教育，支持公众参与有害物质污染防治的决策过程。印度政府还积极开展环境灾难管理，在发展经济的同时运用预防性措施和计划来减轻或避免有害物质污染造成的环境灾难。

6.4.2.3 运用经济管理手段

美国的有毒有害物质监管充分运用了环境经济政策手段：首先，财政援助及补助金、补贴。联邦政府尽一切可能提供财政和技术援助，指导能减少有毒有害物质产生的新工艺的发展、示范和推广，指导各类处置有毒有害物质新方法的应用。联邦法律要求有毒有害污染物的产生设施必须具有合理性和先进性，并严格限制该项设施补助金的发放，补助金总额原则上不超过全部工程费用的75%。联邦法律还鼓励从事有毒有害污染物控制的其他有关机构开展减排研究、提供技术服务，政府给予有关机构和个人补贴。其次，税收刺激。联邦政府通过各种税收奖励制度实施清洁生产方案，采取投资减税、比例退税和特别扣除等多种方式，淘汰落后技术设备，抑制有毒有害污染物排放。联邦政府还将税收与环保表现挂钩，对排放有毒有害污染物且造成严重污染的企业课以重税。部分州和地方政府则把环境税收义务同州环境标准挂钩，以此给污染企业施加压力。最后，排污交易政策。这项政策允许处于同一区域的排放有毒有害污染物企业之间以及排放有毒有害污染物企业和其他企业之间进行排污削减量交易或转让。排污交易政策既能够灵活地控制污染源，又能够在大幅降低区域污染治理费用的同时改善区域环境质量。1990 年，美国制定了可交易的许可证制度，在排放有毒有害污染物的企业之间推行基于市场环境经济政策的排污信用购买和交易机制，有毒有害污染物许可证交易市场正在初步形成。

日本政府同样采用经济手段防止特殊有毒物质污染。根据日本《大气污染防治法》和《水质污染防治法》的规定，国家应努力对特殊有毒污染物处理设施的改进提供必要资金，以促进特殊有毒污染物处理设施的整顿，防止因特殊有毒污染物造成大气污染和水质污染。此外，日本政府还将与特殊有毒物质污染防治有关的设施的固定资产税列入减税的范围，其税金仅为原税的 2/5—2/3。

印度也运用经济和财政手段加强环境监管，防止有害物质污染。其中，直接手段包括排污收费、许可费和银行担保金制度，间接手段包括环境税、清洁技术补贴和资本补贴。印度的《国家环境政策》更是提出为环境资源赋予经济价值的要求，行为者须为施加外部因素而付费，并以此提高环境保护的经济效益。这就意味着有害污染物排放者必须尽可能地减少实现该利益所需的成本。

6.4.2.4 强化社会调控制度

（1）公众参与受到普遍认同和高度重视

美国法律鼓励公众参与环境影响评价的整个过程。为了方便公众参与，《美国国家环境政策法》规定，环境影响报告书初稿必须简明扼要，使用通俗语言予以说明，以便公众能够看得懂。报告书初稿完成后，应当及时在《联邦公报》上公布，并邀请各方评论。任何公民都可以通过参与听证会的方式对初稿提出意见，要求项目负责人采取合理方式减轻有毒有害污染物对周边环境的影响。报告书定稿后，公民还可再次参与评论并提出改进建议，由非评价者进行相应的修改或补充。此外，美国法律还规定公民可以向法院提起诉讼，以督促政府环境保护部门积极执法。

提倡公众参与，特别是提倡利益相关者参与，是印度环境监管的重要特点。印度有害物质监管的成功经验：首先就是把处于有害污染物影响范围内的居民动员起来，建立公众意识，并对其进行有害物质安全防范培训；其次是鼓励公众参与环境影响评价，听取公众关于减轻有害污染物排放的建议和措施，并支持公众参与有害物质污染防治的决策过程。

（2）环境信息公开手段逐步得到运用

美国环境政策中关于有毒有害物质信息公开的措施日趋增加。有毒有害物质名录制度（TRI）是应急规划编制和实施的依据，它要求企业及时、准确地报告使用或排放有毒有害物质的情况。根据《应急规划和公众知情权法案》，有毒有害物质名录制度已经成为环境信息公开的一项基本制度。《能源政策法案》也要求使用有毒有害物质的工业产品必须采用统一的管理标记，严格注明成分、含量等基本信息，并承诺其对人体的危害处于合理的范围之内。此外，《饮用水安全法案修正案》规定必须以邮寄的形式，由饮用水供应组织向公众提供包括水源地水质情况和有毒有害物质污染水平在内的年度报告。

为提高透明度，畅通信息渠道，保证信息获取，规范政府行为，印度国会通过了《信息获取权法》。根据该项法案，任何公民都有查阅政府记录的权利，政府部门对公民提供信息的要求必须及时回复而不得以任何理由拒绝。《信息获取权法》的颁布使公众获取公共领域信息成为可能，印度的民主政体建设由此得以进一步加强。知情权是公众参与有害物质污染防治决策、维护自身合法权益的关键，而《信息获取权法》则有力地保障了公众的环境知情权。加强信息公开，保证信息获取已成为印度环境监管部门进行有害物质污染防治的重要手段。

（3）自愿性管理手段的推广

美国“自愿性伙伴合作计划”旨在以鼓励性的模式激励企业超越现行的环境标准，通过非强制性环境管理手段的运用使企业取得更佳的环境表现。美国“自愿性伙伴合作计划”主要包括33/50有毒化学物质削减计划、为环境而设计计划和绿色化学项目。其中，33/50有毒化学物质削减计划以非对抗性的环境管理方式在减少有毒有害污染物排放、促进环境问题解决的同时也使企业承担的排污费用大幅度下降，企业的经济效益得以显著提升；为环境而设计计划旨在促使企业全过程考虑工业产品可能带来的环境影响，特别是有毒有害物质污染，以降低环境风险；绿色化学项目旨在通过全新化学物质生产系统的引入，消除有毒有害物质的使用和产生，以控制环境风险，确保人体健康和环境安全。

日本十分注重加强企业内部的环境监管。为防治特殊有毒物质污染，日本企业内部除设有相应的环境监管部门负责调研、计划、监测外，还设有环境对策会议以评议企业的环境工作情况，监督企业环境规划的实施，防止公害。另外，企业公害防治管理员能够通过对企业污染物排放设施的监视，对企业所排放污染物的测定和对企业环保设备、设施的管理，有的放矢地进行特殊有毒物质污染防治。

本章小结

本章是关于国外重金属污染监管状况与监管特点的研究。首先是美国重金属污染监管，主要讨论了美国重金属污染监管体制与机构，美国重金属污染监管制度与策略，并在此基础上总结了美国重金属污染监管的主要特点。其次是日本重金属污染监管，主要讨论了日本重金属污染监管体制与机构，日本重金属污染监管制度与对策，并在此基础上总结了日本重金属污染监管的主要特点。再次是印度重金属污染监管，主要讨论了印度重金属污染监管体制与机构，印度重金属污染监管政策与措施，并在此基础上总结了印度重金属污染监管的主要特点。最后，本章从监管对象界定、监管体制、监管机构和监管措施等四个方面论述了不同国家环境监管方式、方法的不同，而改革环境监管体制、发挥政府的基础性作用、运用经济管理手段和强化社会调控制度则是重金属污染监管方面的国际经验。

第七章 重金属污染条件下基层环境监管体制改进

7.1 基层环境监管体制改进的基础和依据

7.1.1 改进的理论基础

7.1.1.1 新公共管理理论

20世纪70—80年代，为应付日益严重的财政危机、通货膨胀、高失业率、政府信任赤字和绩效赤字，西方市场经济国家开始了大规模的政府改革，力图由传统的、官僚的、低效的政府管理转向市场导向的、多样化的、高质量的公共管理与公共服务。这场席卷全球的行政改革浪潮虽被赋予不同的称谓，如“公共管理主义”“以市场为基础的公共行政”等，但其共同特征都是工商管理理论与方法的采用、服务与顾客导向的强化和市场竞争机制的引入，因此可以被通称为“新公共管理”。新公共管理促成了全新的公共服务理念，创造了公共部门管理的新典范，代表了政府治理变革的方向，有利于建设开放而有效的公共领域（毛寿龙，1998）。

新公共管理最早由胡德（C.Hood，1991）提出。胡德将英国和其他经合组织国家声势浩大的政府改革运动称为新公共管理运动。在胡德看来，新公共管理是一种以采用私人部门管理风格、方法和技术为主要特征，通过引入市场机制改善竞争，并强调责任制、产出导向与绩效评估的公关部门管理新途径。胡德归纳了新公共管理的基本要点：

① 即时的专业管理，即由管理者自己管理并承担责任；

② 明确管理目标和绩效目标，并使之能够衡量；

③ 转向部门分权，设立小型政策领域机关，破除单位之间的藩篱；

④ 强调私营部门形态的管理方法和实践；

⑤ 重视产出控制和实际成果；

⑥ 引入市场竞争机制，提高服务品质；

⑦ 资源利用上的克制与节约。

法汉姆和霍顿（Farnham and Horton，1996）系统地评价了这场新公共管理运动，并提出了新公共管理的八大特征：

① 重新设计组织结构，建立赋予责任的行政单位，并使政策制定与执行相分离；

② 改变组织结构，授权给管理人员，促进管理目标和绩效目标的实现；

③ 强调战略管理，采取理性途径的方式处理问题；

④ 改变现行的政策，使公共组织转换成为“新公共服务模式”；

⑤ 建立一种弹性的、将公众视为顾客和回应公众真正需求的学习型公共组织；

⑥ 以经济、效率和效能指标衡量组织成就，并将其作为未来决策的重要参考；

⑦ 运用人力资源管理技术来进行结构与组织的变革；

⑧ 发展契约关系，并使之取代传统的信托关系。

霍姆斯（Holmes）和申德（Shand）通过对新公共管理运动进程的考量将新公共管理视作当代公共管理的范式。在他们看来，这种投射了新锐的管理方法具有以下特点：

① 分权式管理有利于资源分配和服务派送，并由此得到更多的相关信息和客户反馈；

② 权威与责任相对应有利于实现管理目标和绩效目标；

③ 结构导向型决策方法有利于促进政府效能的改善；

④ 良好的竞争环境有利于提高服务质量和产出价值；

⑤ 全面的成本报告有利于增加透明度和责任度；

⑥ 灵活的公共产品供给方法有利于成本节约；

⑦ 宽泛的管理制度支持着以上变化的发生。

波利特（C.Pollitt）认为这种将商业管理理论与方法引入公关部门管理中的“新公共管理主义”来源于古典泰勒主义的管理原则：瓦尔特·基克特（Walter Kiekert）同样认为新公共管理是一种蕴含商业管理思想，强调市场竞争、灵活性和为客户服务的改革取向。另外，奥斯本和盖布勒所提出的包含十大基本原则的企业化政府模式和哈伯德所提出的具有十大特征的管理主义模式，都将新公共管理视为单一模式概念。而英国学者 E. 费利耶等人则认为公共管理改革存在不同模式，他们所提出的效率驱动模式，小型化与分权模式，追求卓越模式和公共服务取向模式（李鹏，2004）就属于公共管理理想类型的不同尝试。彼得斯也在《政府未来的治理模式》中提出市场式政府、参与式政府、弹性化政府和解制式政府（黄健荣，2008）等四种不同的政府治理变革模式。因此，新公共管理又被认为是包含不同模式的类概念。

我国著名学者陈振明教授在总结西方政府改革实践活动的基础上认为新公共管理的内容至少应包括以下几个方面（陈振明，2003）：

① 让管理者进行管理；

② 分散化和小型化；

③ 产出控制；

④ 采用私营部门的管理方式；

⑤ 衡量业绩；

⑥ 顾客至上；

⑦ 引入竞争机制；

⑧ 改变管理者与公众的关系。

结合以上对新公共管理运动的介绍和学者们对新公共管理主要思想与运行模式的阐述可以看出，新公共管理理论的内容至少应涵盖以下几个方面：

① 改革传统官僚制管理结构，探索新的组织方式

科层官僚体制代表着机器大工业时代行政组织方式的理性和效率，其本身所具有的准确性、稳定性、纪律性与可靠性使该理论模式的主导地位一直未被动摇。然而，“信息革命”“知识经济革命”所形成的新的动荡的社会环境使传统政府模式日益面临各种危机。新公共管理理论认为，官僚体制不仅带来了浓厚的官僚主义和部门主义，阻碍了个性化社会的发展，导致了各职能部门仅追求眼前利益和局部利益而忽视长远利益与整体利益，而且造成了政府功能衰退、机构重叠交叉以及沉重的财政负担。在传统官僚制下，政府组织已无力应对现代公共管理过程中日渐增多的社会公共事务（黄健荣，2008）。与此同时，政府职能的全面扩展和无限制膨胀压制了市场主体的自由竞争，而权力的集中与垄断也成为提高公关部门效率的障碍。传统科层官僚制逐渐呈现出与时代发展的不适应性，政府因此失去了社会公众的信任与支持。

为摆脱这种内外交困的局面，西方主要资本主义国家纷纷掀起了政府改革的浪潮。在这场前所未有的政府重塑运动中，虽然各个国家在具体做法上存在

差异，但无论是从理论上还是从实践上，改革均呈现出极大的共性。从 20 世纪 70 年代重新界定政府与市场的关系开始，到 80 年代强调对政府自身进行变革，再到 90 年代的“良好治理”，僵死的、等级分明的官僚制组织形式如今正转变为灵活的、极富弹性的和重视价值实现的公共管理形式，而这正是新公共管理的主要目标。市场式政府、参与式政府、弹性化政府和解制式政府等诸多政府治理变革模式不仅是管理风格上的细微变化，更是政府与公民关系的深刻调整。这表明，新公共管理理论所倡导的政府管理新理念充分展示了“当代政府管理的新愿景”，传统的公共行政已经遭到质疑和抛弃（李鹏，2004）。

② 采用授权或分权的方式进行管理

权力高度集中、循规而行、难以适应快速多变外部环境的传统官僚制组织结构的基层人员往往缺乏灵活处置的执行权和随机制宜的决策权。然而，在层级分明的政府组织中，基层却有着极为重要的地位：基层行政机关人力资源丰富，最容易接触到具体情况，掌握真实、准确的第一手资料；基层行政机关及其人员的行为代表着政府形象，影响着公众对政府的评价；基层行政机关及其人员所具有的专业素养能够使决策活动更具有操作性。由于同社会公众直接联系，处于组织结构底部的基层行政机关及其人员必须对所出现的问题及时决策以避免矛盾激化，并进一步完成由决策被动执行者到创制者角色的转换，以改变整个政府组织缺乏活力和行动迟缓的局面，获得良好的行政效益与肯定的社会评价。

为调整政府组织内部层级关系，打破来自政府组织高层的层级节制，新公共管理理论主张通过授权、分权的方式进行参与管理，简化内部结构等级，提高决策效率。本书认为，授权或分权：首先应当是下放权力于基层行政机关、人员，并通过建立各种委员会或机构将其直接吸收于决策过程，从而缩小基层与行政高层之间的沟通距离，改变传统型自上而下的集权式决策方式，达到重塑政府的目的；其次是向服务提供组织、服从型组织及其雇员授权，赋予这些组织和成员一定灵活处置的权力，并使其能够根据顾客需求的改变迅速做出反应；最后是向社区授权，政府部门不再直接提供某些服务，转由社区或社群依据所授权力自行解决。

③ 政策职能与管理职能相分离

新公共管理认为，政府应严守公共政策制定职能，给予规制组织和服务提供组织较大的灵活性与自主性，并通过公共政策来引导其合理有效地承担公共事务，从而将管理职能和服务提供从政策组织部门分离，以达到缩小规模、减少开支和提高效率的目的（刘圣中，2008）。本书认为，政策组织和规制组织均属于政府意义上的组织，两者的区别在于：前者执行政策制定职能，后者执行归口管理职能；而其他服务提供组织则属于政府外的公共管理组织，仅负责某项特定服务的提供。政府外的组织不属于规制组织的范畴，规制组织也有别于政策组织。规制组织虽然属于服务型组织，但其执行的职能侧重于管理而非直接政策决策和纯粹性的服务提供，也就是说，规制组织是将管理职能融入了社会服务系统之中。因此，规制组织与执行政策决策的政策组织和负责某项特定服务提供的政府外的公共管理组织完全不同。只有认清了这一点，才能准确地将政府政策职能与政府管理职能、非政府组织服务提供相分离。

④ 引入私营部门的管理方式

新公共管理认为，公共行政与私人行政之间虽然存在诸多差别，但并非不可逾越。根据管理主义的管理共通性原则，要造就充满活力的政府，有必要借鉴私营部门成功的管理方法和经验，以便更好地适应行政环境的变化，充分发挥市场的作用，提高政府的公共服务能力。因此，新公共管理首先强调公共行政部门的“放权”，并试图通过建立多家竞争性机构或借助其他市场手段来改变公共产品和服务完全由政府垄断的局面，从而改善服务质量；新公共管理重视积极进取的政府行为，主张采用层级平板式组织结构提高行政效率，促使政府与公众之间产生互动，并打造具有高度自助能力的公民；新公共管理通过聘用合同制和全面的货币化激励机制来对行政官僚进行控制，并在合同中明确规定高级雇员的雇用实施有限任期和需要达到的绩效，以此激励行政官僚更好地完成行政事务；新公共管理认为企业化政府是以市场为导向的组织结构扁平，行政参与广泛，消息渠道通畅，并以“赢得顾客”为目标的竞争性政府。所以，企业化政府模式是新公共管理所倡导的调整公共行政和私人行政关系的有效模式（李金龙和唐皇凤，2008）。

⑤ 放松行政规制，加强绩效评估

新公共管理反对传统公共行政照章办事、循规蹈矩、轻绩效测定与评估的做法，认为这样不仅会加重政府公共服务的成本，降低效率，而且容易滋生政府的官僚主义和腐败，导致政府与公众的对立和摩擦，影响社会整体利益。因此，新公共管理主张放松严格的行政规则，解除各种繁文缛节的制约，实行严明的绩效目标控制，从而使政府活动更具有效率和效能。首先，对于公务员来说，放松政府规制能够使其突破严密组织与烦琐规章的双重束缚而获得更多的权变决策机会。其次，对于公众来说，放松政府规制能够使其获取来自公共行政部门简便、快捷的服务，增强公众对政府的信任，改善政府与公众的关系。新公共管理进一步认为，放松行政规制就是要塑造更具使命感和更具企业精神的政府，即通过放松内部监控并建立新的责任机制和使命文化来充分释放官僚的内在潜能和创造力，鼓励他们积极参与决策活动，促进政府运作效率的大幅度提高（邹珊珊和王丽霞，2001）。

强化对公共服务部门的绩效评估。正如美国学者马克·霍哲所说，评价组织机构目前的业绩或者将该组织机构的业绩与其他机构相比以判断声称目标的实现程度，业绩评估不仅是有效的而且应当作为一个衡量程序的过程。新公共管理倡导以 3E 为标准对公共服务部门进行全面、系统的绩效评估，其内容包括评价指标体系的设计和具体量化分析。通过评估，对服务部门的业绩做出客观评价并及时反馈，使政府对公众的需求更负责任，从而增强顾客的满意度。

从总体上来看，具有强烈市场化倾向及浓厚管理主义色彩的新公共管理运动无论是从理论上还是从实践上都持续推动着管理思想和管理方法的创新，而引发这一运动的新公共管理理论模式正是通过强调结果实现和管理者个人责任的方式来促使传统公共行政理论模式的根本转变。摆脱古典官僚制，明确组织和人事目标，重视经济价值的优先性和市场机能，采取顾客导向的行政风格，重新整合国家和社会的关系，不仅是新公共管理的核心内容，更是公共管理过程能否与治理结构连接以实现结果控制和分权共治的关键。所以，新公共管理代表着人们为应对内外环境的变化而持续不断改进政府，建造服务型政府、市场导向型政府和民主法制型政府，追求理想政府治理或善治的一个努力方向，同时新公共管理理论也为重金属污染下基层环境监管体制的改进提供了理论依据。

7.1.1.2 权变管理理论

权变管理理论认为，任何管理理论和管理方法都是在特定环境下经过高度概括所形成的，并不具有绝对意义上的普遍性（张勤和王妍，2010）。权变管理理论重视管理原理和管理原则发挥作用的条件，强调根据外部环境的变化选择具体的原理、方法和技术，或对已有的管理方式加以改造，以求管理活动的有效性。卢桑斯认为，权变关系是由“如果”（自变量）和“那么”（因变量）组成的一种函数关系（图 7-1）。他指出，为有效地完成管理目标，管理者应当在“如果——那么”（IF—THEN）的权变关系中寻求合理的管理方法（卢桑斯，1976）。

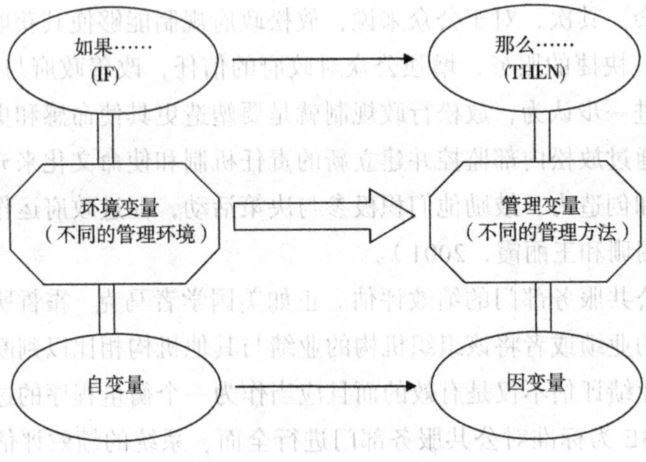

图 7-1　卢桑斯权变关系示意图

环境问题的综合性、环境监管领域的综合性、环境监管手段的综合性以及环境监管内容的综合性决定了环境监管对策的综合性和动态性。另外，在人类——环境系统中，非确定性因素往往多于确定性因素，不可控因素往往大于可控性因素。因此，权变管理要求环境监管工作既要坚持原则性，又要有灵活性。要具体问题具体分析，根据特定的环境和条件在总的战略思想指导下，一切从实际情况出发，因时制宜，因地制宜，因人制宜，灵活运用各种手段和方法，采取灵活的对策与措施，随机应变，不搞一刀切，不盲目照搬和套用一个模式（张成福和党秀云，2001）。重金属污染下基层环境监管体制的改进正是从权变管理理论中汲取营养。同时，结合重金属污染特点的环境监管体制更符合当前基层环保部门污染防治的现实需要。

7.1.2　改进的现实依据

7.1.2.1　政府改革不断深化

政府改革的不断深化为基层环境监管体制的改进提供了制度基础。30 年来，中国政府进行了一系列的探索和改革，破除了阻碍生产力发展和和谐社会建设的各种障碍，建立了适应社会主义市场经济发展和民主政治完善的新政府体制，完成了向现代政府治理体系的基本转变，实现了政企分开、政社分开、放权于民和依法行政。其主要成就表现在：

（1）政府管理价值的重新定位和公共性的回归

中国政府改革的过程，是价值合理性优先于形式合理性的理性化过程，而政府管理的价值影响着政府行为的理性（唐铁汉，2005）。政府对其自身价值的重新思考和政府“公共性”的回归随着政府的改革实践体现在具体公共行动与公共政策中：政府不断致力于公民权益的保障和完善；政府不断促进社会公平和正义的实现；政府以提供公共产品和服务为核心职能；政府将公共事务管理建立在多元参与的基础上；政府理应承担更大的公共责任，等等。

（2）政府职能的转变

政府职能是政府机构赖以存在的基础，中国政府改革使政府职能发生了深刻转变。首先，在政企关系上实行所有权与经营权分离，改变对企业生产活动的直接干预，从直接管理转向加强对企业国有资产监管和金融监管的间接管理；其次，在管理内容上实行统筹规划、政策引导和组织协调，并突出社会管理、社会保障和公共服务，从微观管理转向以协调经济与社会发展为目的的宏观调控；最后，在管理方式上强调经济、法律和行政手段的综合运用，从基本依靠计划管制转向低成本、高效率的市场调节。

（3）治理关系的调整

政府对社会事务的治理过程，是政府与企业、社会、公民以及政府相互之间协同、合作、互动的过程（肖文涛，2007）。中国政府改革30年，通过不断调整和理顺治理关系，改变了政府单方面行使权力的强势治理，初步形成了其他社会主体参与与协同治理的新格局。首先，扩大企业自主权，调整政府管理企业的范围，推动国有资产管理体制改革，建立现代企业制度，实现政资分开，在促进政府职能转变的同时使企业的效率提高，活力呈现。其次，调整中央与地方的关系，扩大地方立法权限、政府管理权限、经济管理权限和干部人事管理权限。与此同时，地方政府进一步下放权力，使县市具有了更大的自主权。再次，改变政事关系，落实和实现事业单位的自主权。最后，弱化社会控制力，发挥民间组织在社会公共服务中的积极作用。

现行“条条”“块块”相结合的基层环境监管体制下以政府为权力垄断者单中心基层环境监管主体结构以及由此形成的单一、固化、低效监管方式已不适应加强重金属污染防治的迫切需要。政府改革的不断深化使针对重金属污染基层环境监管体制改进成为可能：县级政府管理价值的重新定位和较大的自主权限，为针对重金属污染基层监管方式改进营造了条件；而县级政府治理关系的调整和治理方式的转变，则为针对重金属污染基层监管主体结构的改进提供了空间。

7.1.2.2 公民社会渐趋成熟

公民社会渐趋成熟将多元利益主体参与环境监管，改进“条条”“块块”相结合基层环境监管体制，打破以政府为权力垄断者单中心环境监管局面提上议程。改革开放30年，中国政府和社会的关系发生了根本性转变，市场的形成为公民社会的发展创造了机遇和空间，公民社会在传统行政管理体制下复苏，在社会治理方式变迁中演进，在政府政策促进下成长。近年来，经济的高速增长更使公民社会呈现出前所未有的发展态势，具体而言：

（1）公民组织数量增长

社会主义市场经济的改革方向不仅保障了经济建设的顺利进行，而且塑造了公民社会的发展环境（孙晓莉，2005）。随着公共与社会管理事务的开展，非政府和非企业公民组织的数量持续增长（图7–2）。

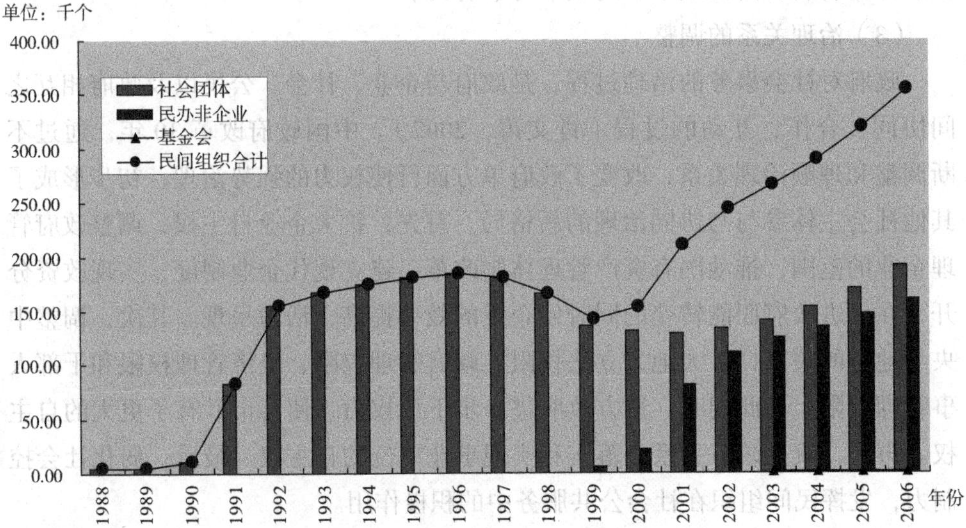

数据来源：中国民政统计年鉴(2007).

图7–2 我国民间组织的数量推移

如图7–2所示：

1978—1988年，公民组织开始恢复活动，截至1988年，公民组织的数量约为 4400 个；

1988—1990 年，公民组织缓慢发展，年均增加数不到 100 个；

1991—1996 年，公民组织飞速发展，至 1996 年达到了顶峰；

1997—2000 年，因清理整顿，公民组织的数量连续 4 年减少；

2001 年至今，公民组织的数量开始恢复增长，并于 2006 年达到 191 946 个。从总体上看，我国公民组织的数量一直呈现稳中有增的趋势。

（2）双重管理体制形成

为了更好地管理公民组织，严格“准入”门槛，避免多头审批和管理交叉的现象，我国政府复核、审查了原有的组织类型，健全了规章制度，确立了公民组织设置的法律程序和双重管理体制，并强化了民政部门和业务主管部门的管理职责。经过多次清理整顿，理顺了非政府、非企业公民组织与其他部门的关系，公民组织的管理正式步入了法律化轨道（王锡锌，2008）。

（3）公民组织能力增强

加强公民组织能力建设，促进公民组织的成长，填补市场失灵带来的问题，反映民间诉求，保障政府职能转变的实现是政府管理社会组织的主要任务。在环境保护领域，中国环境非政府组织通过各种方式进行环境保护宣教活动，成为沟通政府与民众间的纽带和桥梁。随着政府公共管理职能向社会转移和“和谐社会”理念的建立，公民组织将进一步满足社会需求，解决难以解决的矛盾，并开辟新的公共服务领域，实现社会的良性运转与协调、可持续发展。

公民自我意识的提升和非政府环境组织的活跃，为针对重金属污染基层环境监管体制改进奠定了社会基础。公民和非政府环境组织自发参与重金属污染防治，有利于承接政府的部分职能，探索环境管理的新途径，改变传统体制下单中心监管的局面，使多元参与和多元治理成为现实。

7.1.2.3　专项规划推进基层环境监管

为解决损害群众健康的突出环境问题，改善环境质量，《国民经济和社会发展第十二个五年（2011—2015 年）规划纲要》（以下简称“十二五”规划）提出：要以建设资源节约型和环境友好型社会为目标，明确政府工作重点，发挥政府社会管理和公共服务的职能，创新社会管理体制机制，加大环境保护能力，强化污染物减排与治理，防范环境风险，加强环境监管，从根本上提高环境预警能力、应急能力和重金属污染综合防治能力，切实防止各类重金属污染事故的发生。

为贯彻实施纲要,《重金属污染综合防治"十二五"规划》于2011年2月由国务院正式批复。《重金属污染综合防治"十二五"规划》强调通过建立合理、有效的防治体系和事故应急体系，遏制重金属污染的高发态势，解决损害群众健康的突出问题，切实维护人民群众的环境权益。《重金属污染综合防治"十二五"规划》所提出的一系列举措和要求，是实现重金属污染条件下基层环境监管体制改进、促进县域重金属污染防治工作取得成效的前提和依据。

7.2 基层环境监管主体结构改进

新公共管理是管理主体为满足公众要求，维护、增进、分配公共利益而对社会公共事务所进行的有效管理。新公共管理改变了传统的由政府垄断的管理方式而将管理主体扩大到非政府组织领域，使管理主体逐渐呈现多元化趋势。新公共管理追求一种开放的思维模式，通过运用授权、委托、代理等多种方式，不断探索实行公私合作的途径。新公共管理体现了公共部门管理理念变革的新思路，主张建立一套以政府管理为核心，以解决社会性问题为主要任务，以多元互动参与为特征的管理体系。

善治与新公共管理彼此联系。新公共管理所倡导的多元互动治理机制的最终目标就是实现善治，即在社会管理过程中，通过各种类型公共组织的参与，打破政府垄断社会治理的主体地位，构建政治国家和公民社会的新颖关系，促使公共利益的最大化。然而，只有将政治和行政因素纳入发展视野，考虑与经济制度和经济环境相关的政治行政问题并结合具体社会、历史和文化情景，才能实现政治与经济的协调发展，才能增加公民的共识和政治认同感，使新公共管理活动获得最大程度的认可，从而不断走向善治（俞可平，2008）。

重金属污染是县域工业企业从事生产活动排入周边环境中的重金属污染物因其数量或强度超出环境自净能力而导致环境质量下降，并给特定人群或其他具有价值的物质带来不良影响的现象。重金属污染使县域居民身体健康状况恶化，急慢性中毒症状出现，疾病发病率上升，农作物产量与质量下降，而环境监督管理正是预防重金属污染发生的最有效途径。

目前，我国基层环保部门所存在的职能定位不准、监管能力薄弱、执法权限不明确、部门之间协调不顺以及地方政府自身事权财权划分的不合理，经济管理制度的弊端，环保问责制流于形式，偏颇的发展观与政绩观等诸多问题给针对重金属污染的基层环境监管造成了严重障碍。可以说，现行“条条”“块块”相结合的基层环境监管体制下以政府为权力垄断者单中心基层环境监管主体结构已不适应加强重金属污染防治的迫切需要，以新公共管理理论为指导的基层环境监管主体结构改进已经势在必行。依据重金属污染治理过程中不同主体间的互动关系所形成的基层环境监管主体结构包括强化政府监管主体指导作用、发挥企业监管主体能动作用和增强其他社会组织监管主体促进作用（如图7–3所示）。

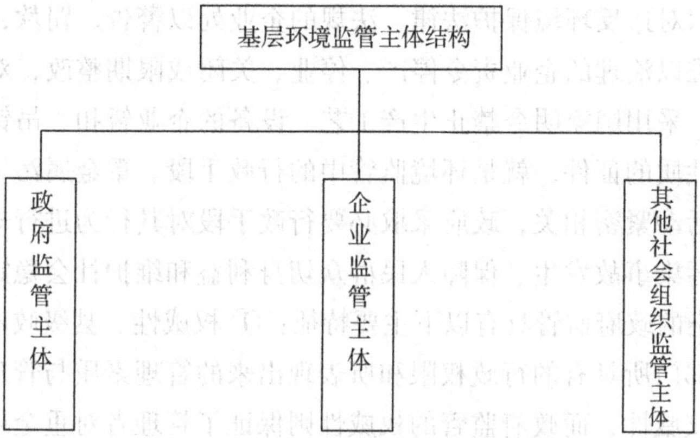

图 7–3　基层环境监管主体结构图

7.2.1　强化政府监管主体指导作用

政府监管又称政府规制或管制，针对重金属污染的政府监管是指县级政府及其环保职能部门为实现本县域环境公共政策目标而对重金属污染企业所进行的规范和制约。在多元基层环境监管主体结构中，政府不再是环境监管的唯一主体，但这并不能否认其在纵横联结所结成的环境监管网络中的核心地位。首先，县级政府属于基层公共组织，代表的是县域公共利益。依据现行法律，县级以上各级人民政府及其环境保护行政主管部门对本辖区内的环境保护工作实施统一监督管理。在我国，县级政府及其环境保护行政主管部门从探索基层环保工作的规律出发，以可持续发展战略为导向，通过一系列管理对策和措施的运用，履行环境监管的职责，从而达到有效控制重金属污染、预防县域生态破坏的目的。“政府在政策管理、规章制度和增强全社会凝聚力方面更胜一筹”（汪大海,2009）。其次，县级政府在基层环境监管中承担着“元治理”的角色。县级政府与其他环境监管主体地位不同，县级政府所拥有的权责类型和基于环境监管网络核心地位所产生的影响是其成为其他环境监管主体管理者的本质因素。政府监管决定着企业自我监管和其他社会组织监管的基本内容、基本性质与基本方向，决定着基层环境监管体制的运行状况和基层环境监管目标的实现程度。

政府监管是一个具有目的性的管理过程，需要运用国家授予的行政权限对管理对象施以控制（张成福和孙柏瑛，2009）。例如，县级政府及其环境保护行政主管部门对违反环境保护法律、法规的企业处以警告、罚款，对造成重金属污染而又难以治理的企业责令停产、停业、关闭或限期整改，对违反污染强制淘汰制度，采用国家明令禁止生产工艺、设备的企业暂扣、吊销许可证或其他具有许可性质的证件，就是环境监管中的行政手段。重金属污染与县域工业企业的生产活动紧密相关，政府采取必要行政手段对其行为进行规制或管制是预防重金属污染事故发生、保障人民群众切身利益和维护社会稳定的关键。针对重金属污染的政府监管具有以下主要特征：① 权威性。县级政府及其环境保护行政主管部门所具有的行政权限和所表现出来的管理素质与管理才能决定了政府监管的权威性，而政府监管的权威性则保证了管理者对重金属污染企业所采取行政手段的有效性和该企业对管理者所发出行政指令的完全接受。因此，提高管理者的权威有利于政府监管工作的顺利开展。② 强制性。县级政府及其环境保护行政主管部门以行政命令、指示、规定等方式对重金属污染企业所进行的指挥和控制决定了政府监管必然具有强制性。然而，政府监管的强制性与法律实施的强制性有所不同：前者通常仅对特定的部门或对象有效，且不排斥实现方式上的灵活多样；后者强调对管理子系统和所有个体的一致性，且法律规范只能由国家执法机关来实施，其强制程度明显较高。③ 具体性。政府监管的具体性表现在以下三个方面：首先，行政命令、指示、规定所针对的对象都是本辖区内的重金属污染企业；其次，行政命令、指示、规定的内容都是县级政府及其环保职能部门运用国家授予的行政权限对管理对象施以控制；最后，行政命令、指示、规定实施的方式和方法因具体情况不同而不断变化，这就决定了行政命令、指示、规定具有较强的时效性且往往只对某一特定对象有用。④ 无偿性。县级政府及其环境保护行政主管部门可根据本县域环境保护目标要求和重金属污染防治的需要，调动、使用所管辖范围内的人、财、物和技术，统一安排重金属污染企业的生产、开发行为或通过强制性权力进行直接管制而不实行等价交换的原则，所以政府监管又具有明显的无偿性特征。

县级政府及其环保职能部门依据法律和行政法规对本辖区的环境保护工作实施统一监督管理，目的在于贯彻、执行各项环境管理制度，履行环境监管职责，实现县域经济的持续增长、环境质量的改善和社会福利的提高。针对重金属污染的政府监管包括：① 环境规划。为使环境与经济社会协调发展而由县级环境保护行政主管部门代表本级政府制订的重金属污染防治总体规划，是从时间和空间的角度对县域重金属污染问题的解决所进行的合理安排。县域重金属污染防治总体规划是县域环境规划的有机组成部分，是协调县域经济发展同环境保护关系的重要手段，是实现环境目标管理的基本依据。② 环境监测。环境监测是县级环境保护行政主管部门运用理化科学技术方法监视和检测全面反映环境质量和污染源状况的各种数据的全过程。针对重金属污染的环境监测包括定时、定点地监视和检测本辖区内重金属污染源排放情况并分析该污染物超标程度与频率的常规监测，测定重金属污染事故造成危害程度和范围的污染事故监测，以及探索重金属污染物迁移、转化规律，从而寻求企业排污同生产内在关系的研究性监测。③ 环境统计。环境统计是县级环境保护行政主管部门根据本区域环境保护工作的需要，为取得和提供统计资料而进行的活动。针对重金属污染的环境统计包括采用统计报表和专门调查等方式获取重金属污染源基本数据信息的环境统计调查，保证统计数据科学性和准确性的环境统计整理，以及揭示县域工业数量变化、类型特点、生产特点、分布特点和重金属污染事故频发内在联系的环境统计分析。④ 环境监察。环境监察是县级环境保护行政主管部门环境监察机构依法对本辖区内一切单位和个人贯彻、执行环境保护法律、政策、制度的情况进行现场监督、检查的活动。针对重金属污染的环境监察主要是指对重金属污染项目进行信息搜集、现场监察、认定处理、定期复查和总结归档，对重金属污染企业的生产、开发行为进行现场执法监督检查、执法纠正和执法惩戒，以及对遭受或可能遭受重金属污染的重点生态功能区、重点资源开发区和生态良好区域进行生态环境监察。

7.2.2 发挥企业监管主体能动作用

企业监管又称企业自我监管，针对重金属污染的自我监管是指企业为协调发展生产同保护环境的关系而对自身环境行为所进行的限制和约束。重金属污染与企业的生产活动紧密相关。重金属污染企业通过对县域资源、能源的开发、开采，为社会提供各种所需的物质资料并取得经济利益，然而重金属污染企业却又不能彻底消耗或无害转化从县域环境中所获取的物质与能量，这部分不被利用的物质与能量通过一系列的生态过程导致重金属污染的产生，而环境污染反过来又给企业生产活动的正常进行带来了不利影响。企业自我环境监管既是企业管理不可或缺的有机组成部分，同时也是国家环境管理顺利开展的方式和途径。随着我国经济改革的深入，强调企业自我环境监管不仅能够促使企业生产目标与环境目标的统一，而且与企业现代化的要求完全一致（睢晓康和江皓波，2010）。另外，事权与财权的高度不对称和转移支付制度的不完善也使财力有限的县级政府无法仅依靠增加环保投资来完成污染治理的任务。因此，强化企业自我环境监管是合理开发、利用县域资源、能源，保护、改善县域生活环境和生态环境，防治重金属污染和其他公害，实现县域经济和社会持续、稳定发展的必然选择。企业自我环境监管的核心就是要：以环境科学理论为基础将环境保护引入企业经营管理的全过程，从而对损害环境质量的活动进行限制，并使重金属污染防治成为企业的重要决策因素；结合本企业技术改造和设备更新情况研究环境对策，通过循环利用或清洁生产减少重金属污染物的排放，改善县域环境质量，实现县域生态文明；推动对企业员工的环保宣传和引导，建立强有力的环境管理体系，树立“绿色企业”的良好形象。

企业自我监管的首要问题是如何正确处理实际监管过程中“上下左右”的关系问题。“一人主管，分工负责”和“职能科室，各有专责”的组织结构形式从根本上保证了企业环境保护工作的有效实施。所谓“一人主管，分工负责”是指企业法定责任者主管，其他主要责任者在分管范围内负责相应的环保工作；所谓“职能科室，各有专责”是指企业环境保护机构和各职能科室各司其职，明确各自应负的环境保护责任。面对日益严格的环境法规和标准，重金属污染企业需设置由企业法定责任者主管、相关责任者直接负责的专职环保机构以加强企业内部的环境监管。企业环境管理机构是归口管理环境的职能机构，依据环境保护部门所提出的环境质量目标进行各项管理工作；环境监测机构负责企业所排放重金属污染物及周边环境质量变化情况的监视和检测，并定期向环境管理部门报告；科研机构是承担企业环境科研任务的独立部门，主要负责企业重金属污染治理方面的技术性难题。企业环境管理机构、环境监测机构和环境科研机构是一个有机联系的整体，重金属污染问题的妥善解决和企业自我监管的有效开展需要三者的紧密协作与相互配合。与职权、职责不同，职能指的是通过职权的运用和职责的履行而发挥出事物的某种作用或功能（李万新，2008）。重金属污染企业依据法律规定并遵循企业管理的共同原则所设置的环境保护机构，其职能可以概括为：①“规划、参谋”，即掌握企业环境保护现状和生产经营过程中重金属污染的形成规律，为管理者在环境决策方面提供依据并使重金属污染控制及改善环境质量的各项任务具体、明确。②“组织、协调”，即企业环境保护机构发挥组织、协调作用，将各职能科室的环保工作联系起来，综合平衡重金属污染防治计划，防止脱节；③“监督、考核”，即通过对重金属污染源及其周边环境质量的监控，监督环境保护法律、法规的贯彻执行，并根据污染控制指标的要求对相关岗位进行考核。

针对重金属污染的企业自我监管应当遵循以下基本原则：① 自我环境监管必须由企业法定责任者主管，各级部门权限、职责明确，建立并健全岗位责任制；② 自我环境监管必须贯穿于企业生产的全过程，必须协调发展生产同保护环境的关系，实现经济效益与环境效益的统一；③ 自我环境监管必须同企业管理相结合，必须紧密联系企业环境计划管理、环境质量管理和环境技术管理，提出恰当的环境管理目标；④ 自我环境监管要以预防为主，坚持管治结合，把环境管理放在首位，充分发挥企业的管理职能，选择最佳的综合防治方案；⑤ 自我环境监管要以区域环境监管为基础，根据区域环境容量与目标，制订科学的企业环境保护计划，并以此来加强重金属污染防治工作。针对重金属污染的企业自我监管包括：① 组织污染源调查，掌握企业原材料、能源的消耗情况和重金属污染物的排放现状，定期进行环境监测，开展环境统计，做好企业的环境质量评价；② 将重金属污染防治同企业发展、企业技术改造和企业设备更新结合起来，从节约和利用自然资源入手，严格执行环境影响评价制度，调整产品结构，采用技术先进的净化处理设施，实现达标排放；不断进行技术改造，提高资源、能源的利用率，最大限度地把重金属污染物消除于生产过程中；淘汰严重污染环境的陈旧设备，取而代之以无污染、少污染的新型设备，从根本上抑制生产活动中重金属污染物的产生；③ 建立完善的企业环境管理制度，明确企业环境保护机构和各职能科室的职责，并经常督促检查；④ 组织开展环境科学技术研究，加强环境保护技术情报交流，积极试验防治重金属污染的新技术，推广国外先进的治理经验；⑤ 搞好环境教育和技术培训，提高企业职工的环境意识，增强企业职工保护环境的主动性和责任感，使重金属污染防治的实际需要与企业职工工作岗位的基本要求相对应。

7.2.3 增强其他社会组织监管主体促进作用

其他社会组织监管又称非政府组织监管，针对重金属污染的其他社会组织监管是指独立于政府和市场之外，具有较强专业性和自愿性，以促进公益进步为活动宗旨的非政府组织对重金属污染企业所进行的环境监督与管理。20 世纪 90 年代以来，县域重金属污染问题日趋突出，重金属污染严重影响和破坏了县域生态环境，造成大气环境质量下降、水体使用价值降低和土壤理化性质改变。政府监管是县级政府及其环保职能部门为实现本县域环境公共政策目标而对重金属污染企业进行的规范和制约。针对重金属污染的政府监管必不可少，政府采取必要行政手段对企业行为进行规制或管制是预防重金属污染事故发生、保障人民群众切身利益和维护社会稳定的关键。然而，由于重金属污染的区域性、复杂性和特殊性，以及县级政府环保职能部门本身所固有的局限性，仅仅依靠政府监管往往难以取得令人满意的效果。环境非政府组织以利他主义为价值取向，具有内部规章制度，实行自我管理，能够弥补、充实政府组织的不足，发挥积极的作用（宋万忠，2008）。本书认为，关于环境非政府组织行使监管、管理职能的依据是来源于国家的授予还是产生于特定组织内部不能一概而论。对公共环境事务管理而言，非政府组织行使监管职能应由法律授权或政府委托，即该项职能的行使是公权力，凡法无明文规定的不得为之；对组织内部事务管理而言，由于非政府组织具有较强的自治性而仅需在成员间达成合意的章程上注明即可，即私权利的行使以法律不禁止为前提（邓智明，2002）。实际上，许多环境非政府组织的章程或规则都涉及环境事务监督、管理的部分内容，这些具有法定效力的规定也在一定程度上反映了政府对其职能的认可。可见，针对重金属污染的非政府组织监管的依据主要有以下三种：法律、法规或规章的授权，县级政府及其环保职能部门的委托和环境非政府组织的章程、规则。

在针对重金属污染的社会监管中，环境非政府组织主要有以下三种不同的法律地位和身份：首先，作为行政相对人。环境非政府组织与县级政府及其环保职能部门共同构成行政法律关系主体，前者作为行政相对人处于被管理的地位，后者为行政主体。环境非政府组织具有法人或其他组织的资格，享有监督登记管理机关与业务主管单位的权利，请求司法救济的权利和请求受偿的权利。同时，环境非政府组织必须遵守环境法律、法规，协助县级政府及其环保职能部门管理其他社会成员和服务，维护政府监管的权威，服从行政命令、指示和规定。其次，作为准行政主体。经法律、法规的授权或县级政府及其环保职能部门的委托或依据经批准的章程的规定，环境非政府组织对重金属污染企业进行监督、管理，可以作为准公共管理主体。具体来说，环境非政府组织享有制定章程或规约、按照章程开展活动和进行自律管理的权力。同时，环境非政府组织必须履行协助县级政府及其环保职能部门指导重金属污染防治工作、向有关部门及时反映情况并提出污染防治建议、接受委托办理特定专门事项的职责。最后，作为民事主体。对重金属污染企业进行监督、管理的环境非政府组织作为民事主体时须区分不同的情况：如果环境非政府组织是依法经核准登记的法人，则其就能够在实际监管过程中独立享有民事权利并承担民事义务；如果环境非政府组织未取得法人资格而具有合伙性质，则其须对实际监管过程中所产生的债务负无限连带责任；如果环境非政府组织未取得法人资格而仅为个体性质，则其须对实际监管过程中所形成的债务承担无限责任。

在针对重金属污染的社会监管中，环境非政府组织作为县级政府及其环保职能部门的重要补充，其作用主要体现在以下几个方面：① 参与特定县域重金属污染防治政策制定与执行的监督。重金属污染的形成要经过一系列的生态过程，环境非政府组织具有深厚的民间基础和广泛的沟通渠道，能够通过实际调查、研究分析和客观评价，对重金属污染防治提出专业化的政策建议，推动政府环境政策的调整，担当重金属污染防治政策促进者与监督者的角色。② 动员更多的社会力量参与重金属污染防治工作。重金属污染是县域工业从事生产活动排放的污染物给不特定人群身体健康或其他具有价值的物质带来不良影响的现象，针对重金属污染的社会监管需要整个社会的参与，环境非政府组织的民间特征和政府组织所持的积极态度使其能够较容易地组织到更多的社会力量参与环境事务。③ 提高公众的环境保护意识。环境非政府组织运用自身优势，开展环保知识的宣传、教育，向社会公众提供有价值的环境信息，组织保护生态环境的专项活动，并通过多种形式与社会公众进行互动，增强其环境保护意识，预防重金属污染。④ 代表污染受害者维护其正当权益。重金属污染受害者在与排污主体交涉过程中经常处于不利地位，其环境知情权、参与权、监督权等合法权益易被忽视和侵犯。具有专业技术优势和团体优势的非政府组织根植于基层，是维护社会公众环境权益的重要力量（洪进等，2010）。一方面它能够为污染受害者提供法律援助并支持其提起民事赔偿诉讼；另一方面，它又能够通过多种途径将污染受害者组织起来向县级政府及其环保职能部门施加压力，迫使其满足受害者的合理要求。⑤ 从事其他具体的环境保护活动。环境非政府组织积极参与环境保护活动，揭露重金属污染事件以引起社会关注，并通过促使政府尽快采取措施遏止破坏环境的生产经营行为，全力争取来自各方面的资金和技术支持，开展污染恢复治理工作，来推动重金属污染问题的根本解决和县域环境目标的最终实现。

7.3 基层环境监管方式改进

重金属污染是县域工业企业从事生产活动排入周边环境中的重金属污染物因其数量或强度超出环境自净能力而导致环境质量下降，并给特定人群或其他具有价值的物质带来不良影响的现象。重金属污染使县域居民身体健康状况恶化，急慢性中毒症状出现，疾病发病率上升，农作物产量与质量下降。

开展基层环境监管，改善县域环境状况，预防重金属污染，离不开科学合理的监管体制。在横向体制上，我国基层环境监管实行了“县级人民政府环境保护行政主管部门统一监督管理和各有关部门分工负责相结合”的管理形式，即县级环境保护行政主管部门对本辖区的环境保护工作实施统一监督管理，县级土地、矿产、水利、卫生、公安行政主管部门依照相关法律规定负责本系统内部的环境与资源监督管理工作。然而在环境保护横向管理方面，环境保护行政主管部门与其他部门之间协调不顺，导致针对重金属污染企业的监管陷入混乱，内聚力受到削弱，效率低下，“统管——分管相结合”的横向体制未能有效建立起来（杜万平，2002）；在纵向体制上，县级环境保护行政主管部门要受本级人民政府和上一级环保机构的双重领导。一方面，县级人民政府对本辖区的环境质量负责，而县级环境保护行政主管部门正是代表同级政府行使环境监督管理权的职能部门；另一方面，县级环境保护行政主管部门又受上一级环保机构的业务指导，按照统一部署开展各项工作。然而在环境保护纵向管理方面，双重领导的作用有限，导致针对重金属污染企业的环境监管难以有针对性地进行且极易受到人为因素的干扰，环境监管的独立性和公正性受到挑战。因此，以新公共管理理论为指导，改变“条条”“块块”相结合基层环境监管体制，打破单一、固化、低效的传统型监管手段有必要依据重金属污染的发生地域和发生环境改进基层环境监管方式，通过区域监管、专项监管、流动监管和协议监管等多种途径规制企业行为，防治重金属污染，保护县域环境（如图7–4所示）。

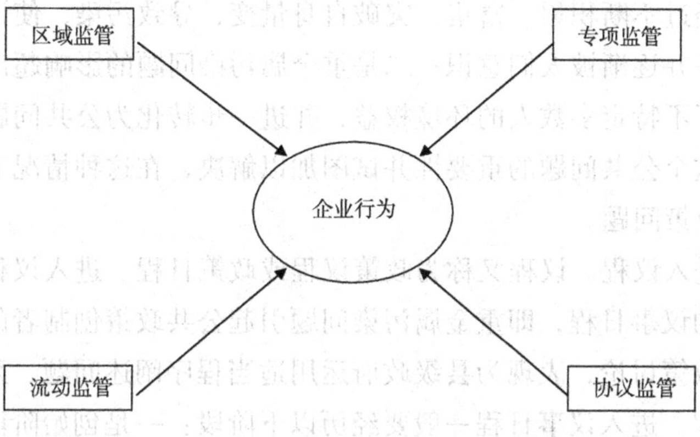

图 7–4　基层环境监管方式示意图

7.3.1　结合实际完善区域监管

重金属污染与县域有着特殊的联系，县域是重金属污染发生的天然土壤；重金属污染又与县域工业企业紧密相关，污染的频发与县域工业企业的数量变化、类型特点、生产特点和分布特点相对应，县域工业企业是重金属污染发生的天然动力。区域监管即行政区域监管，针对重金属污染的区域监管是指以县级政府环境保护行政主管部门为监管主体所进行的、以解决本县域内重金属污染问题为主要内容的环境监管。本书认为，结合新公共管理理论的区域监管应当是重金属污染防治政策制定职能与执行职能相分离，通过授权或分权的方式调整县级政府组织内部层级关系并建立以环境保护行政主管部门为主导的重金属污染防治专项领导与协调小组，纵向管理体制通畅，横向管理权限分明的环境监管。

7.3.1.1 县域重金属污染防治政策的制定

县域重金属污染防治政策的制定属于县域公共政策制定的范畴，应当遵循县域公共政策制定的一般程序，具体包括以下几个方面：

首先，形成政策问题。政策问题的形成是政策制定的首要步骤，对重金属污染所造成县域生态系统组成、结构和功能的改变以及重金属污染给人体健康或其他具有价值的物质带来不良影响的确认是县域重金属污染防治政策有效制定的前提。该政策命题的形成经过了这样一个“问题链”：一是重金属污染问题的存在，即县域工业企业从事生产活动所排放的重金属污染物在进入周边自然环境后，经过不断积累、富集，突破自身量变，导致污染，使该环境处于持续污染的状态并逐渐被人们意识；二是重金属污染问题的影响超出了当事人的预期，损害了不特定多数人的环境权益，并进一步转化为公共问题；三是政策主体意识到这个公共问题的重要性并试图加以解决，在这种情况下，公共问题最终转化为政策问题。

其次，进入议程。议程又称为政策议程或政策日程。进入议程是指政策命题进入政府的议事日程，即重金属污染问题引起公共政策创制者的深切关注并被正式提起政策讨论，表现为县级政府运用适当程序阐述问题、采取行动和进行决策的过程。进入议事日程一般要经历以下阶段：一是创始阶段，即陈述重金属污染问题并界定其本质，提出政策命题和基本方案，该阶段由政府、企业、公众和相关问题构成；二是解释阶段，即政府决策人员和专业分析人员解释该项政策命题提出的理由；三是扩散阶段，即平衡方案引起的利益变动，说服有表决权的决策主体积极支持所提出的政策命题；四是进入阶段，即检验、修正、通过已成熟的政策命题，正式进入议事日程。

再次，草拟政策。草拟政策是指政策制定者采用相关技术方法分析政策问题的成因与程度，找出解决对策，并形成政策具体内容的过程。具体来说，这一过程就是县级政府为解决因县域工业企业生产活动而造成的重金属污染问题，依据一定的程序步骤，设计并获取一种切实可行的解决方案或计划的过程。从草拟政策这一步开始，县域重金属污染防治政策的制定就进入到了实质性阶段，其整个过程可分为：制定程序，即针对重金属污染防治政策的制订设计工作计划，以辅助政策制定的有序开展，避免陷入随意和混乱；设计方案，即准确分析该政策问题的现状和原因，充分运用定性与定量研究方法和手段，列出一切可能的解决方案并进行对比性评价；选择方案，即具有决定权的政策决策者，依据可行性原则和优化原则，从备选方案中确定一个方案作为解决问题的依据以最大限度地实现既定目标。

最后，政策讨论和政策通过。政策讨论与通过的过程是多方利益集团和政府官员在共同组建的平台上不断进行讨价还价、竞争和妥协的过程。政策讨论与通过合在一起实现了政策合法化，县域重金属污染防治政策的合法化则是指经政策规划确定的重金属污染防治政策方案获得了被认可的合法地位，具有了社会权威性和约束性，并被最终采纳和运用。一般而言，政策合法化包括主体的合法化，即只有法定主体才能从事县域重金属污染防治政策的制定活动，或者说，只有县级政府才具有本辖区重金属污染防治政策的制定职能；程序的合法化，即县域重金属污染防治政策的制定必须符合法定程序；内容的合法化，即县域重金属污染防治政策的内容必须同国家法律保持一致。

7.3.1.2　重金属污染防治专项领导与协调小组的成立

结合新公共管理理论的区域监管应当是重金属污染防治政策制定职能与执行职能相分离的环境监管，即政府政策组织应严守重金属污染防治政策制定职能，给予政策执行部门或规制组织较大的灵活性与自主性，并通过公共政策合理引导其积极承担环境事务，从而将执行职能从政策组织部门分离，以达到缩小规模、减少开支和提高效率的目的。然而在我国目前的基层环境监管中，地方政府的政策制定职能与执行职能并未完全分离。偏颇的发展观与政绩观，事权、财权划分的不合理和地方保护主义使地方政府以各种理由干预、限制、阻扰环境保护部门正常的监督管理和政策执行活动。因此，本书认为应通过授权或分权的方式调整政府组织内部层级关系并建立重金属污染防治专项领导与协调小组，以保证县域重金属污染防治政策的顺利执行和环境监督管理工作的有效开展。

重金属污染防治专项领导与协调小组成立的途径有以下两种：一是县级政府直接设立重金属污染防治专项小组，该专项小组由县级环境保护行政主管部门和其他依照法律规定负责本系统内部环境与资源监督管理工作的部门构成；二是县级政府授权环境保护职能部门组建以该部门为中心，其他依照法律规定负责本系统内部环境与资源监督管理工作的部门参与的重金属污染防治专项小组。无论以哪种方式设立的专项小组，其权力均由各部门本身所具有的环境监督管理权力和政府授予的其他权力两部分组成。其中，政府授予的其他权力主要是指给予环境保护行政主管部门在专项小组中的领导地位和承认其在重金属污染防治过程中的组织、整合与协调作用。重金属污染防治专项领导与协调小组是一种以问题为导向，具有权变特征，既能够及时适应时代变化并满足县域经济发展需求，又能够有效执行环境政策并提高基层环境监管水平的弹性化组织，是为解决基层环境监管常设机构中的僵化问题而灵活地对所面临的环境危机和新出现的挑战做出的回应，是为避免依照法律规定负责本系统内部环境与资源监督管理工作的县级土地、矿产、水利、卫生、公安等部门与环境保护行政主管部门之间协调不顺，职责、权限划分不清而导致基层环境监管陷入混乱，内聚力受到削弱，效率低下的必然选择，是县级政府为遏制重金属污染事故多发态势、改善区域环境质量而快速反应，并通过授权、分权的方式建立专门机构，以调整组织内部层级，防止滥用公共权力，稳定实现职能目标的有力途径。

重金属污染防治专项领导与协调小组属于自我包含的部门结构这一组织类型。专项领导与协调小组是为执行重金属污染防治任务和改善县级政府组织内部层级关系而专门设立的分支部门，它不仅能够将环境监督管理职能从政策制定部门中分离，而且能够通过协调、整合各监管单位之间的关系来获取完成任务所必需的资源和专才。专项小组并不排斥传统功能分部化的组织结构，而仅是对原组织形式进行一定的调整以适应外界环境的变化和重金属污染防治的具体要求。专项小组目的明确，具有适度的弹性和自主性，能够随机制宜做出正确的决策，并接受来自上层控制系统的绩效监督。此外，重金属污染防治专项领导与协调小组的组织结构还兼有扁平形组织结构的部分特征，主要表现在：专项小组组织结构的构建以县域重金属污染防治工作开展的流程为中心，而不是围绕依照法律规定负有环境监管管理职责的职能部门来进行；这种加强县级环境保护行政主管部门在专项小组中领导地位并发挥其在重金属污染防治过程中对其他部门组织、整合与协调作用的组织结构特点符合扁平形组织结构扩大管理幅度、改善部门间沟通的基本要求；这种实行目标管理，同时给予环境保护行政主管部门和其他依照法律规定负责本系统内部环境与资源监督管理工作的县级土地、矿产、水利、卫生、公安等部门充分自主权以提高专项领导与协调小组管理效率的权力配置方式体现了扁平形组织结构灵活、富有弹性和创造性的内在本质。

7.3.1.3 纵向管理体制通畅、横向管理权限分明的区域监管

结合新公共管理理论的区域监管还应是纵向管理体制通畅、横向管理权限

分明的环境监管。所谓纵向管理体制通畅，是指：县级政府严守重金属污染防治政策制定职能而不干预、限制、阻扰职能部门的具体管理工作；通过授权或分权的方式调整县级政府组织内部层级关系并建立以环境保护行政主管部门为主导的重金属污染防治专项领导与协调小组以加强基层环境监管；同时，县级政府能够直接或间接地监督重金属污染防治专项领导与协调小组并给予反馈。所谓横向管理权限分明，是指：建立重金属污染防治专项领导与协调小组推动县级环境保护部门和其他部门之间的合作；县级环境保护行政主管部门和其他依照法律规定负责本系统内部环境与资源监督管理工作的县级土地、矿产、水利、卫生、公安等部门通过协商达成协议，以明确各自的职责、权限范围；处于权力流和信息流交换的中心位置，具有处理复杂与突发事件的能力且掌握组织资源的县级环境保护行政主管部门负责重金属污染防治专项领导与协调小组的所有活动；建立适当的决策程序使专项小组内部各个部门尤其是处于专项小组从属地位的县级土地、矿产、水利、卫生、公安部门有机会对组织的提议进行审议。

7.3.2　明确目标开展专项监管

环境管理实践表明，合理、有效的管理是从具体情况出发随机制宜、因势而变的管理而不能凭主观臆断行事。权变管理要求管理者重视环境问题的区域性，辩证地对待环境管理理论，坚持以客观实际为依据，采取统一管理与灵活管理相结合的方式，在充分认识制度环境、文化环境特点的基础上，实现管理思路、技术和方法的创新（郁建兴和吴福平，2003）。针对重金属污染的专项监管，是指由上级环境保护部门发动并通过县级环境保护部门所进行，以解决该县域内重金属污染问题为主要内容的环境监管。本书认为，结合新公共管理理论的专项监管应当是放松严格行政规则而强调权变思想在重金属污染防治中的运用，实施明确的绩效目标控制，并通过上下级环境保护行政主管部门之间的协作来实现的环境监管。

7.3.2.1　强调权变思想在重金属污染防治中的运用

新公共管理反对传统公共行政照章办事、循规蹈矩、轻绩效测定与评估的做法，认为这样不仅会加重政府公共服务的成本，降低效率，而且容易滋生政府的官僚主义和腐败，导致政府与公众的对立和摩擦，影响社会整体利益。新公共管理认为，尽管各种规章对组织的运行必不可少，然而过于刻板的规章却会适得其反。它们不仅会降低政府的办事效率，使其难以对迅速变化的环境做出反应，而且能够使时间、精力与资源的浪费和固定化、格式化的理解与执行成为组织结构的固有组成部分。我们接受规章以防止发生坏事，但完全局限于旧有模式去思考问题同样会妨碍好事的出现（罗伯特，2007）。因此，新公共管理主张放松严格的行政规则，解除各种繁文缛节的制约，因地制宜，实行严明的绩效目标控制，从而使政府活动更具有效率和效能。

20 世纪 60—70 年代诞生于西方国家的权变理论强调根据环境的改变采取不同的管理方法和手段。权变管理理论认为一成不变、普遍适用的管理模式并不存在，管理者必须随机应变，及时调整组织结构与管理对策，以适应内外部环境的变化。美国管理学家卢桑斯将管理与组织环境联系起来，并试图通过一种函数关系来说明组织所处环境的改变对管理方式和技术的影响。假设 X 为环境自变量，Y 为管理因变量，那么这种函数关系则可用数学公式表示为：

$$Y=F(X)$$

权变管理就是要求组织根据该函数关系来选择合理的管理思想、方法和技术。由此可见，以系统观点为基础的权变理论，要求认识组织所处的内外部环境条件，以做到随机应变地处理问题，并最终提出适合具体情境的管理活动。

结合新公共管理理论的专项监管首先应当是放松严格行政规则而强调权变思想在重金属污染防治中运用的环境监管。各级环境保护行政主管部门依据法律和行政法规，在同级人民政府的领导下，对本辖区的环境保护工作实施统一监督管理，贯彻、执行各项环境管理制度，开展环境规划、环境监测、环境统计和环境监察，履行环境监管职责。值得注意的是，与一般环境污染有所不同，重金属污染具有显著的区域性、突发性和复杂性，且重金属污染的形成要经过一系列的生态过程。这就要求上级环境保护部门放松严格的行政规则而坚持以客观实际为依据，采取统一管理与灵活管理相结合的方式，将权变思想应用于重金属污染防治，开展以综合整治为目的的专项监管，实现管理思路、技术和方法的创新。

7.3.2.2 强化对县级环境保护部门的绩效评估

强化对县级环境保护行政主管部门的绩效评估，实施明确的绩效目标控制。绩效评估是评估主体运用科学的方法和程序对公共部门的工作绩效进行衡量与评价的专业性管理活动，它是整个绩效管理的核心组成部分。正如美国学者马克·霍哲所说，评价组织机构目前的业绩或者将该组织机构的业绩与其他机构相比以判断声称目标的实现程度，业绩评估不仅是有效的而且应当作为一个衡量程序的过程。公共部门绩效评估的内涵主要涉及以下方面：首先，关于绩效评估的内容。绩效评估的内容是组织绩效。组织绩效是一个综合性的概念范畴，它始终围绕效率、效果和公正等方面展开。与传统行政效率强调组织经济成本和经济效益不同，公共管理中的公共部门绩效更注重公共服务的质量与顾客的满意度。其次，关于绩效评估的主体。绩效评估的主体可分为：① 内部绩效评估主体，即公共部门自身作为评估者；② 外部绩效评估主体，即为保证绩效评估的专业性和公正性而由公共部门外部的专家、学者和机构来担任评估者。最后，关于绩效评估的结构要素。由于公共部门绩效评估的内容广泛，因此绩效评估的顺利开展不仅需要相应的组织条件，而且必须具备包括绩效评估目标、指标、制度安排和信息系统在内的基本结构要素。

根据法律规定，县级环境保护行政主管部门受本级人民政府和上一级环保机构的双重领导。一方面，县级人民政府对本辖区的环境质量负责，而县级环境保护行政主管部门正是代表同级政府行使环境监督管理权的职能部门；另一方面，县级环境保护行政主管部门又受上一级环保机构的领导，按照统一部署开展各项工作。针对重金属污染的专项监管正是由上级环境保护部门发动并通过县级环境保护部门所进行的以解决该县域内重金属污染问题为主要内容的环境监管。而结合新公共管理理论的专项监管则要求上级环境保护部门强化对县级环境保护部门的绩效评估，实施明确的绩效目标控制。该绩效评估的实施过程包含以下几个步骤：首先，确立评估目标和评估对象，即以防治重金属污染，实现县域经济和社会持续、稳定发展为评估目标，以县级环境保护行政主管部门为评估对象。这是上级环境保护部门开展绩效评估的前提和基础。其次，制订评估方案，即拟订包括评估周期、内容和指标在内的评估计划，以指导具体评估工作。第三，下达评估通知书，即评估主体向评估对象下达评估工作通知书。第四，评估主体广泛收集评估对象的绩效资料，并制定评估计分标准。最后，评估主体进行评议，听取专家意见并撰写评估报告。评估报告是上级环境保护部门为解决县域内重金属污染问题而加强对县级环境保护部门绩效评估的最终成果的体现。

7.3.2.3 垂直型协作监管的开展

针对重金属污染的专项监管要通过上下级环境保护行政主管部门之间的协作来进行，这是因为：一方面，县级环境保护行政主管部门依照法律和行政法规，在县级人民政府的直接领导下，对本辖区的环境保护工作实施统一监督管理，保护、改善生活环境和生态环境，促进自然资源的合理开发、利用，防治重金属污染和其他公害，实现县域经济和社会持续、稳定发展；另一方面，重金属污染又是一个由多种具有因果关系的系统组成的连续过程，它的形成与县域环境系统的结构特点紧密相连。在生产系统中，重金属污染企业通过对县域资源、能源的开发、开采，为社会提供各种所需的物质资料并取得经济利益；在转化系统中，重金属污染企业却又不能彻底消耗或无害转化从县域环境中所获取的物质与能量，这部分不被利用的物质与能量，通过一系列的生态过程最终导致重金属污染的产生。重金属污染的生态过程包括重金属污染物的扩散——混合过程、吸附——沉淀过程、吸收——摄取过程和积累——放大过程。由于不同的过程需要采取不同的监测手段并投入不同的监测设备，这就决定了重金属污染视角下的基层环境监管要求县级环境保护行政主管部门遵循重金属污染生态过程的演化规律，并接受上一级环境保护机构的领导。因此，由上级环境保护部门发动的针对重金属污染的专项监管需要借助县级环境保护部门的协作来实现。也就是说，在专项监管过程中，处于不同层次的环境保护部门之间存在着彼此协作的关系。

值得注意的是，强调上下级环境保护行政主管部门之间协作的专项监管不同于目前所提倡的环保部门垂直管理思路。由上级环境保护部门发动的专项监管，其目的在于解决特定县域内的突出环境问题。所以，上级环境保护部门以此为依据同县级环境保护部门之间的协作属于垂直型协作管理的范畴，比如省市县三级环境保护部门联合行动清理重金属污染源，淘汰落后生产技术设备，开展重金属污染治理与修复等。环保部门垂直管理，无论是中央垂直领导还是省内垂直领导，其目的都在于破除地方政府对环保的干预，实现中央政令的畅通，形成标准化的政策执行机制。重金属污染的区域性、突发性和复杂性要求开展以上下级环境保护行政主管部门协作为基础的专项监管，而这也正代表了基层环境监管体制变革的新方向。

7.3.3 加强协作推进流动监管

重金属污染与县域工业企业紧密相关，且污染事故的频发与县域工业企业的数量变化、类型特点、生产特点和分布特点相对应。此外，县级政府的职能错位和地方保护主义的泛滥也在一定程度上起到了放任重金属污染事故发生的作用。因此，针对重金属污染的流动监管是指以上级环境保护部门指派的环境监管机构为监管主体所进行的、以解决特定县域内重金属污染问题为主要内容的环境监管。本书认为，结合新公共管理理论的流动监管应当是克服重金属污染防治过程中的地方保护主义而以公共利益为中心，同时关注解决公平与效率的矛盾，并通过同一层次环境保护行政主管部门之间的协作来实现的环境监管。

7.3.3.1 强调以公共利益为中心

结合新公共管理理论的流动监管首先应当是克服重金属污染防治过程中的地方保护主义而以公共利益为中心的环境监管。地方保护主义的客体是地方经济利益。地方经济利益，并非地方居民共同、根本的集体利益，而是一部门或一己私利。地方保护主义在基层尤为突出，随着权力的下放，县级政府成为县域经济的主导者，其地方保护主义倾向更为明显（解振华，2005）。县级政府往往不会站在其他地区和社会整体利益的立场上长远地考虑问题，相反，总是希望从中快速挖得好处以求本县利益最大化。重金属污染防治过程中的地方保护主义主要表现在：①部分县市党政领导直接充当重金属污染企业的保护人，并通过制定和实行“进厂审签”“预约执法”等土政策为企业提供特殊保护。环保部门则因受制于本地政府而不能正常履行监督管理职责，这就在一定程度上保护了企业的环境违法行为。②部分县市阻挠环保部门依法实施行政处罚。地方党政领导或打着“协调”“合理安排”的幌子，或通过“指示”“批示”“签字”“亲自出面”等方式，软硬兼施，迫使环保部门做出让步，最终造成针对重金属企业环境违法事实的处罚决定不能实现，从而默许了企业对环境的破坏，践踏了市场经济所依赖的法律秩序和公平环境，损害了政府的公信力。③部分县市还干扰环保部门排污费的正常征收工作。地方党政领导采取“监测失误”“重新取样”“重新核算”的花样指责环保部门，或通过“越权指挥”“直接下文”的方式运用手中的权力随意发号施令，使违法超标企业的排污费得以减、免，或分期、延期缴纳。这种包庇纵容行为造成环保部门所征缴排污费的数额严重不足而无法承担具体的污染治理和环境修复任务，同时也使重金属污染企业的违法超标排放行为更加肆无忌惮（陈锦平，2006）。地方保护主义根深蒂固正是重金属污染问题不能得到根本解决的重要原因。

针对重金属污染的流动监管是以上级环境保护部门指派的环境监管机构为监管主体所进行的、以解决特定县域内重金属污染问题为主要内容的环境监管。一般而言，上级环境保护部门以行政命令的形式指派的环境监管机构多为处于同一层次的其他县级环境保护部门，该环境保护部门因接受指定而取得特定县域环境监督管理主体的地位，它以解决特定县域内的重金属污染问题为主要目的，并由上级环境保护部门直接领导。相对于特定县域原有的环境监管部门来讲，上级环境保护部门指派的环境监管机构多具有非正式性、临时性和流动性的特征。因此，针对重金属污染的流动监管能够改变以政府为权力垄断者传统基层环境监管体制的主体中心主义，而主体的弱化和边缘化则使地方保护从根本上丧失发生的根据。结合新公共管理理论的流动监管强调以公共利益为中心，把公众的满意度作为评价标准，在重金属污染监管过程中迎合公众的要求和意志，增加监管行为的透明度并接受公众的监督，降低权力异化和牟取私利的可能，从而树立环保部门的权威与公信力。尽管任何时候地方利益或局部利益都不可回避，但在流动监管体制下，公共利益的最高性就会得以维护。

7.3.3.2 关注解决公平与效率的矛盾

职能是人、事物、机构应有的作用或功能。基层环保部门的职能，即贯穿于环境监管工作全过程的县级环境保护行政主管部门应有的作用或功能。计划职能是县级环境保护行政主管部门为克服实际工作中的盲目性和随意性而对未来环境监管目标、对策及措施所做出的合理规划与安排；组织职能是县级环境保护行政主管部门为实现环境监管目标而对管理活动中的各种要素、社会各阶层的经济利益关系以及人们之间的分工和协作所进行的合理组织与调配；监督职能是县级环境保护行政主管部门为促使区域环境质量的改善而对各类环境活动所进行的监察和督促；协调职能是县级环境保护行政主管部门为正确处理环境保护同经济建设的关系而对社会各个领域、各个部门以及其他各种横向和纵向关系及联系所进行的最优安排与配合。除以上四种基本职能外，县级环境保护行政主管部门还具有指导和服务两种辅助职能。在传统基层环境监管体制下，效率是基层环境监管所追求的主要目的，而这则需要通过县级环境保护行政主管部门的计划、组织、协调、监督四种基本职能和指导、服务两种辅助职能来实现。实践中，县级环境保护行政主管部门各项职能的完善同样以基层环境监管效率的提高为出发点和最终归宿。

然而，重金属污染的跨界性却进一步期望和要求基层环境监管在追求效率的同时尽可能地实现社会公正。县域生态系统是系统的一种特殊形态，是特定县域范围内生物群落与物理环境彼此作用，并通过物质交换、能量流动、信息传递所形成的具有某种结构和功能的统一体，特定县域生态系统与其他生态系统之间的联系极为紧密。跨界重金属污染，即县域工业企业从事生产活动所排放的重金属污染物进入周边环境后，因其不断扩散、迁移、转化而导致该县域生态系统的结构和功能发生改变，并由此给其他县域不特定人群和生物的生存与发展带来不良影响的现象。跨界重金属污染因涉及不同的行政区域已远远超出单个县域政府的控制范围而成为综合化、社会化的问题和实现社会公平与环境正义的障碍。现行“条条”“块块”相结合基层环境监管体制下以政府为权力垄断者单中心基层环境监管主体结构以及由此形成的单一、固化、低效监管方式，往往使公平与效率无法兼顾，即使在两者之间寻求平衡点的努力也总是难以有所收获。这样一来，针对重金属污染的流动监管就有了公平和效率的双重任务。这种由上级环境保护部门指派，受其直接领导并以解决特定县域内的重金属污染问题为主要目的的非正式性、临时性、流动性环境监管机构，以引导不同县域内的公众环境参与、反映基层群众环境诉求以及其顾客导向的服务方针，能够在降低基层环境监管成本的同时使社会公平与环境正义原则得到更多的体现和落实。

7.3.3.3 水平型协作监管的开展

针对重金属污染的流动监管要通过上级环境保护部门指派的环境监管机构与特定县域环境保护部门之间的协作来进行，而上级环境保护部门以行政命令的形式指派的环境监管机构又多为处于同一层次的其他县级环境保护部门，因此接受指派的环境监管机构与特定县域环境保护部门之间的协作为水平型协作或横向协作，主要表现在：首先，环境监测方面的协作。环境监测是环境保护行政主管部门运用理化科学技术方法监视和检测全面反映环境质量和污染源状况的各种数据的全过程。它通过与特定县域环境保护部门之间的协作，获取常规监测数据，掌握重金属污染源排放的动态变化情况，分析重金属污染物的超标程度和频率，预测环境变化趋势。其次，环境统计方面的协作。环境统计是环境保护行政主管部门根据本区域环境保护工作的需要，为取得和提供统计资料而进行的活动。通过协作，获取环境统计基本数据信息，了解特定县域环境统计指标体系建立的标准和依据，研究该县域经济增长同环境变化之间的内在联系，进而采取有针对性的监管对策，指导重金属污染防治工作；最后，环境监察方面的协作。环境监察是环境保护行政主管部门环境监察机构依法对本辖区内一切单位和个人贯彻、执行环境保护法律、政策、制度的情况进行现场监督、检查的活动。通过协作，将针对重金属污染源的监督检查工作同现场联合执法有机结合起来，从而保证环境监管职责的顺利实现。

尽管接受指派的环境监管机构与特定县域环境保护部门之间存在协作关系，但这并不影响该环境监管机构因接受指定而取得特定县域环境监督管理主体资格，也就是说，接受指派的环境监管机构具有相对独立性，主要表现在：①独立的执法权限，即接受指派的环境监管机构有权对特定县域内重金属污染企业的环境违法行为采取包括行政罚款，责令停产整顿和责令停产、停业、关闭，暂扣、吊销许可证或其他具有许可性质的证件，没收违法所得和没收非法财物，责令限期治理在内的一系列行政处罚措施；②独立的执法地位，即接受指派的环境监管机构由上级环境保护部门直接领导而不受特定县域政府的操控，其人事权和财政权也由上级环境保护部门全权掌握。这就从根本上保证了针对重金属污染企业环境监管的顺利进行而排除任何人为因素和地方保护的干扰，同时也维护了基层环境监管的独立、透明和公正。另外，重金属污染的人为性、突发性和复杂性也要求开展以上级环境保护部门指派的环境监管机构为主导的流动监管，流动监管也为化解县域经济发展同环境保护之间的矛盾提供了全新的思路和途径。

7.3.4 创造条件实施协议监管

协议监管又称契约监管。针对重金属污染的协议监管是指通过县级环境保护行政主管部门与企业之间就重金属污染防治所达成的协议实现监管。协议监管是一种非权力行政管理方式，该协议由县级政府环保职能部门与企业共同制定，以解决特殊环境问题为目的。协议监管又是一种新型环境监管方式，指导、协商、沟通、劝阻在实际监管过程中发挥着重要作用，合作协议不具有强制命令的性质，协议监管可以降低政府环境监管成本，减少监管阻力，企业自愿参与协议则展示了其在环保改进方面的积极性，因此协议的实施能够满足当事人双方的利益要求。协议所确定的义务双方均需承担，协议监管的有效性是双方共同努力的结果，违约将对以后的发展产生消极影响。协议监管具有以下特点：① 企业行为的自主性。在协议监管中，企业具有行为选择的余地，即企业能够在权衡各种利害后依据与政府环保职能部门共同制定的自愿协议约束自身行为并接受监督，这就发挥了企业的主体作用，提高了其预防重金属污染和保护环境的能动性。② 管理方式的民主性。协议监管以自愿协议为基础，同时辅以利益诱导机制，并采取指导、协商、沟通、劝阻等方式对特定行政相对人进行管理，从而达到重金属污染防治的目的。协议监管强调协议双方间的彼此合作和共同努力，而非由政府单方面操纵指挥和发号施令。③ 利益的双向满足。对企业来说，实施协议监管有利于其从政府部门获取各类有价值的信息并以此为依据作出正确的环保选择。对政府来说，实施协议监管则能够简化监管程序，降低监管成本，减少监管阻力，提高监管效率，从而带来较高的经济和社会效益。因此，实施协议监管能够满足当事人双方的利益要求。④ 协议内容的可操作性。量化各种指标，使自愿协议的内容具有针对性和可操作性，不仅能够使企业重金属污染治理目标更加明确，而且便于政府环保部门的跟踪检查。协议内容的具体化促使企业不断采取改善环境的各种措施，而这又为协议监管的顺利开展创造了条件。

协议监管是现行环境监管手段的必要补充。重金属污染的区域性、突发性和复杂性以及人们对环保要求的不断提高使“条条”“块块”相结合基层环境监管体制下所形成的单一、固化、低效监管方式的弊端日益暴露。协议监管灵活迅速，费用低，效率高，针对性强，它通过内部化方式解决重金属污染问题，是现行环境监管手段的必要补充。协议监管以污染预防为重点，有利于环境保护和区域环境质量的改善。企业参与，实施合作协议，既是企业能动性和责任感增强的体现，又反映了其对可持续发展认识的深入。这种主动、超前的革新意识和积极预防的环保理念，在为企业赢得竞争优势的同时实现了重金属污染的有效防治。协议监管促使政府转变职能。协议监管方式与传统环境监管明显不同，与单方面向企业发号施令的命令式监管相比，协议监管更注重指导、协商、沟通和劝阻在实际监管过程中所发挥的重要作用，这意味着政府角色的转变和调控水平的改进。协议监管将发挥更大的作用。通过协议监管引导企业正确处理经济发展同环境保护的关系，鼓励企业采用先进技术、设备生产无污染或少污染的产品，支持企业实施可持续的资源与环境战略，从根本上预防重金属污染。县级环境保护行政主管部门实施协议监管并以此来防治重金属污染具有现实可行性，主要表现在：首先，县域可持续发展战略的实施、环境与发展综合决策的制定和环境保护规划的拟订为协议监管提供了理论上的支撑，而ISO14000认证体系、排污权交易和清洁生产制度的确立则为协议监管提供了实践上的指导。其次，环境政策的演变和环境管理方式的多样化要求改变企业被动、服从的地位，充分调动企业污染防治的主动性和积极性，并在实践中应用和推广协议监管。再次，重金属污染给人体健康或其他具有价值的物质带来的不良影响和企业家超前的环境安全意识为协议监管的实施提供了基本条件。最后，县级政府在转变职能、不断深化体制改革和建设服务型政府过程中积极探索保护环境、减少重金属污染物排放和增加生态效益的环境管理新模式，既是政府管理创新的有益尝试，同时又为协议监管的推行提供了有力保证。

针对重金属污染的协议监管是通过县级环境保护行政主管部门与企业之间就重金属污染防治所达成的协议而实现的监管，需要在两者的共同作用下才能完成。县级政府环保职能部门对重金属污染企业提出要求，协调各方关系，提供有价值的信息，并对其行为进行监督、检查。重金属污染企业负有污染治理和实现区域环境质量改善的责任，并迫于政府管制压力和社会环境压力调整自身行为。因此，协议监管中县级政府环保职能部门和企业都必须恪守职责，承担义务，确保协议的有效性和权威性。企业在协议监管中发挥着重要作用：①加强内部环境管理。重金属污染企业依据自身经济、技术条件，确定环境目标，执行环境计划，检查、纠正实际运行中所出现的问题，建立企业内部环境管理体系，有计划地评审并持续改进，突出管理者的承诺和责任，保持体系的完善和提高；强调预防为主，防治结合，减少能源、资源的消耗，合理利用环境自净能力，定期监测和审核，确保重金属污染物达标排放。②实行清洁生产。重金属污染企业通过清洁生产，加速技术改造，降低原材料损耗，减少废物处置费用，节约成本，提高投入产出比，实现低能耗持续增长。同时，实行清洁生产能够有效避免末端治理可能产生的二次污染，排除安全隐患，最大限度地消除企业生产活动的开展给周边环境带来的风险。③开发替代产品。重金属污染企业应改变传统粗放型经营模式，充分利用现有自然资源，积极开发替代产品，既增强了市场竞争力，又减少了污染物排放。县级政府环保职能部门在协议监管中承担协调、监督职责：①制定优惠政策。制订环保规划，实施县域环境与发展综合决策，加强生态建设，发展生态经济，做好专项环境管理，促进县域经济、社会可持续发展；扶持环保型企业，结合国家环保产业政策、行业政策和技术政策对污染企业进行适当限制，或根据产业结构调整的要求对其实行强制淘汰；转变思想，确立清洁生产意识，建立清洁生产示范工程，将清洁生产纳入环境绩效指标体系，积极推广环境标志制度，促使企业转变生产方式，预防重金属污染。② 协调各方关系。在协议监管中，县级政府环保职能部门需要协调企业与协议之外第三方主体间的矛盾和冲突，防止总体效率的下降和负效用的产生。同时环保部门应为企业提供技术支持和信息服务，从各个方面指导企业防治重金属污染。③ 监督职能。通过抽查、监测协议的执行情况，县级政府环保职能部门在实现对企业有效监督的同时不断跟踪、修正所采取的行为，这就保证了协议监管能够朝着既定目标方向顺利开展。

7.4 基层环境监管体制改进的配套措施

7.4.1 深化改革，调整监管机构设置

7.4.1.1 优化监管机构的隶属关系

重金属污染不仅与县域工业企业紧密相关，而且重金属污染的频发与县域工业企业的数量变化、类型特点、生产特点和分布特点相对应。区域监管即行政区域监管，针对重金属污染的区域监管是指以县级政府环境保护行政主管部门为监管主体所进行的、以解决本县域内重金属污染问题为主要内容的环境监管。然而在我国目前的区域监管中，县级政府环境政策制定职能与执行职能并未完全分离。偏颇的发展观与政绩观，事权、财权划分的不合理和地方保护主义使县级政府以各种理由干预、限制、阻扰环境保护部门正常的监督管理和政策执行活动。为改变这种状况，须要通过授权或分权的方式调整政府组织内部层级关系并建立重金属污染防治专项领导与协调小组，以保证县域重金属污染防治政策的顺利执行和环境监督管理工作的有效开展。该专项小组的设立方式及其隶属关系有以下两种：其一，县级政府直接授权设立重金属污染防治专项小组，该专项小组由县级环境保护行政主管部门和其他依照法律规定负责本系

统内部环境与资源监督管理工作的部门构成，并由县级政府直接领导；其二，县级政府授权环境保护职能部门组建以该部门为中心、其他依照法律规定负责本系统内部环境与资源监督管理工作的部门参与的重金属污染防治专项小组，该专项小组由环境保护职能部门主管并对县级政府负责。通过设立专项小组，优化环境监管机构的隶属关系，不仅能够促使县级政府严守重金属污染防治政策制定职能而不干预、限制、阻扰职能部门的具体管理事务，而且能够有效监督专项小组的工作并给予反馈。

针对重金属污染的专项监管，是指由上级环境保护部门发动并通过县级环境保护部门所进行，以解决该县域内重金属污染问题为主要内容的环境监管。县级环境保护行政主管部门依据法律和行政法规，在县级人民政府的领导下，对本辖区的环境保护工作实施统一监督管理。然而，重金属污染具有显著的区域性、突发性和复杂性，且重金属污染的形成要经过一系列的生态过程。这就要求上级环境保护部门放松严格的行政规则而坚持以客观实际为依据，采取统一管理与灵活管理相结合的方式，将权变思想应用于重金属污染防治，开展以综合整治为目的的专项监管。专项监管要通过上下级环境保护行政主管部门之间的协作来进行，且这种协作关系通常在上级环境保护部门与县域重金属污染防治专项领导与协调小组间展开。但与上级环境保护部门仅具有业务指导关系的重金属污染防治专项小组同该部门间并无直接的行政隶属关系，专项小组仍由县级政府领导。因此，专项监管的顺利开展需要上级环境保护部门正确处理同重金属污染防治专项小组间的关系，而这正是基层环境监管机构隶属关系优化的内在要求。

针对重金属污染的流动监管是指以上级环境保护部门指派的环境监管机构为监管主体所进行的、以解决特定县域内重金属污染问题为主要内容的环境监管。一般而言，上级环境保护部门以行政命令的形式指派的环境监管机构多为处于同一层次的其他县级环境保护部门，该环境保护部门因接受指定而取得特定县域环境监督管理主体的地位，它以解决特定县域内的重金属污染问题为主要目的，并由上级环境保护部门直接领导。跨界重金属污染因涉及不同的行政区域已远远超出单个县域政府的控制范围而成为综合化、社会化的问题和实现社会公平与环境正义的障碍，而流动监管能够在降低基层环境监管成本的同时使社会公平与环境正义原则得到更多的体现和落实。流动监管要通过上级环境保护部门指派的环境监管机构与特定县级环境保护部门之间的协作来进行，且这种协作关系通常在特定县级环境保护部门与处于同一层次的其他县级环境保护部门间展开。但接受指派的环境监管机构与特定县级环境保护部门间既不存在业务指导关系，又无任何行政隶属关系，该环境监管机构由其上级环境保护部门直接领导。因此，流动监管的顺利开展需要接受指派的环境监管机构正确处理同特定县级环境保护部门间的关系，以达到基层环境监管机构隶属关系优化的根本要求。

7.4.1.2　明确监管机构的职能划分

区域监管、专项监管和流动监管的顺利进行离不开重金属污染防治专项领导与协调小组职能的划分。而无论是由县级政府直接设立的重金属污染防治专项小组，还是由县级政府授权环境保护职能部门组建的以该部门为中心、其他相关部门参与的重金属污染防治专项小组，其职能的划分都必须合理，明确。

（1）执行职能

基层环境监管机构执行职能的内容包括以下方面：① 执行县域环境与发展综合决策，即基层环境监管机构结合区域实际情况，确定决策的执行机构，着手决策的具体实施，做好决策执行部门内部各个机构之间以及决策部门与目标群体之间的沟通，并根据形势的变化，及时调整执行的方式或方法，以确保综合决策执行的顺利进行；② 执行县域环境规划，即基层环境监管机构以环境保护年度计划的方式落实包括重金属污染防治总体要求在内的县域环境规划，以实现县域环境规划所确定的目标及任务；③ 执行环境影响评价制度，即基层环境监管机构依据《建设项目环境保护管理条例》和《中华人民共和国环境影响评价法》的规定，结合本辖区内重金属污染建设项目和技术改造项目的实际情况，贯彻、落实环境影响评价制度；④ 执行“三同时”制度，即基层环境监管机构依据《中华人民共和国环境保护法》的规定，结合本辖区内重金属污染建设项目和技术改造项目的实际情况，贯彻、落实“三同时”制度；⑤ 执行排污收费制度，即基层环境监管机构依据《排污费征收使用管理条例》的规定，结合本辖区内向环境中排放重金属污染物的工业企业和其他经济主体的实际情况，贯彻、落实排污收费制度；⑥ 执行环境保护目标责任制，即基层环境监管机构依据国家法律规定，贯彻、落实环境保护目标责任制以实现区域环境质量的改善；⑦ 执行排污许可证制度，即基层环境监管机构以污染物总量控制为基础，结合本辖区内重金属污染物排放单位的实际情况，贯彻、落实排污许可证制度；⑧ 执行污染集中控制制度，即基层环境监管机构依据区域污染防治规划，结合本辖区内重金属污染物排放单位的实际情况，贯彻、落实污染集中控制制度；⑨执行污染限期治理制度，即基层环境监管机构依据区域环境保护规划，结合本辖区内已造成严重污染的企业的具体情况，贯彻、落实污染限期治理制度，其目的在于有效治理环境污染，保护人民群众的根本利益。

（2）监督职能

监督职能与控制职能的含义相同。通过监督（控制），不断跟踪、修正所采取的行为，从而保证各项工作朝着既定目标方向顺利开展。监督职能是基层环境监管机构的一项基本管理职能，其内容包括：① 污染防治监督，即基层环境监管机构依据环境法律法规对本辖区内重金属污染企业所实施的污染防治监督管理，包括对重金属污染企业贯彻、执行环境影响评价、三同时、排污收费、排污许可证、污染集中控制、限期治理制度的监督和对企业污染物排放水平、周边环境质量变化情况、防污设施运转情况的监督；② 生态保护监督，即基层环境监管机构对正在遭受或可能面临重金属污染的县域生态环境所实施的监督管理，包括对自然保护区、风景名胜区的监督和对海岸、农业生态保护的监督。基层环境监管机构监督职能的履行须遵循以下程序：首先，依据县域环境质量目标和重金属污染防治的实际需要制定监督标准；其次，衡量监督者的工作绩效和被监督者执行环境法律法规的情况；最后，将实际监督效果同预定目标相比较并采取针对性的纠正措施，调整监督标准。

（3）监察职能

环境监察是基层环境监管机构环境监察部门对本辖区内重金属污染企业贯彻、执行环境保护法律、政策、制度的情况进行现场执法检查的活动（陈国营，2010）。环境监察是一种直接的环境保护执法行为，它将环境监督检查工作同现场执法有机统一起来，从而保证了环境监管职责的顺利实现。监察职能作为基层环境监管机构的另一基本职能，其内容包括：① 对本辖区内重金属污染企业的排污情况和生态破坏情况进行现场执法检查；② 对本辖区内重金属污染企业贯彻、执行环境影响评价、“三同时”、限期治理制度的情况进行现场执法检查；③ 对本辖区内重金属污染项目建设前期的选址、项目建设期环保设施的竣工验收和项目运行期环保设施的正常运转进行现场调查与处置；④ 对重金属污染事故进行现场调查，现场处理环境事务，并对污染损害赔偿纠纷进行调查。

明确基层环境监管机构的职能划分是区域监管、专项监管和流动监管有效开展的前提与基础。执行职能、监督职能和监察职能三者之间既要相互独立，彼此制约，又要保持紧密联系，从而增强监管的科学性和合理性，提高监管效率和社会满意度。另外，结合新公共管理理论的基层环境监管的特点要求县级政府政策组织严守重金属污染防治政策制定职能，而不干预具体执行活动。因此，县级政府必须进行部分权力下放以保证基层环境监管机构执行工作的顺利进行，具体包括：①将原由县级政府行使的或县级政府与环保职能部门共同行使的关于责令重金属污染企业停产整顿和责令停产、停业、关闭的决定权下放至基层环境监管机构，由其单独行使；②将暂扣、吊销重金属污染企业许可证或其他具有许可性质证件的决定权和为达到有效惩戒污染者的目的而配合该项决定权行使的其他权力比如断水断电、取消贷款等同时下放至基层环境监管机构，由其自行决定行使内容和行使方式；③依据法律规定将没收重金属污染企业违法所得和非法财物的决定权下放至基层环境监管机构；④赋予基层环境监管机构限期治理监督权。县级政府权力的下放是区域监管、专项监管和流动监管有效开展的保障。然而，只有职能的划分和权力的下放同时进行，才能确保基层环境监管目标的最终实现。

7.4.1.3　建立有效的部门协调机制

重金属污染防治专项领导与协调小组的设立是区域监管、专项监管和流动监管顺利进行的根本，而有效的部门协调机制则是专项小组内部部门间各尽其职，协作配合，齐抓共管重金属污染防治工作，避免部门间推诿扯皮和监管真空地带与监管不力状态出现的关键。

区域监管强调通过授权或分权的方式调整县级政府组织内部层级关系并建立以环境保护行政主管部门为主导的重金属污染防治专项领导与协调小组以排除地方保护主义的干扰，确保环境保护部门监督管理工作的正常开展。专项监管强调上下级环境保护行政主管部门间的协作，但这种协作关系通常仅存在于上级环境保护部门与县域重金属污染防治专项小组之间。流动监管同样需要通过上级环境保护部门指派的环境监管机构与特定县级环境保护部门间的协作来进行，所指派的协作机构也多为与接受指派部门处于同一层次的其他负责重金属污染防治工作的专项小组。无论是县级政府直接授权设立的由县级环境保护部门和其他依照法律规定负责本系统内部环境与资源监督管理工作的部门所构成的专项小组，还是县级政府授权环境保护职能部门所组建的以该部门为中心、其他依照法律规定负责本系统内部环境与资源监督管理工作的部门参与的专项小组，都必须建立有效的部门协调与联动机制，明确关系，划清权责，从而保证基层环境监管工作的顺利推进。

在基层环境监管中，其他依照法律规定负责本系统内部环境与资源监督管理工作的部门是指县级土地、矿产、林业、农业、水利等行政主管部门（环保法第七条），即土地部门有依据《中华人民共和国土地管理法》的规定对重金属污染企业违反土地利用总体规划、未经批准非法占用土地以及其他非法占用耕地采矿的行为进行监督管理的权力，地质矿产部门有依据《中华人民共和国矿产资源法》的规定对重金属污染企业未取得采矿许可证而擅自采矿、超越批准的矿区范围采矿、采取破坏性方式开采矿产资源的行为进行监督管理的权力，水行政部门有依据《中华人民共和国水法》和《水污染防治法》的规定对重金属污染企业违反水资源利用区域规划，私设排污口，新建、改建、扩大排污口以及其他因排水而损害公共利益或他人权益的行为进行监督管理的权力，卫生部门有依据《突发公共卫生事件应急条例》的规定对重金属污染企业造成职业中毒以及其他严重影响居民健康的事件进行防范、调查、人员救护和现场处置的权力，公安部门有依据《中华人民共和国治安管理处罚法》和《环境行政处罚办法》的规定对重金属污染企业违反污染防治法律规定的环境违法行为进行监督管理和行政处罚的权力。

建立部门间协调与联动机制，授予重金属污染防治专项小组开展基层环境监督管理工作所必需的权力，加强环境保护行政主管部门在专项小组中的领导地位，并发挥其在重金属污染防治过程中对其他部门的组织、整合与协调作用，从而使处于权力流和信息流交换的中心位置、具有处理复杂与突发任务能力且掌握组织资源的环境保护行政主管部门能够负责重金属污染防治专项小组的所有活动；建立部门间协调与联动机制，明确其他依照法律规定负责本系统内部环境与资源监督管理工作的县域土地、矿产、水利、卫生、公安等部门的职责与权限范围，并通过给予这些部门一定自主权的方式扩大管理幅度，改善部门间的沟通，提高专项小组的管理效率，避免部门之间因协调不顺，职责、权限划分不清而导致的基层环境监管混乱，内聚力削弱和效率低下；建立部门间协调与联动机制，以重金属污染防治工作开展的流程为中心促进环境监管，而不是严格围绕依照法律规定负有环境监督管理职责的基层政府职能部门来进行：总之，部门间协调与联动机制的构建要以有效遏制重金属污染事故多发态势和改善区域环境质量为目的，有利于基层政府调整组织内部层级，防止滥用公共权力，稳定实现职能目标，有利于基层政府直接或间接地监督重金属污染防治专项领导与协调小组并给予反馈。

7.4.2　扩大保障，加强监管能力建设

7.4.2.1　增加监管机构能力建设投入

加强基层环境监管机构能力建设是区域监管、专项监管和流动监管顺利开展的保障。为解决县域重金属污染问题而成立的专项领导与协调小组是一种以问题为导向，具有权变特征，既能够及时适应时代变化以满足县域经济发展需求，又能够灵活地对所面临的环境危机和新出现的挑战做出回应的弹性化机构。因此，切实加强基层环境监管机构能力建设，完善各项保障条件是有效防治重金属污染，实现区域环境质量改善的必然要求。

（1）扩大资金投入

加大财政支持力度，将重金属污染防治投资纳入县级政府财政预算，并从环境与发展综合决策的角度予以保证；确保中央财政用于重金属污染防治的专项投资落实到位；调整基层环境监管机构经费定额标准，建立监管经费与实际任务量挂钩机制，着力解决业务经费不足的问题，满足重金属污染防治工作的基本需要；完善环境保护投融资机制，对防治设施齐全且有偿还能力的重金属污染项目，银行应给予贷款扶持；采取污染企业部分出资、基层政府适当补贴的方式，解决重金属污染源的监管费用问题；扩大国外资金的引进力度，采取多种优惠措施和途径，积极鼓励外商直接投资于先进重金属污染防治设备的研发与制造；合理引导社会资金参加重金属污染治理项目，提高公众对环境保护的支持和关注，形成多元化的环保投入格局。

（2）更新技术装备

为减少重金属污染事故的发生、避免监管盲区的出现，基层环境监管机构要不断更新技术装备，提高信息化水平，实行“数字监管”和全天候、全覆盖、无缝隙、精准化监管，赢得监管主动权，节省人力、物力、财力，从而达到积极、有效、合理预防的目的；要配备必要的交通、通信工具，采用高科技取证设备和监测仪器，对重金属污染企业的超排、漏排、偷排行为进行监督；要建设高标准数据平台，启用在线监控设备，采集、传输、存储、分析监测数据，

实现对重金属污染企业的实时、动态监管；要通过系统集成手段，综合处理与重金属污染企业周边环境质量有关的各种数据和评价指数，科学预测环境变化趋势，为县域环境与发展综合决策的制定提供参考；要高效利用“数字环保”应用程序，将针对重金属污染源的日常环境监管纳入规范化运行轨道，确保运转协调。

（3）优化队伍结构

为执行重金属污染防治任务和改善县域政府组织内部层级关系而设立的专项小组要发挥在重金属污染防治过程中对其他部门的组织、整合与协调作用，离不开队伍结构的优化。首先，要以监管机构职能履行为目标合理确定管理部门及其工作人员，并使执行人员、监督人员和监察人员严格按照重金属污染防治的具体要求开展工作。其次，要增加监管机构人员编制，将专项小组监管人员纳入公务员序列管理，保证人员数量与重金属污染防治形势相适应，从而为重金属污染防治工作的开展提供坚强的组织保障。最后，监管机构负责人职务的任免要以能否有效遏制重金属污染事故多发态势、是否实现区域环境质量的改善和能否正确处理与负责本系统内部环境与资源监督管理工作的县域土地、矿产、水利、卫生、公安等部门的关系为依据，以确保环境监督管理工作的正常进行。

（4）开展业务培训

基层环境监管人员业务水平和素质的高低直接影响着区域监管、专项监管、流动监管的有效进行和重金属污染防治工作的质量。因此，要定期开展环保法律法规、执法程序、工作准则和行为规范等方面的培训、教育，不断加强基层环保队伍自身素质建设，切实提高监管机构工作人员的执法水平。要从重金属污染防治的实际需要出发，有计划、有针对性地培养具有创新意识和综合管理能力的各类人才，并建立人才引进机制，要强化监管机构领导的专题培训，督促其认真履行职责，抓好执法监督、环境监察和决策参与工作，要克服监管人员等待观望的消极心态，增强其环境监管的主动性和积极性，培养其忠于职守、敢于碰硬和乐于奉献的精神，减少重金属污染防治中有法不依、执法不严和违法不究现象的发生。

7.4.2.2 构建基层环境监测网络体系

基层环境监测是县级环境保护行政主管部门环境监测机构运用理化科学技术方法监视和检测全面反映环境质量和污染源状况的各种数据的全过程。环境监测是基层环境监督管理的重要组成部分，具有综合性、持续性、生产性、追踪性等特点。通过环境监测，及时、准确地了解县域环境状况，评价环境质量，为区域监管、专项监管和流动监管的开展提供具有法律效力的科学依据。强化基层环境监测管理，形成由县环境监测站和辖区内各乡镇环境监测点所组成的，以重金属污染源监测、环境质量监测和研究性监测为主要内容的基层环境监测网络体系，确保重金属污染防治专项领导与协调小组全面、系统地掌握相关污染物排放动态变化情况，有利于从根本上预防重金属污染事故的发生。

（1）重金属污染源监测

重金属污染源，即产生重金属污染物的设备、装置和场所等发生源。重金属污染与县域工业的生产活动紧密相关，专项监管机构查清本区域内重金属污染源状况，便于发现和估量潜在的危害，及早采取控制措施，避免污染后治理所付出的惨重代价。另外，污染源监测调查能够引导企业技术改造，促进企业综合利用，并为企业自我环境管理指明方向。县环境监测站和辖区内各乡镇环境监测点进行重金属污染源监测调查所得的监测数据和各种信息，应妥善加以保存，以便专项监管机构能够通过数据比对迅速掌握环境质量与重金属污染源排放的变动情况。

（2）环境质量监测

基层环境监测机构通过制订环境质量监测计划，采取定期和不定期监测手段，对重金属污染源周边大气、土壤、水源等进行监测，筛选、分析、整理监测数据，编制重金属污染源周边环境质量报告书，并向本级环境监管部门和上级监测站汇报监测情况。然而，重金属污染具有极强的累积性，其所造成的健康损害是重金属污染物的数量或强度超出环境自净能力而长期在人体内积蓄、富集的结果。这要求县环境监测站和辖区内各乡镇环境监测点除对重金属污染源周边环境进行常规性监测外，还要准确计算出重金属污染源影响区域范围内的环境容量，并通过对环境容量利用率的监测协助专项监管机构限制重金属污染物的排放，从而达到有效利用环境自净能力将该污染物彻底化解的目的。

（3）研究性监测

重金属污染的产生要经过重金属污染物的扩散——混合过程、吸附——沉淀过程、吸收——摄取过程和积累——放大过程，每一过程需要运用何种监测手段并投入哪些监测设施，正是研究性监测所要回答的问题。基层环境监测机构的研究性监测是指县环境监测站和辖区内各乡镇环境监测点为探索重金属污染物的迁移、转化规律，寻求企业排污同生产的内在关系，研究重金属污染物对人体的危害方式及影响程度而进行的监测。重金属污染的发生地域和发生环境要求基层环境监测机构及时发现新的和潜在的环境问题，为专项监管小组污染预防措施的制定提供必要的数据。

（4）环境监测质量保证

质量保证又称全过程质量控制，它要求县环境监测站和辖区内各乡镇环境监测点在对重金属污染源及其周边环境质量监测过程中不断提高监测数据的准确性、精确性和完整性，并使监测数据具有可比性和代表性。为此，基层环境监测机构要严格采样的质量控制，审查采样点的布置和采样时间，检查采样仪器和分析仪器的运转是否正常，要严格样品运送、贮存的质量控制，选择符合技术要求的运输与贮存条件，防止样品的属性发生改变，要严格数据处理的质量控制，采用准确可靠的分析方法，消除可能出现的各种误差。

这种由县环境监测站统一领导、各乡镇环境监测点具体负责，并以重金属污染源监测、环境质量监测和研究性监测为主要内容的基层环境监测网络体系具有目标性、层次性、动态性和整体性的特点，它的建立不仅促进了基层环境监测质量和监测效率的大幅提高，同时也为重金属污染防治专项领导与协调小组具体工作的开展提供了必要条件。

7.4.2.3 提高监管机构应急管理能力

重金属污染具有突发性，这种突发性与重金属元素的自身属性、环境系统的组成与结构及其演变规律密切相关。重金属污染的突发性要求在区域监管、专项监管和流动监管过程中切实提高重金属污染防治专项领导与协调小组的应急管理能力，以便能够及时作出有效的反应，因地制宜地布设应对措施，减轻突发重金属污染事故所造成的损害，确保社会的有序运行。

（1）预测预警能力

一是要构建突发重金属污染事故预测预警系统。警之于先，防患未然是专项监管机构建立和运行突发重金属污染事故预测预警系统的指导思想。有效的预测预警系统应具有高度敏感性、快速准确性、公开透明性和多元合作性，能够在最短的时间内发现重金属污染事故来临的迹象，合理预测事故的危害程度，快速、准确、持续地发布相关信息，并发挥非政府组织和社会公众的积极作用（戴星翼和胥传阳，2008）。二是要掌握突发重金属污染事故预测方法。

通过观察社会动态、听取民众意见、实施例外办事、加强事前计划等方式可以及早探知事故的征兆，有助于专项监管机构及时采取措施对其进行有效处理。

（2）物资保障能力

应急物资储备是否充足，能够直接影响突发重金属污染事故应急处置的进程和效果（宋雅杰，2008）。专项监管机构的应急储备包括应对突发重金属污染事故所必需的人力资源和物质资源。为此，专项监管机构要制订详细的突发重金属污染事故应急物资储备计划，指派专人负责物资采购和储备工作，要疏通应急物资快速调运渠道，主动与相应的供货商取得联系，保证物品能够及时送达灾区，要加大对突发重金属污染事故应急人员的岗位培训，组建一支具备专业技能的高素质应急救援队伍。

（3）信息获取能力

应急信息是影响突发重金属污染事故处置成效的关键因素。客观、及时、准确的应急信息不仅有利于突发重金属污染事故应对方案的选择，避免资源和时间的浪费，而且能够促进公众环境知情权的实现，引导公众进行自我救助。为此，专项监管机构要完善应急信息通报制度，扩大所通报信息的种类，明确信息通报的范围，规范信息通报的时限，健全信息通报的方式，保持与新闻单位的合作，并对缓报、谎报、隐瞒应急信息的相关人员做出处罚规定。

（4）协调指挥能力

突发重金属污染事故的应急处置需要专项监管机构进行有效的协调，保持与其他应急组织的良性互动。具体来说，专项监管机构要构建应急体系框架，制定应急政策，明确组织内部各部门的职责，合理配置应急资源，加强与其他应急组织的沟通，及时获取各方信息。为保证突发重金属污染事故应急处置目标的实现，专项监管机构要及时识别危险情况，指挥现场应急力量，启动应急监测，组织医疗救护，发布通告或下达人员疏散命令，控制事态发展，消除蔓延条件，评估事故性质、参数及后果，并向上级领导报告情况。

（5）善后处理能力

突发重金属污染事故得到有效遏制后，专项监管机构要协调有关部门，采取积极措施，有计划、有步骤地开展善后处理工作。具体来说，专项监管机构要迅速制订突发重金属污染事故善后处置方案，解决受害群众的后续治疗、搬迁、赔偿等问题，尽快恢复社会秩序，安定社会生活；要加强对重金属污染企业停产整改措施落实情况的监督，依法追究相关人员的法律责任，并及时公布处理结果；要总结经验，吸取教训，分析突发重金属污染事故产生的原因，评估应急处置措施的适当性和有效性，为今后的工作提供借鉴。

此外，专项监管机构还应在坚持以人为本、预防为主原则的基础上制订突发重金属污染事故应急预案，以迅速控制和处理事故，有效地组织抢险和救援，最大限度地减轻污染对生命财产的影响。突发重金属污染事故应急预案的制订要依据污染事故的发生原因及可能造成的危害后果，注重周密性与灵活性相结合，并通过制订分级预案和多套工作预案，提高处置成功的保险系数。

7.4.3 转变方式，提高政府监管效率

7.4.3.1 实施环境与发展综合决策

县域环境与发展综合决策是区域监管、专项监管和流动监管顺利开展的政策保障，是县级政府从宏观环境管理的角度加强环境保护、预防重金属污染和实现区域环境质量改善的重要体现。实施县域环境与发展综合决策，将环境监督管理职能从政策制定部门分离而由重金属污染防治专项领导与协调小组执行污染防治任务，不仅能够协调、整合各监管单位之间的关系，而且能够获取完成任务所必需的资源和专才。实施县域环境与发展综合决策，从决策层面保证重金属污染防治专项小组的自主权和执行权，从而排除各种干扰，确保其能够依据污染防治的需要采取适当措施，提高监管效率。机制的完善是县域环境与发展综合决策有效实施的根本。为此，要以决策的形成机制、执行机制和监督机制为重点，以决策各个要素间的有效耦合、同向运行和信息传递通畅为目标，进行机制创新，促使决策的制度化和规范化。

（1）优化决策的形成机制

① 建立信息搜集与传达机制。县域环境与发展综合决策的形成过程实际上就是信息的搜集与传递过程。丰富可靠的情报来源，迅速准确的情报传递与分析，能够为制定切实可行的决策提供依据。因此，要拓宽信息收集渠道，提高现有信息机构与信息人员的专业化水平，维护信息的完整度，采取科学有效的收集方法，建立高效的信息传达机制，从而将与决策有关的信息及时传递到政府决策者手中，为相关问题能够尽快纳入决策议程提供依据。

② 建立利益相关者议政和民主参与机制。环保部门参与县域环境与发展综合决策时，决策者应从各个方面给予充分保障。其依据环境保护战略、方针、

国家相关政策和规划布局的要求，并结合县域经济发展实际所提出的有价值的决策方案，政府决策者必须予以充分重视。另外，为避免决策失误所指出的存在于决策中的环境风险，政府决策者必须予以充分考虑。公民参与综合决策，县级政府应提供多元化的公民参与渠道，最大限度地公开决策权限、决策程序和决策依据，并以参与者所反映多数人意愿的某种相关环境利益或权益为决策基础。

③ 建立专家咨询与论证制度。县域环境与发展综合决策的合理化和科学化离不开专家的咨询作用。专家对决策中专业性事项的判断与处理，是综合决策质量得以提升的关键（沈荣华，2009）。因此，在决策方案的起草阶段，政府决策者应组织专家提供政策咨询，进行初步方案设计，讨论并参与起草工作；在决策方案的选择阶段，政府决策者应保证在进行正式决策时存在两种或两种以上已由专家逐个作出利弊分析与评估的预期方案；在决策的实施阶段，决策者应发挥专家对决策实施效果的追踪调查和反馈作用，并通过专家的深度可行性研究报告为今后决策提供参照。

④ 建立严格的决策程序。县域环境与发展综合决策的形成要遵循一定的程序，并通过相应的制度法规，对决策程序予以规范。要在充分调查的基础上发现问题，确定目标；在拟定决策方案时，要组织论证，规划出多种可行性方案；在制定决策时，要对各种拟订方案进行评估，确定最优化目标；在决策执行之前，要进行政策公示，提高透明度；在决策执行过程中，不断进行反馈修正，及时处理并解决执行中所出现的各类问题；在决策执行后，要及时评定决策实施的效果，并对决策进行复议。

⑤ 建立决策失误责任追究机制。为保证县域环境与发展综合决策的民主和科学，减控政府决策者的失误，最重要的是建立决策失误责任追究机制。要根据权责一致、权责相等原则，按照决策失误的严重性、该项决策做出时所对应决策权的大小，以及在决策中的表现和态度，对参与者、决策者和执行者等相关主体进行责任追究，包括道德谴责，追究经济责任、行政责任乃至刑事责任。

（2）规范决策的执行机制

① 建立促使决策执行规范化的程序机制。规范县域环境与发展综合决策的传播，结合本县的实际情况，对决策的内容做出必要的说明和补充；指导并开展相关组织准备工作，确定决策的执行机构；着手综合决策的具体实施；做好决策执行部门内部各个机构之间以及执行部门与目标对象之间的沟通；敞开执

行反馈通道，不断向政府决策者反馈执行信息，并根据已经改变的情势，及时对决策修正、更新或调整执行决策的方式或方法；最后，适时进行科学评估，分析决策执行后在社会各个层面产生的影响，判断执行方法或方式是否合理、合法、有效。

② 建立促使决策执行透明化的公示机制。为促使县域环境与发展综合决策各项执行工作公开化，解决目前普遍存在的任意、随意操作和暗箱执行问题，首先要向社会公众公开明示执行机关的执行标准、执行范围和执行内容，其次要提高执行程序的透明度，确保合法、公正地实现管理职能，最后要明确执行行为的时限及违示惩戒具体办法，自觉接受社会监督。

③ 建立促使决策执行责任化的考评机制。为总结经验，改善执行效率与效能，建立县域环境与发展综合决策执行评议考核机制是必要的。因此，要组建评议考核机构，使其能够为评议考核制的运行提供组织保证；要量化评议考核内容，指导执行单位按章操作；还要制定具体评议考核方法以及评议考核实施细则等。

④ 建立促使决策执行民主化的参与机制。首先，要让公民参与执行计划的制订。通过参与执行计划的制订，提高公民对综合决策执行的关切度，使公民的意愿得以充分表达，能够有效减少当个人利益与环境保护长远利益相冲突时，公民以自我为中心而进行选择的可能性。其次，要让公民参与执行评估。公民参与执行评估有利于及时反馈综合决策的执行情况，防止执行结果浮夸、失真。要让公民参与县域环境与发展综合决策执行结果的评估，参与执行人员业绩的评价。

（3）完善决策的监督机制

① 强化人大监督制约机制。强化人大监督机制，是对县域环境与发展综合决策制定者、执行者进行权力制约，防止权力滥用、造成权力腐败的重要途径（刘靖华和姜宪利，2004）。实践中，行政机关及其工作人员制定、执行综合决策时往往带有急功近利的非理性冲动，这种由权力本能膨胀所导致的官僚主义，极易造成权力的滥用、误用。而要防止滥用权力，就必须以权力制约权力。县域环境与发展综合决策中同级人大的监督主要体现在以下几个方面：对综合决策制定、执行主体适格的监督；对超越权力所制定决策的撤销；对滥用行政权力，不以综合决策为依据违法执行行为的纠正；对相关决策制定、执行人员职务的罢免等。

② 完善行政监察部门监督机制。行政监察部门是县级政府内部行使监督权的机关。行政监察部门的监督，主要针对县级政府及其行政人员在制定、执行环境与发展综合决策时的各种违法违纪行为，监督的依据是环境政策及其相关法律规定。首先，要使监察部门享有独立的地位，变双重领导为垂直领导体制，不断增强其独立性和权威性，从而排除县级政府和其他机关的干扰。其次，要扩大监察部门的职权，赋予其一定的行政处分权和经济处分权。最后，要建立全面的监察机制。行政监察要在综合决策形成前后的各个环节介入，尤其是要强化预防监督，即从决策形成前的监督入手，及时发现违法乱纪现象，及时排除。只有发挥行政监察对决策全过程强有力的监控作用，才能保证决策的合法、准确、高效（高小平，2008）。

③ 健全公民监督制约机制。公民是最根本、最直接的监督主体，公民监督也是所有监督机制的源泉和基础。县域环境与发展综合决策的制定与执行，理应置于广大人民群众的监督之下。首先，要扩大公民的知情权、参与权和选择权，让公众了解议案的内容，充分表达意愿，并真正赋予公众参与和选择议案的权利。其次，要建立有效的公民监督机制，使公众能够跟踪监控决策形成、执行的全过程。再次，要健全公民举报网络体系，有关部门在接到投诉和举报后应及时查实，反馈，答复。

实施环境与发展综合决策，要杜绝县级政府为维护本地利益而损害全局利益和为眼前利益而损害长远利益的行为，清理县级政府为片面追求经济增长而忽视环境保护，违背国家法律法规而对重金属污染企业进行特殊照顾和以权代法对环保部门进行压制与干涉的各项“土政策”，消除县级政府、官员长期以来所形成的封闭的诸侯经济意识和小生产意识。实施环境与发展综合决策，要正确处理经济发展同环境保护的关系，加快形成符合科学发展观要求、体现科学发展观规律的县域经济、环境、资源协调发展新路。实施环境与发展综合决策，要从根本上转变发展观念，停止以“重经济，轻环保”为出发点的种种地方保护手段，从而确保基层环境监管工作的有序开展和重金属污染防治目标的顺利实现。

7.4.3.2　制定区域开发和保护政策

制定区域开发和保护政策是县级政府从宏观环境管理的角度加强环境保护、预防重金属污染和实现区域环境质量改善的另一重要体现。制定区域开发和保护政策，要进一步明确县级环境保护行政主管部门和其他依照法律规定负责本系统内部环境与资源监督管理工作的县域土地、矿产、水利、卫生、公安等部门在重金属污染防治中的职权行使依据，从而确保基层环境监管工作的顺利开展。制定区域开发和保护政策，要引导基层环境监管机构采取合理的重金属污染防治措施，从而确保基层环境监管目标的顺利实现。

（1）构建县域环境准入制度

① 构建空间环境准入制度。空间环境准入制度是依据县域自然条件和经济社会发展规划进行功能区划分，并按照不同功能区的环境特点，对开发建设活动做出准入规定或采取其他不同环境政策的一项制度。通过空间准入制度，形成具有不同环境功能的单元，将县域环境保护目标具体分解，有助于本区域环保工作的开展，也有利于形成有针对性的环境保护措施和污染防治方案；通过空间准入制度，合理确定不同功能区域的环境管理模式，从而科学利用有限的环保资金，缓解地方环境保护投入严重不足的紧张局面；通过空间准入制度进行环境功能分区，能够有针对性地调整县域产业结构、产品结构和经济结构，合理规划县域内的工业布局和生产布局，从根本上预防重金属污染。

构建空间环境准入制度，划分环境功能区要坚持以下几个原则：一是有序性原则，即环境功能区的划分要严格遵循“自上而下”的顺序进行，比如“县域生态脆弱区→县域生态缓冲区→县域生态良好区”，不能倒置；二是同类性原则，即同一类型的生态系统要归入同一功能区；三是同一性原则，坚持不同功能区域的环境保护标准不同，但同一功能区内所适用的标准应统一；四是一致性原则，环境功能区的划分要与县域自然环境、社会环境相适宜。在空间环境准入制度下，县域空间被划分成为禁止准入区域（脆弱区）、限制准入区域（缓冲区）和优化准入区域（良好区）等三个功能区域，各功能区域都有明确的环境与生态保护目标及严格的准入条件，体现了强制性的规定和要求。

② 构建总量环境准入制度。总量环境准入制度是从环境容量的角度出发，通过采取措施严格限制污染物的排放总量，并对不同环境容量区域的资源开发和建设活动做出准入规定的一项制度。所谓环境容量，是指某一特定环境中所能够容纳同类污染物质的最大限量，总量环境准入制度正是建立在对区域环境容量进行科学有效评估的基础之上。我国县域地区生态环境脆弱，不可逆转性强，要有效遏制近几年来重金属污染事故持续高发的势态，从根本上改善环境质量状况，选择总量环境准入制度是一种客观必然。构建县域总量环境准入制

度要依据县域实际，将总量环境准入纳入县域环境规划和经济社会发展规划，摸清本县域的总体环境容量情况，以及县域内不同功能分区的环境容量情况，依据政策和法规对资源开发者和项目建设者提出明确的准入意见和要求，从而达到优化县域产业结构、经济结构，确定产业规模，合理规划产业布局和预防重金属污染的目的。

③ 构建项目环境准入制度。项目环境准入制度是从环境影响的角度出发，对资源开发项目和生产建设项目是否符合国家相关政策、法规的基本要求，是否具备区域空间和总量环境准入的基本条件而做出准入规定的一项制度。构建县域项目环境准入制度，要根据国家产业政策、行业政策、技术政策、规划布局和清洁生产的要求，以县域空间环境准入制度和总量环境准入制度为基础，以具体县情为依据，对资源开发者和生产建设者提出申请的具体项目进行环保可行性判断，并对审查通过的项目拟采取的防治措施提出明确的意见和要求。通过项目环境准入制度，使县域内的各类项目严格按照规定履行立项审批和施工审批，并对资源、能源消耗大，环境污染严重，科技含量低的重复建设项目予以否定，从而优化县域产业结构和经济结构，实现重金属污染的有效防治和区域环境质量的改善。

（2）创新县域资源高效利用机制

切实转变政府职能是创新县域资源高效利用机制的关键。县级政府要从无限型政府转变为有限型政府，要放弃对微观经济活动的不合理干预，充分发挥市场的资源配置作用（谢作渺，2008）。要使政府活动处于明确的范围之内，其权力、规模、行动等都必须受到严格的限定。要从经济型政府转变为社会型政府，从追逐经济增长的“主战场”上解脱出来，把主要精力投入到各项公共事业的不断改善中去，更多地关注环境保护。正如亚当·斯密所指出的：政府的职能在于“建设并维持某些公共事业及某些公共设施”。要切实转变政府职能，加强政府间的协调与沟通，积极开展府际合作，避免不良竞争，推动县域资源高效利用机制的有效实施。

① 建立并完善以市场为主导的县域生产要素价格形成机制。要严格按照政企分开的原则，深化产权制度改革，将企业的生产经营权利落实到位。要通过产权结构的不断完善，改变长期以来企业产权主体的虚置，革除企业虽有权利却无法行使以及权利被直接代替行使的诟病。与此同时，县级政府要放弃运用行政手段对重要生产要素配置的不合理干预，建立以市场为主导的生产要素

价格形成机制，推动生产要素的合理流动，支持生产要素向优势企业与行业集中。要逐步放松价格管制，改变县域资源价格偏低、不能反映价值的状况，充分利用供求规律，并使之成为价格形成的主要因素。

② 建立有利于县域资源高效利用的激励机制。通过设置具体目标引导县域企业出现高效利用资源、能源的优势动机并使其按照特定的方式积极行动。企业在利益的驱动下，变高效利用为自觉行动，能够从根本上改变仅依靠政府政策推动、企业积极性始终不高的尴尬局面。激励应多样化，能够达到节约资源目的的激励方式都可以采用。当然，县级政府也要结合县域的实际情况，根据进一步发展的需要来设置适当的目标，这样才能有效发挥激励机制的促进作用。

③ 建立不利于县域资源最大化利用的淘汰机制。县级政府要以资源的最大化利用为目的，通过行政强制措施将高耗能、高耗材的落后生产工艺、设备与技术淘汰。由于可能触及相关企业或部门的经济利益，淘汰机制的建立与完善阻力较大。因此，县级政府要采取强有力的保障手段，使淘汰机制在县域产业结构调整、资源的合理有效利用和重金属污染事故的预防方面发挥关键作用。

④ 建立有利于县域资源高效利用的补偿机制。依据县域企业的实际开发量和对环境产生影响的大小，采取征收环境税或排污费的方式由政府对市场主体所开发的资源进行补偿，对已形成的污染与危害进行治理，其目的在于约束企业，避免其无节制的浪费，严重污染环境。同时，对因改进技术而最大化利用资源、降低消耗率、减少废物排放的企业减少补偿费。

7.4.3.3 落实环境保护目标责任制

环境保护目标责任制是一项以明确地方政府环境保护目标和落实地方政府环境质量责任为主要内容的综合性行政管理制度（李军鹏，2009）。环境保护目标责任制以现行法律为依据，以广泛的社会监督为手段，以责任制为核心，通过层层签订责任书和定量化、制度化目标管理方法，逐级分解环境责任，逐级负责。环境保护目标责任制将地方政府的责任、权力、利益和义务紧密结合，通过强调地方行政首长的环保职责和行政制约机制的作用，确保以目标为中心环境管理活动的顺利进行。落实环境保护目标责任制，将重金属污染防治和区域环境质量改善作为县级政府官员的政绩考核内容并通过合理的方式纳入县级政府的责任期目标之中，能够推动以重金属污染防治专项领导与协调小组为中心的区域监管、专项监管和流动监管的有效开展，促使基层环境监管目标的最终实现。

环境保护目标责任制的类型主要有以下几种：一是确定县级政府的任期目标、环境管理任务和奖惩制度，然后逐层签订责任书，对所确定的指标和污染防治任务进行层层分解，直至企业，使各层次的领导产生责任压力，并通过合理的奖惩措施，确保责任的落实；二是县级政府与各个系统、各个部门都签订责任书，使各个行业、各个部门都承担环境保护和污染防治的责任，从而杜绝环境管理的死角和缺口；三是县级政府直接与企业签订责任书，该责任书的内容既可以包含污染控制指标，也可以包含为促使县域环境质量改善的其他指标和要求；四是县级政府根据区域环保工作任务的轻重，将环境保护指标和污染控制指标通过与企业负责人签订“环保目标责任书”的方式承包给企业；五是以环境效益为核心签订责任书，企业工资总额和政府全体工作人员的奖金随责任书所确定各项环保指标的完成程度和县域环境效益的变化而上下浮动。

以防治重金属污染和实现县域环境质量改善为主要目的的环境保护目标责任制的执行主体为县级政府。环境保护目标责任制的贯彻和落实可分为以下阶段：首先，责任书的制定阶段。由县级环境保护行政主管部门进行调查研究，提出制定原则和指标体系，然后由县级政府组织有关部门，确定各项指标的具体内容和定额，在进行综合平衡和协商修改后，报上级政府审核、签字。其次，责任书的下达阶段。要在明确责任者、责任目标和责任范围的基础上，以签订“责任状”的形式将责任书所确定的各项指标逐级分解，使任务落实、责任落实。再次，责任书的实施阶段。责任书的实施要结合不同责任书的类型特点和责任单位各自承担的任务，以提高效率为目的，在县级政府统一指挥下，采取有针对性的措施，分头组织实施。另外，县级政府要对责任书的执行情况进行检查，以保证责任目标的完成。最后，责任书的考核阶段。责任书执行完毕，应先逐级自查，初步检验实施效果。然后由上级政府部门对县级目标责任书的具体完成情况进行考核，并给予奖励或处罚。

旨在加强县级政府对环境保护的重视、增加环保工作的透明度和促使基层环境监管得以有效开展的环境保护目标责任制主要有以下特点：① 以责任制等形式层层落实；② 责任制的各项指标可以逐级分解；③ 有配套的考核与奖惩办法；④ 有明确的时间和空间界限；⑤ 有明确的年度工作指标；⑥ 有定量化的监测和控制系统。环境保护目标责任制的实施不仅强化了环保部门的监管职能，促进了定量化和指标化管理的实现，同时也使环保工作开始真正进入县级政府议事日程，并成为协调环境与发展的有效手段。

环境保护目标责任制的实施离不开其他环境责任制度的配合，其他环境责任制度与环境保护目标责任制共同构成了基层环境监管有效开展的保障（李冠杰和卜风贤，2011）。因此，完善其他环境责任制度，确保以重金属污染防治专项领导与协调小组为中心的区域监管、专项监管和流动监管的顺利进行，有助于遏制重金属污染事故的多发态势，实现县域环境质量的根本好转。首先，要建立主要领导干部离任职环境保护审计制。要将县域环境质量的变化纳入官员离任职审计考核的范围，建立主要官员离任职环境保护审计制，贯彻领导干部任职期间地方环境质量不得恶化的原则。领导干部离任职环境保护审计制可以看作对浓度标准和总量标准的必要补充，它是从环境质量的角度对县级政府所做的要求与限制，通过依次进行的两次环境审计和环境质量状况对比，有利于加强县级政府对环保工作的重视和领导，也使针对官员的环境考核有了新的依据。另外，领导干部离任职环境保护审计制也能够作为一项有效的激励制度促使县级政府由分散的单项治理转向区域综合治理，实现大环境的改善。其次，要健全节能减排责任追究制。对污染源进行节能减排规划与治理，能够从源头上减少污染物的排放，阻断或延缓污染的形成，降低污染事故的发生。节能减排责任制体现了“预防为主”的环境管理思想，通过节能减排措施，合理规制县级政府的环境保护行为，提高其环保工作的主动性和积极性，减少污染治理和生态保护所付出的沉重代价，转变经济欠发达地区“先污染，后治理”的环境保护老路。节能减排要与总量控制相结合，要以缓解本区域日益有限的环境空间为突破口，要建立完善的指标体系和监测体系，并通过运用强制措施淘汰落后技术、工艺和设备，以防止环境污染，或从本县域的实际情况出发，引进运用新技术、新材料、新方法生产高附加值产品且无污染的项目。最后，要强化环境破坏事件问责制。对拒不纠正违反环保法律法规行为，徇私舞弊，或对违法者进行特殊保护，干涉环境行政主管部门正常行使职权，并造成重特大环境污染事故发生的，要依法追究有关党政领导干部的责任，实行“一票否决”。针对近年来我国县域范围内重金属污染事件的频发，应强化县级政府对本区域内重金属污染的防治责任，将重金属污染防治成效纳入县域经济社会发展综合评价体系，并严格考核。对预防不力造成严重后果的，依法查处，落实责任。环境破坏事件责任追究方式包括权力机关发动的责任追究、上级机关发动的责任追究、党委相关部门发动的责任追究和司法机关发动的责任追究等四种。

7.4.4　增强激励，促进企业主动守法

7.4.4.1　利用市场机制引导企业行为

利用市场机制引导企业行为，改变因“守法成本高，违法成本低”而使企业普遍选择环境违法的意图和倾向，促使企业通过自觉行动来合理开发、利用县域资源、能源，保护、改善县域生活环境和生态环境，防治重金属污染和其他公害，实现县域经济和社会的持续、稳定发展。利用市场机制引导企业行为，使企业能够在权衡各种利害后依据与政府环保职能部门共同制定的自愿协议约束自身行为并接受监督，不仅可以发挥企业的主体作用，提高企业预防重金属污染和保护环境的积极性与主动性，而且能够满足当事人双方的利益要求，降低监管成本，减少监管阻力，提高监管效率。

（1）排污许可证

排污许可证制度是县级环境管理机关强化基层环境监管和实现区域环境质量改善的重要手段，是县级环境保护行政主管部门以污染物总量控制为基础，通过发放许可证的形式对所辖区域内排污单位所排放污染物的性质、种类、数量等内容进行具体规定而形成的具有法律效力的行政管理制度。执行排污许可证制度，要求制定一系列配套政策，综合考虑经济、技术、法律等多种因素，从而确保其能够正确、有效实施（威廉，2009）。排污许可证制度是在现行排污收费制度不合理、排污费征收标准过低且短时期内难以提高的情况下，利用市场机制引导企业环境行为，促使企业以协议监管或自我监管的方式自觉进行环境治理，根除企业“宁罚不治”的顽疾，并由此保证基层环境监管工作的顺利开展。

排污许可证制度的实施要经过以下四个步骤：① 排污申报登记，即按照《排污费征收使用管理条例》的规定，排污单位向县级环境监察部门申报登记所排放污染物的种类、数量、浓度及所拥有的污染物排放与处理设施，县级环境监察部门认真填报登记各项数据。排污申报既是一项法定环境管理制度，同时又是污染物削减措施制定的前提和依据。② 排污指标分配阶段，即在确定发放排污许可证范围和总量控制目标值的基础上，由县级环保部门从本地区经济与社会发展水平、污染状况、污染源分布和管理人员素质等实际情况出发，将

总量指标合理地分配至各个单位。③ 审核发证阶段，即排污单位在规定的时间内提出申请，县级环保部门对其申请的指标予以审核，并向申请单位颁发排污许可证。④ 监督管理阶段，即在排污许可证发放以后，县级环保部门对企业执行许可证的情况进行监管，并对违反许可证管理规定的排污单位进行处罚。

实施排污许可证制度，结合排污单位的实际情况，有计划地削减污染物排放量，是控制重金属污染、促使县域环境质量改善的有效途径。首先，实施排污许可证制度有利于县域环保目标的实现。按照县域环保目标要求，将重金属污染物的排放总量限定在县域环境所允许容纳污染物的最大限度之内，即通过将污染源与环境质量直接挂钩的方式，促使排污单位主动减少污染物排放，以实现县域环境保护目标。其次，实施排污许可证制度有利于节省污染治理投资。总量控制强调各排污单位依据自身技术与经济条件区别对待重金属污染治理，其目的在于提高排污单位节能减排的积极性，以达到区域总体治理费用最低。最后，实施排污许可证制度能够有效控制新污染的产生。在所分配至相关单位的排污权确定及进入环境中的重金属污染物总量保持不变的前提下，必须通过促进老污染源主动改造的方式腾出更多的环境容量以增加新项目，而这同时也控制了新污染源的产生。

（2）环境保护补贴

环境保护补贴是县级环境管理机关通过各种环境保护财政补助的形式，发挥企业污染控制能动性，最大限度地减少和避免污染的环境经济手段（覃成林和管华，2004）。县级环境管理机关采取补助金、长期低息贷款、减免税等补贴措施，对相关企业进行财政资助，有利于调动企业重金属污染防治的积极性，推动协议监管的顺利开展。政府环保补贴具体表现为：政府以实物或现金的方式资助企业从事防污技术和设备的开发、研制；政府协助企业建立污染防治实施；政府向企业提供低息贷款，拓宽企业污染防治的资金来源。所有这些措施都将为协议监管的实施创造良好条件。

（3）综合利用奖励

综合利用奖励是县级环境管理机关对综合利用县域资源、能源和“三废”以减少污染物产生，提高县域经济效益和环境效益的企业给予奖励的环境经济手段（王玉庆，2002）。通过综合利用奖励措施，鼓励企业合理利用资源、能源，不仅能够从根本上预防重金属污染，同时也激发了企业自我监管的潜能和主动性。政府综合利用奖励措施可分为：县级环境管理机关对开展综合利用的生产建设项目予以扶持、减免费用或适当照顾和对开展综合利用生产的产品实行销售与价格企业自主确定等。

（4）环境保护经济优惠

环境保护经济优惠是县级环境管理机关对认真贯彻、执行环境管理制度和采取有效措施保护环境、防治污染的企业给予优惠或扶持的环境经济手段（刘传江和侯伟丽，2006）。通过环境保护经济优惠措施，为企业开展自我监管和协议监管提供支持与便利，从而达到预防重金属污染和实现区域环境质量改善的目的。政府环境保护经济优惠措施具体表现为：① 税收优惠，即政府在产品税、增值税、营业税等方面给予企业的支持和优惠；② 价格优惠，即政府采取灵活的价格政策给予企业环保产品价格优惠；③ 贷款优惠，即政府对无污染或少污染的项目给予低息、无息贷款和还贷优惠。

（5）执行保证金

执行保证金是县级环境管理机关将采取与政府环境管理目标相一致环境保护措施的企业所预先交纳的费用予以退还、否则将予以没收的一项环境经济措施，其目的在于对企业的环境违法行为进行制裁，促使企业主动遵守环境法律、法规（崔金星和余红成，2004）。另外，执行保证金也在一定程度上推动了企业自我监管和协议监管的顺利实施，保证了重金属污染防治工作的有序进行。

7.4.4.2　鼓励企业积极进行清洁生产

鼓励企业积极进行清洁生产，促使企业按照环境保护产业政策、行业政策和技术政策的要求，实现由主要依靠县域资源、能源、劳动力等生产要素的大量消耗到主要依靠科学技术的进步和劳动者素质的提高、改变经营管理方式、变革生产过程、不断降低物耗能耗与提高资源利用率的转变，以达到有效预防重金属污染和改善县域生态环境的目的；鼓励企业积极进行清洁生产，通过合理的政策引导和组织服务，改变企业处于环境监管的被动地位，激发企业环境经营的动力，增强企业预防重金属污染和保护环境的积极性、主动性，确保企业自我监管和协议监管的顺利开展。

依据环境保护技术的发展，可将县域环境保护划分为污染治理、综合利用和清洁生产三个阶段（图 7–5）。以经济建设为中心、“先污染，后治理”的县域经济增长模式是污染治理阶段的标志。同高消耗、高污染的生产特点相对应，该阶段以整治县域工业“三废”为重点内容，普遍采取末端治理的污染防治技术。综合利用阶段以县域工业生产技术的改造为起点，通过资源回收和对工业废物的再生利用来降低成本，减少排放，提高效益。该阶段虽然强调县域资源利用率的提高，但总体上仍未摆脱以末端控制为主的污染治理老路。清洁生产阶段的出现是县域环境保护逐渐走向成熟的标志，它彻底改变了传统决策下低效、被动的末端治理手段，体现了预防为主、全程控制的思想。清洁生产阶段是县域环境污染防治的最高阶段，同时也是县域经济发展和科技进步的体现。

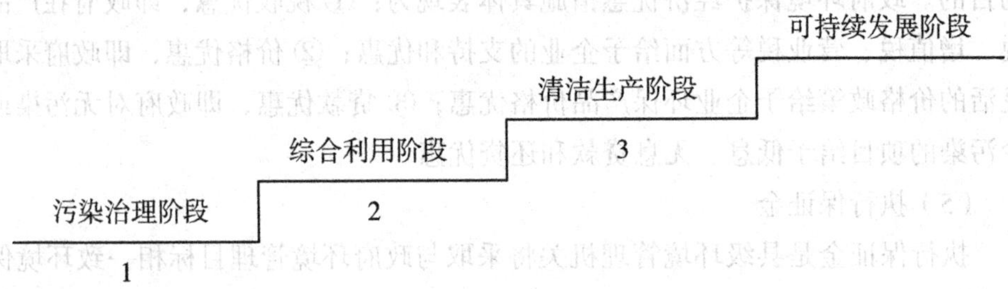

图 7-5　县域环境保护三阶段

另一方面，清洁生产也能够为企业带来良好的经济效益、环境效益和社会效益。企业通过清洁生产，加速技术改造，降低原材料消耗，减少重金属污染物处置费用，节约成本，提高投入产出比，从而实现低能耗持续增长和县域经济发展方式由粗放型向集约型的转变。企业通过清洁生产，能够有效避免末端治理可能产生的二次污染，排除安全隐患，最大限度地消除生产活动的开展给周边环境带来的风险，预防重金属污染。企业通过清洁生产，有利于树立良好的环保形象，增强产品竞争力，提高声誉，并保护公众利益。清洁生产改变了企业原有生产方式，减少了企业重金属污染物的排放，缓解了基层环境监管的压力，同时也为企业自我监管和协议监管的实施提供了条件。

鼓励企业积极进行清洁生产要从以下几个方面着手：① 转变观念。县级政府及其环保职能部门要转变思想，确立清洁生产意识，正确处理经济发展与环境保护的关系，将清洁生产作为县域生态文明目标下促进企业环境保护工作开展和加强基层环境监管的重要任务。② 将清洁生产纳入县域环境与发展综合决策或具体环境规划。综合决策是县域经济发展的导向，而目前的决策却没有从产业结构调整的角度对清洁生产进行政策指导、进而实现经济结构优化与清洁生产相互促进、相得益彰的作用。环境规划则侧重县域内污染治理方案的选择，忽视了对企业生产过程的分析。因此，依据县情将清洁生产理念引入综合决策与环境规划，并以此推动重金属污染防治工作的开展将是今后基层环境监管的重点。③ 将清洁生产纳入环境绩效指标体系，定期考核。为确保清洁生产的顺利进行，有必要在县级政府的任期目标中加入清洁生产的相关内容，以目标责任书的形式确定相关责任者及责任范围。除此之外，要积极探索切合本地实际的清洁生产考核机制，加大考核力度。④ 要加大政府的引导。企业虽是清洁生产的主体，却离不开政府的支持与引导（宋宗水，2009）。县级政府及其环保职能部门要制定优惠政策，创造条件，鼓励企业研究、开发清洁生产技术和工艺，选择使用无害原材料，生产清洁产品，建立循环生产圈，同时要制订清洁生产技能培训长期计划，并建立能为企业提供相关技术支撑的教育系统。此外，相关部门要及时克服清洁生产资金不足的难题，将清洁生产纳入企业的技术改造中，促使技术改造同重金属污染治理、县域生态保护紧密结合，从而减少环保支出。⑤ 县级政府及其环保职能部门还要在清洁生产实践中协调处理好与公众的关系，积极引导公众参与，并发挥公众的监督作用，使清洁生产真正成为推动企业自我监管与协议监管、有效防治重金属污染和实现县域环境质量改善的利器。

7.4.4.3 支持企业建立环境管理体系

支持企业主动建立环境管理体系，鼓励企业积极采取措施，限制生产经营活动中对环境不利的行为，协调发展生产和保护环境的关系，自觉遵照环保法律的规定和企业管理的基本原则，将生产目标与环境目标相结合，实现经济效益与环境效益的统一；支持企业主动建立环境管理体系，引导企业自我监管，将企业环境管理纳入企业管理之中并将其渗透到企业管理的各个环节，调动企业环境经营的内在需要，提高企业主动守法的意愿和能力，最大限度地减少或控制重金属污染的产生。

ISO14001 是国际标准化组织颁布的关于环境运作系统的规范性标准。环境运作系统，即由组织结构、惯例、程序、过程和管理所形成的以环境方针制定、实施、检查和评审为主要内容的环境管理体系。因此，ISO14001 也可以称为国际环境管理体系标准，该标准既是特定组织用于建立环境管理体系的指南，又是国际标准化组织对相应体系进行认证的规范。ISO14001 环境管理体系标准是发达国家环境管理先进经验的集成，其主要特点有：① 注重体系的完整性。环境管理体系标准通过强调管理方式的结构化、程序化和环境问题的可追溯性来反映其整体特征。② 生命周期思想的运用。环境管理体系标准从产品的设计入手，通过对产品进行全过程分析，实现从根本上解决环境问题的目的。③ 以消费者行为为根本动力。环境管理体系标准利用消费者对环境问题的普遍认识而非传统的、强制性的行政手段来促进生产者改进自身环境行为。④ 强调污染预防。环境管理体系标准要求生产者进行污染的源头控制，尽可能将污染消除于生产过程。⑤ 没有绝对量的设置。环境管理体系标准虽然设定了体系运行的目标以引导主体的环境行为，但是没有对环境因素提出具体量化要求。⑥ 自愿性的标准。相关主体环境管理体系的建立、申请认证、实施与运行不具有任何强制性。

环境管理体系审核是依据 ISO14001 环境管理体系审核准则及标准对特定企业或组织的环境管理体系所进行的系统化和规范化验证，其程序包括：① 启动审核阶段，即认证机构对受审核方所提交的审核材料进行审查，初步掌握受审核方的基本情况并签订审核合同；② 审核准备阶段，即认证机构在制订审核计划、组成审核组、编制现场审核文件的基础上确定审核内容；③ 现场审核阶段，即审核组全面了解环境管理体系的运行状况，判定该体系是否符合审核准则；④ 编制审核报告阶段，即审核组依据审核情况出具审核结论，该结论是受审核方环境管理体系批准注册的重要依据。环境管理体系的认证同样需要遵循申请与受理，策划准备，审核实施，认证材料的审查与评定，认证的批准与注册，认证批准后的监督与保持，复评等若干程序。其中，申请方对认证机构所作出不批准认证的决定不服的，可以申请复评。复评通过后由认证机构重新颁发认证证书。

组织实施环境管理体系，促使企业在生产计划制订、执行和调整的同时考虑环境保护的要求，并使企业能够依据恰当的环境目标和各规划年污染物的削减总量，研究重金属污染综合防治措施，从而选取最优方案。组织实施环境管理体系，促使企业形成稳定的内部监测网络，建立健全的环境质量分析报告制度，从而顺利实施以控制重金属污染物排放量为主要内容的环境质量管理。组织实施环境管理体系，促使企业通过制定技术标准、技术规程的方式对生产技术和重金属污染防治技术的先进性与合理性进行系统评价，并将其纳入到企业技术管理之中。组织实施环境管理体系，有利于提高企业自主守法的意识，降低政府环境监管成本，促进环境法律法规的执行。组织实施环境管理体系，增强企业环境行为与市场竞争的关联度，激发企业开发环境友好型产品的动力，在保护环境的同时实现经济快速增长。组织实施环境管理体系，推动企业采用清洁生产工艺合理利用资源、能源，实现企业的可持续发展。组织实施环境管理体系需要发挥县级政府及其环境保护行政主管部门的支持和引导作用，即县级政府及其环境保护行政主管部门可以采取政府采购、信用担保、税收优惠等方式促使企业依据环境管理体系审核、认证的要求和程序主动建立环境管理体系，以促进企业整体管理水平的提高和基层环境监管的顺利开展，并最终达到重金属污染有效防治和区域环境质量显著改善的目的。

7.4.5　加大宣传，完善公众参与机制

7.4.5.1　厘清公众参与的基础性条件

针对重金属污染的政府监管必不可少，然而，由于重金属污染的区域性、复杂性和特殊性，以及县级政府环保职能部门本身所固有的局限性，仅仅依靠政府监管往往难以取得令人满意的效果。公众参与环境监管，担当重金属污染防治政策促进者与监督者的角色，协助相关部门开展具体工作，能够弥补、充实政府监管的不足，发挥积极的作用。厘清各项参与条件是公众环境参与的首要任务，同时也是完善环境监管公众参与机制和健全公众参与保障性措施的前提和依据。

（1）公众参与环境监管的理论基础

① 社会学。重金属污染是县域工业从事生产活动排入周边环境中的重金属污染物给人体健康或其他具有价值的物质带来不良影响的现象。环境监管过程中的公众参与是特定社会群体或社会组织有目的地从事社会活动，预防重金属污染，维护自身合法权益的结果，其往往受到社会制度的限制和约束，从而造成公众参与形式和程度上的差异。人的行动是所有社会现象中不可或缺的要素，公众参与作为一种社会行动必须在社会中进行而不能脱离社会现实，必须以探索公众参与规律为目标成为社会学的研究对象并以社会学为其理论基础而不能脱离社会学的内容范畴（董小林，2010）。

② 新公共管理学。具有强烈市场化倾向及浓厚管理主义色彩的新公共管理运动无论是从理论上还是从实践上都持续推动着管理思想和管理方法的创新，而引发这一运动的新公共管理理论模式正是通过强调结果实现和管理者个人责

任的方式来促使传统公共行政理论模式的根本转变。新公共管理理论的核心内容是：改革传统官僚制管理结构，探索新的组织方式，使决策更加贴近公众的需要；引入私营部门的管理模式，造就充满活力的政府，为公众的反馈提供更多的余地；放松行政规制，加强绩效评估，更加注重服务效率、效果和质量。从这个意义上说，融入公共理念的基层政府除了关注行政机构外，还会把注意力放在公众参与上。

③ 可持续发展理论。县域可持续发展，是以县域经济持续增长、资源合理利用、环境质量改善和县域居民生活品质提升为目的而不损害后代人和其他地区居民满足自身需求能力的发展。首先，县域可持续发展不否定县域社会物质财富的增长，通过经济增长促使县域人群生活质量提高是县域可持续发展的最终目标。其次，县域可持续发展以县域自然资源为基础，不超越县域资源和环境的承载能力。再次，县域可持续发展强调县域产品或服务的价格能够正确反映出县域自然资源的价值。最后，县域可持续发展将发展同环境保护相结合，环境保护不仅是县域发展目标的重要内容，更是衡量县域发展质量的客观标准。可见，县域环境保护中的公众参与和重金属污染的有效防治需要以可持续发展理论为指导，而公众参与的开展又有助于县域可持续发展战略的顺利实施。

（2）公众参与环境监管的法律基础

① 我国法律法规。我国鼓励广大民众各种类型的环境参与，鼓励对环境立法和相关政策制定的参与，鼓励环境监督。纵观我国的环境法律法规，从宪法、环境保护基本法到环境保护单行法及各类环境行政法规与部门规章都有关于公众参与的相应规定，而《公众参与环境影响评价暂行办法》更是从多方面对公众参与的内容进行了较为详细的规定。除此之外，地方环境法规与规章也对公众参与原则、参与时间及参与方式进行了规范，比如 2006 年颁布的《沈阳市公众参与环境保护办法》就明确规定公众在参与环境监管工作中享有包括获取政府部门所提供环境信息和请求污染损害赔偿在内的九项权利，这就为公民环境权利的行使和环境权益的维护提供了强有力的保障。

② 国际公约。公众参与环境保护同样体现在国际环境立法文件中：1972 年斯德哥尔摩会议通过的《人类环境宣言》讨论了人类对于环境的权利和义务，其目的在于促使当局者关注正在被破坏的自然环境；1982 年内罗毕会议通过的《内罗毕宣言》提出所有公众都必须负起责任保护、改善环境，积极参与相关工作；1982 年联合国大会通过的《世界自然宪章》第二十三条规定，人人都应

当有机会参与拟订与其环境有关的决定，人人都应采取行动以达到《宪章》的目标和要求；1992年里约热内卢会议通过的《关于环境与发展的里约宣言》和《二十一世纪议程》旨在寻求更大范围的公众参与，并首次确定了公众参与权。这些国际环境立法文件强调了公众参与的重要性，促进了公众参与活动的不断开展。

（3）公众参与环境监管的实践基础

① 环境保护非政府组织的不断成长。我国环境保护非政府组织在环保事业中所起的作用越来越突出。近年来，我国公众环境参与的范围不断扩大，参与的程度不断提高，环境保护非政府组织已成为预防重金属污染和促进区域环境质量改善的一支重要力量。同时，我国环境保护非政府组织的健康发展使其不仅能够得到政府的有力支持，而且便于其与政府携手合作推进环保，这将使基层环境监管呈现新的特点。

② 环境信息的公开。政府和企业依据法律法规定期向社会公布环境监测数据、污染物排放情况和环境质量变化信息是公众参与环境监管、防治重金属污染和维护自身环境权益的前提。为了保障公众的知情权，需要通过立法对环境信息公开的程序、内容及违法者所应承担的责任进行明确规定。我国政府在推进环境信息公开，实现公众与政府部门间的信息互动方面作了许多努力，部分法律、法规中已包含有信息公开的具体规定（耿世刚，2009）。

③ 环境保护手段的完善。调控县域社会同环境保护的关系，实现县域生态文明是县域环境保护的目标。所谓县域生态文明，是指在开发利用县域资源过程中，积极协调县域经济、社会发展同自然生态环境之间的关系，在生态系统良性循环的基础上满足县域人群的物质和精神需求，并通过改善县域生态环境质量，实现人与自然的和谐发展。为实现县域生态文明，相关部门需要运用法律、经济、技术、行政、教育、参与等手段对管理对象施以控制。所以，公民参与不仅必不可少，而且参与手段与环境保护其他手段共同构成了完整的环境保护手段体系。

④ 公众环保意识的提高。公众参与环境保护的意识水平决定着公众参与环境保护的积极性及其实际参与程度。伴随我国经济的快速发展，公众不断提出更高的环境质量要求，其环境保护意识水平逐年上升。统计显示，2007—2010年，我国公众的环保意识总体得分以年均3%的速度递增。公众环境意识的提高，不仅反映了公众对全社会环境保护活动，尤其是重金属污染防治工作的关

注，同时也为其主动参与环境监管打下了基础。

⑤ 新闻舆论监督的增强。环境新闻因连接着人民群众的利益和关注点而具有特别重要的意义。环境新闻媒体的作用主要有三点：一是传递信息；二是动员群众；三是宣传政策。因此，有效发挥新闻媒体的舆论监督作用，弥补环境监管手段的不足，能够切实推动我国基层环境保护事业的发展。

7.4.5.2 完善环境监管公众参与机制

（1）信息公开机制

信息公开机制是指以环境信息和其他相关信息的公开为目的，能够有效指导实践的系统化、理论化的方式和方法（胡琳琳，2008）。信息公开机制的功能在于保障参与者的知情权，促使企业和政府采取积极措施，确保基层环境保护工作的良性监管。

① 信息公开的对象。信息公开的对象包括代表不同人群利益和立场的居民、个人、群众、环保组织与社团、专家以及有关单位和部门。然而，由于不同时段重金属污染防治的要求不尽相同，因此信息公开的对象需要依据实际情况进一步确定。

② 信息公开的内容。公开的信息是与公众参与基层环境监管、防治重金属污染和维护自身环境权益相关的任何信息，主要包括：A. 公开公众参与环境监管所需要的环境监测数据、重金属污染物排放情况和环境质量变化情况等环境信息和其他相关信息；B. 公开公众参与环境监管的过程，以提高参与的透明度；C. 公开重金属污染事件的处理，使公众能够知悉处理结果。为确保公众参与的有效性，所有公开的信息必须真实准确，并要保持信息公开的连续性。

③ 信息公开的方式。信息公开方式的确定有利于充分保障参与者的知情权，有利于公众及时提出意见和建议，进行信息反馈，参与环境监管。信息公开的方式主要有以下几种：A. 媒体方式，即利用媒体工具向公众发布环境信息、参与者查询并索取相关信息的方式。媒体方式公开信息可以扩大参与者的范围，减轻管理机构的工作强度，但使公众在信息公开中处于被动地位。B. 访谈方式，即参与者通过与负责公众参与工作的组织管理机构进行交谈来获取环境信息的方式。访谈方式具有很强的灵活性，由于需要面对面交谈，参与者对通过访谈方式所获取信息的理解往往较为深刻。然而访谈方式费时费力，会对信息公开的效果产生一定影响。C. 会议方式，即参与者通过参加环境信息通报会、决策

公示会等相关会议来获取环境信息的方式。会议方式公开信息的对象集中，所公开的信息权威、可靠，其不足之处在于参与者的人数有限，不具有广泛性的特点。D. 文本方式，即参与者通过索取由负责公众参与工作的组织管理机构印发的载有环境信息的手册、传单、简报来获取所需信息的方式。文本方式的优点有信息公开的对象具有针对性，文本信息存在较好的指导作用，有利于信息反馈，其不足之处在于信息公布对象的数量有限，且信息公布的成本较高。以上四种信息公开方式的运用并不是孤立存在的，只有各种方式交叉配合使用，才能进一步扩大公众的知情权，实现重金属污染防治中的公众参与。

（2）信息反馈机制

信息反馈机制是指以参与者及时反馈相关意见和建议为目的，能够有效指导实践的系统化、理论化的方式和方法（陈润羊和花明，2010）。信息反馈机制的功能在于畅通参与者的信息反馈渠道，获取有效的反馈信息，从而为基层政府环境决策提供依据。

① 信息反馈的对象。信息反馈的对象即负责公众参与工作的组织管理机构，它既可以是负责公众参与工作的原有基层政府机构，也可以是为进行此项工作而由基层政府所设立的专门性机构。此外，信息反馈的对象还会因不同时段重金属污染防治的具体要求而有所不同。

② 信息反馈的内容。一是负责公众参与工作的组织管理机构引导参与者按照环境保护基本法、单行法、环境行政法规以及地方性环保规章所规定的程序和要求反馈相关意见、建议；二是参与者从维护自身环境权益、防止重金属污染的角度出发所提出的其他非限制性意见、建议。

③ 信息反馈的方式。有效、合理的反馈方式能够切实增进公众与组织管理机构间的沟通，提高公众参与基层环境监管的积极性（唐晋，2009）。信息反馈的方式主要有以下几种：A. 无组织反馈，即一定时期内公众通过电话、网络、信函等多种途径随时反馈相关意见和建议的方式；B. 有组织反馈，即一定时期内公众通过政府部门所举办的咨询会、论证会、听证会以及现场访谈等有组织的形式反馈相关意见和建议的方式；C. 其他反馈方式，即一定时期内公众通过征询专家、指派代表进行提案等其他形式反馈相关意见和建议的方式。实践中，多种反馈方式应当有机结合，从而实现重金属污染防治决策的科学化和民主化。

（3）决策参与机制

决策参与机制是指以实现基层政府、相关部门、企业与公众参与者共同决策为目的，能够有效指导实践的系统化、理论化的方式和方法。决策参与机制的功能在于让公众参与者参与到基层政府环境决策之中，发挥公众参与者应有的作用，从而形成有利于重金属污染防治的宏观环境政策。

① 参与决策的内容。A. 参与重金属污染项目环境影响评价报告书的审批和其他与环境有关的审批工作；B. 参与重金属污染防治方案、措施的制定和执行；C. 参与重金属污染项目的竣工验收和基层环保部门责令限期治理企业的期满验收；D. 参与县域环境与发展综合决策，通过多元化的参与渠道，确保综合决策建立在参与者所反映的多数人意愿的某种相关环境利益或权益之上；E. 其他需要公众参与的内容。

② 参与决策的方式。A. 广泛参与决策方式，即广泛的参与者通过将反馈的意见和建议作为基层政府环境决策的依据而实现决策参与的方式。所谓"广泛"，首先是指参与决策主体的广泛，包括居民、个人、群众、环保组织与社团、专家、有关单位和部门等；其次是指参与决策方式的广泛，包括无组织参与、有组织参与和其他方式参与等；B. 代表参与决策方式，即参与者指派代表参与基层政府环境决策的方式。代表参与决策方式又可分为：a. 代表参与决策会议，即由参与者指派的代表参与或列席有关环境决策会议进而实现决策参与的方式；b. 代表参与末端工作，即由参与者指派的代表参与阶段性重要工作进而实现决策参与的方式；c. 代表参与其他决策方式。

（4）全程监督机制

全程监督机制是指以参与者对环境管理的全程监督为目的，能够有效指导实践的系统化、理论化的方式和方法（李秉祥等，2006）。全程监督机制的功能在于促使基层政府环境决策科学化，确保决策功效的充分发挥，实现决策目标。

① 全程监督的对象。全程监督的对象包括企业、基层政府及其环保职能部门。其中，基层政府及其环保职能部门是监督的重点。另外，实际监督对象会因不同时段重金属污染防治的具体要求而有所侧重。

② 全程监督的内容。一是监督环境监测数据、重金属污染物达标排放和环境质量变化信息的公开情况；二是监督环境保护政策和环境管理制度的执行情况；三是监督重金属污染防治措施和其他环保措施的落实情况；四是监督重金属污染事故和其他环境纠纷的处理与解决情况。

③ 全程监督的方式。A. 参与政府监督，即为促使基层政府及其环保职能部门履行环境监管职责而由公众指派代表并通过一定途径进行监督的监督方

式。实践中，公众参与政府监督能够督促有关部门积极修正偏离环境目标的行为，提高公众的满意度。B.参与企业监督，即为促使企业达标排放、预防重金属污染事故的发生而由公众通过污染物排放监测、周边环境状况监测、日常巡查或不定期抽检防污设施运行等途径进行监督的监督方式。公众参与企业监督有利于提高企业环境保护的积极性，推动重金属污染防治措施的有效落实。C.公众自觉监督，即为促使环境保护工作的顺利开展而由公众在环境意识提高的前提下通过自主途径进行监督的监督方式。作为监督机制的有效补充，虽然公众自觉监督的方式因公众自身情况的不同而不同，但公众参与监督的主动性却在不断提高。

7.4.5.3 健全公众参与的保障性措施

（1）法律保障

① 法律保障的内容。一是通过法律保障，确保公众应有的各项权利，为公众参与基层环境监管和重金属污染防治提供法律支持；二是通过法律保障，促使公众履行各项义务，从而有效配合负责公众参与工作的组织管理机构顺利完成环境保护任务。

② 法律保障的功能。法律保障的功能，即环境法律法规对公众所产生的效果和影响，主要体现在以下两个方面：A.规范功能。首先，以国家强制力保证执行的环境法律法规通过所设定的权利与义务指引公众的实际参与行为，规定公众参与的范围、程序和方式，进而实现规范公众参与行为的功能。其次，环境法律法规通过对负责公众参与工作的组织管理机构的规范，保证公众环境知情权、参与权、决策权的正常行使和公众参与基层环境监管工作的顺利进行。B.激励功能。重视并发挥环境法律法规的激励功能，能够促使公众以动态的方式参与监管，提升公众参与的积极性。首先，公众环境权利的保障与实现为其科学、合理地参与监管创造了条件，使其有了归属感和安全感，激发了公众参与的潜能。其次，法律规范自身的特点使公众能够与组织管理机构在平等的平台上协调，沟通，使其有了信任感和责任感，增强了公众参与的主动性。

③ 法律保障的完善。目前，我国基层环境监管公众参与制度尚未建立，公众各项环境权利的落实仍有困难。因此需要不断完善法律法规，明确公众参与的相关规定和要求，保障公众的基本环境权益，促进公众参与的制度化和规范化。

（2）组织保障

① 组织保障的目标。负责公众参与工作的组织管理机构通过发布信息、教育培训等方式为参与公众提供指导，组织公众参与基层环境监管和重金属污染防治，为基层环境保护提供意见和建议，切实提高基层环境监管的效率，并达到基层环境保护工作顺利完成的目的。

② 组织保障的功能。组织保障的功能，即通过负责公众参与工作的组织管理机构的运行及其专业知识水平和组织管理能力来保障公众顺利参与基层环境监管。组织保障的功能主要体现在以下方面：A. 组织功能，即负责公众参与工作的组织管理机构通过合理配置人力、物力和财力，有计划、有步骤地引导公众参与基层环境监管工作；B. 服务功能，即组织管理机构通过提供信息服务和咨询服务，为公众参与基层环境监管创造便利条件，从而提高监管效率；C. 沟通功能，即组织管理机构通过加强与公众间的信息沟通和人事沟通，调动公众环境参与的积极性，化解因环境纠纷所造成的社会矛盾。

③ 组织保障的完善。为确保环境监管公众参与机制的正常运行和基层环境保护目标的实现，仍需要进一步发挥组织管理机构应有的职权与功能，建立科学合理的工作程序，不断提高自身素质，增强沟通协调能力。

（3）经济保障

① 经济保障的内容。经济保障是指通过一系列经济保护措施和制度来保障环境监管公众参与的顺利进行，其内容包括：A. 费用保障。良好的资金支持才能使公众充分地参与到基层环境监管和重金属污染防治中，才能保证监管工作的有序开展，才能为决策提供更多可供参考的依据以促进决策的合理化与科学化。B. 奖励措施。对认真完成本职工作的组织管理机构依据其实际工作情况进行适当的补贴。除此之外，对积极参与基层环境监管并提出重金属污染防治建议或通过技术改进和技术创新取得显著污染防治效果的公众给予一定的奖励。

② 经济保障的资金来源。A. 基层政府环境保护专项资金。根据法律规定，基层政府用于环境保护的开支应包括环境规划费用、产业结构调整与防止污染转移费用、环境基础设施建设费用、环境监管费用和公众参与费用等。实践中，公众参与费用的大部分往往直接来源于基层政府环境保护专项资金。B. 规划或项目建设资金。公众参与规划环境影响评价或重金属污染项目环境影响评价所需的费用来源于规划或项目建设资金。C. 援助资金或私人资金。公众参与基层环境监管的费用由感兴趣的单位、组织和个人援助或提供。D. 国外资金。

公众环境参与的费用出自国外贷款或资助。畅通资金来源渠道，促使基层政府环境保护专项资金同其他资金相结合，从多方面保证公众环境参与资金要求。

（4）技术保障

① 技术保障的内容。技术保障是指通过采用技术方法、手段和途径来保障环境监管公众参与的顺利进行和县域环境保护目标的实现，其内容包括：A. 设定适当的工作程序，充分听取公众意见，保障参与过程的科学、可行；B. 根据基层环境监管和重金属污染防治的实际情况设计调查表，全面搜集被调查者的意见与建议，保障参与内容的合理、有效；C. 运用多种信息技术，进行同类信息比较，保障公众所获信息的准确、丰富；D. 审核、汇总、加工反馈信息，进行区间估计和假设检验，保障参与决策的科学、合理。

② 技术保障的完善。首先，工作程序的设定要以提高基层环境监管效率为目的，综合考虑工作特点、具体步骤等多种因素。其次，调查表的设计要简明扼要，充分考虑资料统计分析与处理的难度，并与研究目标相一致。再次，信息技术的运用要以有效反映被公开对象的环境行为为出发点，尽可能减少人为操作失误，切实保障环境信息的质量。最后，反馈信息的统计分析要采用准确的方法，运用适当的程序，使统计分析结果真正成为环境决策的有力依据。

7.5 改进后基层环境监管体制的主要特征与价值诉求

7.5.1 改进后基层环境监管体制的主要特征

7.5.1.1 倡导其他主体合理参与

针对重金属污染基层环境监管体制的改进打破了以政府为权力垄断者单中心环境监管的局面，而将监管主体扩大到非政府组织领域，使监管主体逐渐呈现多元化趋势。改进后的基层环境监管体制倡导其他主体的合理参与：一方面，将企业为协调发展生产同保护环境关系而对自身环境行为进行限制和约束的自我监管视为企业管理不可或缺的有机组成部分和国家环境管理顺利开展的方式与途径，强调企业自我环境监管不仅能够促使企业生产目标和环境目标的统一，而且与企业现代化的要求完全一致；另一方面，鼓励独立于政府和市场之外，具有较强专业性和自愿性，以促进公益进步为活动宗旨的非政府组织对重金属污染企业进行环境监督与管理，认为环境非政府组织以利他主义为价值取向，具有内部规章制度。实行以非政府组织为主体的环境监管，能够弥补、充实政府监管的不足，发挥积极的作用。

7.5.1.2 强调县级政府决策作用

改进后的基层环境监管方式包括区域监管、专项监管、流动监管和协议监管。区域监管是指重金属污染防治政策制定职能与执行职能相分离，通过授权或分权的方式调整县级政府组织内部层级关系并建立以环境保护行政主管部门为主导的重金属污染防治专项领导与协调小组，纵向管理体制通畅，横向管理权限分明的环境监管。在区域监管过程中，重金属污染防治政策的制定是专项领导与协调小组建立以及相关政策执行的前提和基础。县域重金属污染防治政策的制定需要由县级政府遵循公共政策制定的一般程序来进行，包括形成政策问题，进入议程，草拟政策，讨论和通过政策等。事实上，也只有法定主体才能从事县域重金属污染防治政策的制定活动，或者说，只有县级政府才具有本辖区重金属污染防治政策的制定职能。可以说，强调县级政府的宏观决策作用，确保政策制定主体的合法化、程序的合法化和内容的合法化，就从根本上保证了区域监管、专项监管、流动监管和协议监管的顺利开展。

7.5.1.3 发挥专项机构主导功能

针对重金属污染基层环境监管体制的改进是以重金属污染防治专项领导与协调小组为中心展开的。通过授权或分权的方式调整县级政府组织内部层级关系所建立的重金属污染防治专项领导与协调小组，其主导功能主要表现在以下三个方面：首先，以县级政府环境保护行政主管部门为监管主体所进行的、以解决本县域内重金属污染问题为主要内容的区域监管，要通过重金属污染防治专项领导与协调小组的统一组织来开展；其次，由上级环境保护部门发动并通过县级环境保护部门所进行的以解决该县域内重金属污染问题为主要内容的专项监管，要通过本县域重金属污染防治专项领导与协调小组的统一行动来完成；最后，以上级环境保护部门指派的环境监管机构为监管主体所进行的，并以解决特定县域内重金属污染问题为主要内容的流动监管，要通过该县域重金属污染防治专项领导与协调小组的统一指挥来实现。

7.5.1.4　注重不同部门协调合作

针对重金属污染基层环境监管体制的改进注重重金属污染防治专项小组内部各部门间的协调和不同环境保护行政主管部门间的合作。首先，在专项小组内部，县级环境保护部门和其他依照法律规定负责本系统环境与资源监督管理工作的县级土地、矿产、水利、卫生、公安等部门通过协商达成协议，明确各自的职责、权限范围。其中，处于权力流和信息流交换的中心位置，具有处理复杂与突发任务的能力且掌握组织资源的县级环境保护部门负责专项小组的所有活动，从而发挥其在重金属污染防治过程中对其他部门的组织、整合与协调作用，同时给予其他部门充分自主权以提高专项小组的监管效率。其次，由上级环境保护部门发动的针对重金属污染的专项监管需要借助县级环境保护部门的协作来实现，即在专项监管过程中，处于不同层次的环境保护部门之间存在着彼此协作的关系。最后，针对重金属污染的流动监管要通过上级环境保护部门指派的环境监管机构与特定县级环境保护部门之间的协作来进行，而上级环境保护部门以行政命令的形式指派的环境监管机构又多为处于同一层次的其他县级环境保护部门，因此在流动监管过程中，处于同一层次的环境保护部门之间存在着彼此协作的关系。

7.5.2　改进后基层环境监管体制的价值诉求

7.5.2.1　从成本与收益的角度看

针对重金属污染基层环境监管体制的改进是县级政府及其环保职能部门监管方式的优化选择。

传统基层环境保护监督管理体制弊端日趋凸显。在环境保护横向管理方面，基层环境保护行政主管部门与其他部门之间协调不顺，导致针对重金属污染企业的环境监管陷入混乱，内聚力受到削弱，效率低下，“统管——分管相结合”的横向体制未能有效建立；在环境保护纵向管理方面，双重领导的作用极为有限，使得针对重金属污染企业的环境监管难以有针对性地进行且极易受到人为因素的干扰，环境监管的独立性和公正性受到挑战。针对重金属污染基层环境监管体制的改进以重金属污染防治专项领导与协调小组为中心，通过区域监管、专项监管、流动监管和协议监管等方式，以较为低廉的成本维持良好的监管秩序，防治重金属污染，保护、改善县域生活环境和生态环境。

7.5.2.2 从价值取向和行为导向的角度看

针对重金属污染基层环境监管体制的改进重视监管服务的优化与监管责任的承担。

在现行基层环境监管体制下，基层环境监管本质上是部分官员服务自我、以地方利益或局部利益为中心的权力本位型监管。并且，环境监管无法兼顾公平与效率，即使在两者之间寻求平衡点的努力也总是难以有所收获。针对重金属污染基层环境监管体制的改进坚持以下价值取向和行为导向：① 县级政府及其环保职能部门不仅仅是环境监管主体，更是服务社会和民众的主体。基层环境监管机构积极引导公众环境参与，反映基层群众环境诉求，采取顾客导向的服务方针，在降低基层环境监管成本的同时使社会公平与环境正义原则得到了更多的体现和落实。② 监管主体的服务意识和责任行为是基层环境监管过程中的必需品。基层环境监管机构以公共利益为中心，把公众的满意度作为评价标准，在重金属污染监管过程中迎合公众的要求和意志，增加监管行为的透明度并接受公众的监督，加强责任约束，降低权力异化和牟取私利的可能，从而树立了环保部门的权威与公信力。

7.5.2.3 从实践操作的角度看

针对重金属污染基层环境监管体制的改进强调将体制外组织资源纳入基层环境监管主体的考察视野，促成“多元参与”的监管局面。

重金属污染的区域性、复杂性和特殊性，以及县级政府环保职能部门本身所固有的局限性，使仅依靠政府监管往往难以取得令人满意的效果，尤其是基层权力结构内部不同权力主体的出现，基层环境监管不应再是政府直控下的“统治”行动。针对重金属污染基层环境监管体制的改进通过鼓励各种类型环境组织的积极参与，构建政治国家和公民社会的新颖关系，改变了以政府为权力垄断者单中心环境监管局面，使监管主体呈现多元化趋势。针对重金属污染基层环境监管体制的改进采取灵活多样的思维方法，通过运用授权、委托、代理等多种手段，不断探索实行公私合作的新途径。针对重金属污染基层环境监管体制的改进体现了公共部门管理理念变革的新思路，建立了一套以县级政府及其环保职能部门监管为核心，以解决重金属污染问题为主要任务，以多元互动参与为特征的环境监管体系，反映了基层环境监管新策略建构的价值诉求。

本章小结

本章讨论了重金属污染条件下基层环境监管体制的改进。第一，本章明确了重金属污染条件下基层环境监管体制改进的基础和依据，包括改进的理论基础和改进的现实依据。第二，本章论述了以新公共管理理论为指导改进基层环境监管主体结构的必要性，认为依据重金属污染治理过程中不同主体间的互动关系所形成的基层环境监管主体结构包括强化政府监管主体指导作用、发挥企业监管主体能动作用和增强其他社会组织监管主体促进作用。第三，本章认为依据重金属污染的发生地域和发生环境改进基层环境监管方式包括结合实际完善区域监管、明确目标开展专项监管、加强协作推进流动监管、创造条件实施协议监管。最后，本章提出了针对重金属污染基层环境监管体制改进的配套措施，并论述了改进后的基层环境监管体制的主要特征与价值诉求。

第八章 结 论

重金属污染是县域工业从事生产活动排入周边环境中的重金属污染物因其数量或强度超出环境自净能力而导致环境质量下降，并给人体健康或其他具有价值的物质带来不良影响的现象。重金属污染事故的频繁发生不仅造成了大量的人员伤亡和巨额的财产损失，同时也扰乱了社会正常发展秩序，极大地冲击了公众心理，甚至引发群体性事件，影响国家政治与社会安定。加强基层环境监管，防治重金属污染，对县域人群的生存与发展及县域和谐社会目标的实现具有重要意义。本书依托新公共管理理论，纵观我国重金属污染条件下基层环境监管的现状、问题，同时借鉴美国、日本、印度等国家重金属污染防治的成功经验，通过深入透彻的理论和实证分析，得出了以下主要结论：

第一，弄清重金属污染的发生地域、发生环境、生态过程、基本特征及其形成的根本原因是研究针对重金属污染基层环境监管的前提和基础。

通过收集、整理、分析 2002—2015 年发生在全国范围内的 56 起造成人体健康损害的重金属污染事件，同时结合县域环境固有属性得出：① 重金属污染不仅与县域工业企业的生产活动紧密相关，而且重金属污染的频发与发展壮大中的县域工业企业的数量变化、类型特点、生产特点和分布特点相对应；② 重金属污染存在较为复杂的生态过程，该过程使重金属污染具有人为性、突发性、累积性、隐蔽性、关联性、重现性、可控性等一系列基本特征；③ 重金属污染的产生要经过重金属污染物的存在、重金属污染的形成以及危害结果的发生等三个阶段，其整个过程始终与环境监管密不可分。

第二，以现行“条条”“块块”相结合的基层环境监管体制为出发点，分析基层环境监管的障碍，并结合重金属污染的生态过程与基本特征，弄清重金属污染防治的不利条件和制约因素是改进基层环境监管体制不可或缺的基本环节。

《中华人民共和国环境保护法》第七条规定，县级以上各级人民政府及其环境保护行政主管部门对本辖区内的环境保护工作实施统一监督管理。这就决定了县级环保部门既要接受上级主管部门的业务指导或领导，又要接受本级政府的统一领导。可以说，“条条”“块块”相结合的基层环境监管体制直接导致了针对重金属污染的基层环保部门监管障碍、地方政府监管障碍、企业守法障碍和公众参与障碍的出现，而所有这些不利条件和制约因素的存在使重金属污染防治工作难以有效开展。改变现行“条条”“块块”相结合基层环境监管体制，打破以政府为权力垄断者单中心基层环境监管主体结构以及由此形成的单一、固化、低效监管方式，才能克服基层环境监管限制因素的种种束缚，形成有利于重金属污染防治的制度环境。

第三，基于新公共管理理论所进行的以基层环境监管主体结构改进和基层环境监管方式改进为主要内容的基层环境监管体制改进，是防治重金属污染的根本路径和必然选择。

依据重金属污染治理过程中不同主体间的互动关系所形成的基层环境监管主体结构包括强化政府监管主体指导作用、发挥企业监管主体能动作用和增强其他社会组织监管主体促进作用。其中，以政府为主体所进行的环境监管是县级政府及其环保职能部门为实现本县域环境公共政策目标而对重金属污染企业所进行的规范和制约。政府监管决定着企业自我监管和其他社会组织监管的基本内容、基本性质与基本方向，决定着基层环境监管体制的运行状况和基层环境监管目标的实现程度。以企业为主体所进行的环境监管是企业为协调发展生产同保护环境的关系而对自身环境行为所进行的限制和约束。企业自我环境监管既是企业管理不可或缺的有机组成部分，也是国家环境管理顺利开展的方式和途径。以其他社会组织为主体所进行的环境监管是独立于政府和市场之外，具有较强专业性和自愿性，以促进公益进步为活动宗旨的非政府组织对重金属污染企业所进行的环境监督与管理。其他社会组织监管能够弥补、充实政府组织的不足，发挥积极的作用。

依据重金属污染发生地域和发生环境所形成的基层环境监管方式包括区域监管、专项监管、流动监管和协议监管。区域监管强调重金属污染防治政策制定职能与执行职能相分离，通过授权或分权的方式调整县级政府组织内部层级关系并建立以环境保护行政主管部门为主导的重金属污染防治专项领导与协调小组，从而使纵向管理体制通畅，横向管理权限分明。专项监管强调放松严格行政规则而突出权变思想在重金属污染防治中的运用，实施明确的绩效目标控制和上下级环境保护行政主管部门之间的协作。流动监管强调克服重金属污染防治过程中的地方保护主义而以公共利益为中心，关注解决公平与效率的矛盾和同一层次环境保护行政主管部门之间的协作。协议监管作为一种新型环境监管方式，强调通过县级环境保护行政主管部门与企业之间就重金属污染防治所达成的协议实现监管，突出指导、协商、沟通、劝阻在实际监管过程中的重要作用。

我们只有一个地球，我们热爱我们共同的家园。我们愿意为了家园的存续与发展付出最虔诚的努力，我们应该这样做，也必须这样做，这是我们的使命，也是我们对地球母亲的微薄回报！

参 考 文 献

[1] 白永秀，李伟 . 我国环境管理体制改革的 30 年回顾 [J]. 中国城市经济，2009（1）.

[2] 比舍普 [美]. 污染预防：理论与实践 [M]. 王学军 . 等译 . 北京：清华大学出版社，2003.

[3] 卜风贤，李冠杰 . 发展壮大中的县域工业特点与集体中毒事件频发的对应 [J]. 社会科学家，2011（1）.

[4] 蔡刚刚，李丽，黄舒城 . 广西矿区重金属污染现状与治理对策 [J]. 矿产与地质 .2015（8）.

[5] 蔡守秋 . 环境政策学 [M]. 北京：科学出版社，2009.

[6] 蔡秀琴 . 对我国地方政府环境管制的体制性障碍分析及出路探索 [J]. 法制与社会，2009（9）.

[7] 曹钢，等 . 西部农村经济增长方式变革论纲 [M]. 北京：经济科学出版社，2009.

[8] 曹海林 . 农村水环境保护：监管困境及新行动策略建构 [J]. 社会科学研究，2010（6）.

[9] 曹家新 . 严格执法是根治重金属污染的基础 [J]. 人民政坛，2011（2）.

[10] 陈程，陈明 . 环境重金属污染的危害与修复 [J]. 环境保护，2010（3）.

[11] 陈国营 . 如何提高环境执法能力 ?[J] 环境保护，2010（19）.

[12] 陈虹 . 环境监管体制的审视：从重金属污染的角度 [J]. 中国地质大学学报：社会科学版，2010（4）.

[13] 陈锦平 . 优化环境不能以牺牲监管为代价 [J]. 中国质量技术监督，2006（11）.

[14] 陈亮，张玉军 . 构建环境绩效考核机制 [J]. 环境保护，2009（16）.

[15] 陈明，王道尚，张丙珍 . 综合防控重金属污染 保障群众生命安全：2009 年典型重金属污染事件解析 [J]. 环境保护，2010（3）.

[16] 陈润羊，花明 . 构建农村环保保障体系 [J]. 环境保护，2010（4）.

[17] 陈振明 . 公共管理学 [M]. 北京：中国人民大学出版社，2003.

[18] 崔金星，余红成 . 我国环境管理模式法律问题探讨 [J]. 云南社会科学，2004（增刊）.

[19] 戴星翼，胥传阳 . 城市环境管理导论 [M]. 上海：上海人民出版社，2008.

[20] 邓智明 . 新公共管理理论在环境保护中的应用 [J]. 环境保护，2002（11）.

[21] 董小林 . 当代中国环境社会学建构 [M]. 北京：社会科学文献出版社，2010.

[22] 杜万平 . 环境行政管理：集中抑或分散 [J]. 中国人口资源与环境，2002（1）.

[23] 多金荣 . 县域生态经济研究 [M]. 北京：中国致公出版社，2011.

[24] 傅国伟，杨玉峰 . 防控水环境有毒重金属污染的监管路线和对策 [J]. 海峡科技与产业，2015（11）.

[25] 傅剑清．“诚信危机”危及环保：由紫金矿业重大污染事故引发的思 [J]. 环境保护，2010（15）.
[26] 高德明．生态文明与可持续发展 [M]. 北京：中国致公出版社，2011.
[27] 高鹏．让基层环保执法强健起来 [J]. 环境保护，2009（22）.
[28] 高清，乔育宜，余俊，等．重金属污染治理的产业化及制度构建[J]. 大众科技，2015(11).
[29] 高为，笪晓菲，王学建．环境执法的经济机制及经济手段探讨 [J]. 环境保护，2006(14).
[30] 高小平．政府管理与服务方式创新 [M]. 北京：国家行政学院出版社，2008.
[31] 高志永，张国臣，贾晨夜，等．我国农村环境管理体制探析 [J]. 环境保护，2010(19).
[32] 高中华．环境问题抉择论——生态文明时代的理性思考 [M]. 北京：社会科学文献出版社，2004.
[33] 葛察忠，高树婷，李娜，等．解读《国家环境保护“十一五”规划》之“十一五”国家环境保护的保障措施 [J]. 环境保护，2007（23）.
[34] 耿世刚．大国策：通向大国之路的中国环境保护发展战略 [M]. 北京：人民日报出版社，2009.
[35] 龚胜生，敖荣军．可持续发展基础 [M]. 北京：科学出版社，2009.
[36] 龚小波．湘江重金属污染综合治理市级政府协作机制研究 [D]. 湘潭：湘潭大学 .2015.
[37] 顾晓彬，沈德富．市级环境监管机制现状分析与对策研究 [J]. 环境与可持续发展，2008（5）.
[38] 国冬梅．环境管理体制改革的国际经验 [J]. 环境保护，2008（7）.
[39] 国冬梅，张立，周国梅．重金属污染防治的国际经验与政策建议 [J]. 环境保护，2010（1）.
[40] 郭建，孙惠莲．农村环境污染防治的长效机制研究：以河北为例 [J]. 生态经济：学术版，2009（2）.
[41] 郭廷忠，周艳梅，王琳．环境管理学 [M]. 北京：科学出版社，2009.
[42] 郭艳华．走向绿色文明 [M]. 北京：中国社会科学出版社，2004.
[43] 韩旭．法治政府建设与“部门主义”问题之解决 [J]. 新视野，2005（1）.
[44] 郝寿义，安虎森．区域经济学 [M]. 北京：经济科学出版社，1999.
[45] 洪富艳．生态文明与中国生态治理模式创新 [M]. 北京：中国致公出版社，2011.
[46] 洪进，郑梅，余文涛．转型管理: 环境治理的新模式[J]. 中国人口资源与环境，2010(9).
[47] 胡琳琳．环境管理中的信息沟通措施 [J]. 污染防治技术，2008（3）.
[48] 胡美灵，肖建华．农村环境群体性事件与治理：对农民抗议环境污染群体性事件的解读 [J]. 求索，2008（12）
[49] 胡双发．政府环境管理模式的优长与存疑 [J]. 求索，2007（4）.
[50] 胡兆量．中国区域发展导论 [M]. 北京：北京大学出版社，2000.

[51] 环境保护部政策法规司．中国环境法规全书（2005—2009）上下卷 [M]. 北京：中国环境科学出版社，2009.
[52] 黄承梁．生态文明简明知识读本 [M]. 北京：中国环境科学出版社，2010.
[53] 黄慧诚，钟奇振，林春明，等．搏击北江镉污染事故应急处置纪实 [J]. 环境，2006(2).
[54] 黄建明，朱溦．重金属污染的担忧 [J]. 中国有色金属，2011（21）.
[55] 黄健荣．公共管理学 [M]. 北京：社会科学文献出版社，2008.
[56] 黄韬．中小企业污染行为及环境监管对策研究 [J]. 中华民居：学术刊，2010（11）.
[57] 黄锡生，曹飞．中国环境监管模式的反思与重构 [J]. 环境保护，2009（4）.
[58] 黄锡生，关慧．农村环保监管模式的创新：以农民环境角色的转变为突破口 [J]. 学术界，2010（9）.
[59] 黄勇．浅析重金属污染现状及治理技术研究进展 [J]. 低碳世界 .2014（1）.
[60] 姬振海．生态文明论 [M]. 北京：人民出版社，2007.
[61] 贾根良．发展经济学 [M]. 天津：南开大学出版社，2004.
[62] 蒋高明．基层环保为什么难搞 ?[J]. 环境保护，2009（15）.
[63] 姜明，李芳谨．农村环保管理体制的创新对策 [J]. 环境保护，2010（6）.
[64] 金铭．中国重金属污染困局 [J]. 生态经济，2011（6）.
[65] 柯屾．该怎样对重金属污染损害说“不”?[J]. 环境保护，2009（17）.
[66] 李兵．加强环境监管能力推进“两型”社会建设 [J]. 环境保护，2010（3）.
[67] 李秉祥，黄泉川，张紫娟．环境问题的制度性根源与环境保护手段合理化组合运用探析 [J]. 经济问题探索，2006（10）.
[68] 李超显．大数据背景下湘江流域重金属污染治理存在的问题分析 [J]. 经济管理者，2015（10）.
[69] 李冠杰，卜风贤．县级政府正确处理经济发展与环境保护关系的创新对策 [J]. 甘肃社会科学，2011（4）.
[70] 李宏颖．环境执法：走出地方保护主义的怪圈 [J]. 环境保护，2010（9）.
[71] 李金龙，唐皇凤．公共管理学基础 [M]. 上海：上海人民出版社，2008.
[72] 李军鹏．责任政府与政府问责 [M]. 北京：人民出版社，2009.
[73] 李克国．环境经济学 [M]. 北京：中国环境科学出版社，2003.
[74] 李丽霞．如何完善环境执法 ?[M]. 环境保护，2010（10）.
[75] 李猛．地方政府在环境监管中的扭曲行为 [J]. 环境保护，2010（13）.
[76] 李鹏．新公共管理及应用 [M]. 北京：社会科学文献出版社，2004.
[77] 李万新．中国的环境监管与治理：理念、承诺、能力和赋权 [J]. 公共行政评论，2008（5）.
[78] 李新，程会强．环境管理中政府权力的界定问题研究 [J]. 科技创新导报，2008（36）.

[79] 李亚军．从美国环境管理看中国环境管理体制的创新 [J]. 兰州学刊， 2004（2）．
[80] 厉以宁．区域发展新思路：中国社会发展不平衡对现代化进程的影响与对策 [M]. 北京：经济日报出版社， 2000.
[81] 李云生， 杨金田， 张惠远．解读《国家环境保护“十一五”规划》之“十一五”国家环境保护的重点领域和任务 [J]. 环境保护， 2007（23）．
[82] 李哲民， 于庆凯．对中国环境管理体制的思考及建议 [J]. 环境科学与管理， 2010（1）．
[83] 李振波， 卞臻臻， 徐芳．基层环境监管急需“转方式、调结构”[J]. 环境保护， 2010（13）．
[84] 李振全， 杨万钟．中国经济地理第四版 [M]. 上海：华东师范大学出版社， 1999.
[85] 联合国环境规划署， 世界卫生组织．环境卫生基准：铅 [M]. 余淑懿， 译．北京：中国环境科学出版社， 1987.
[86] 廖明胜．加强重点污染源环境监管的对策与建议研究 [J]. 科技资讯， 2010（33）．
[87] 林碧仙．新时期环境保护统一监管问题初探 [C]. 中国环境科学学会学术年会优秀论文集， 2008.
[88] 林星杰．铅冶炼行业重金属污染现状及防治对策 [J]. 有色金属工程， 2011（6）．
[89] 林忠．关于基层环境监管体制的问题与对策 [J]. 科技博览， 2010（32）．
[90] 刘灿嘉， 万玉秋．第三方服务在我国跨区域环境监管机制构建中的应用 [J]. 环境保护科学， 2010（1）．
[91] 刘传江， 侯伟丽．环境经济学 [M]. 武汉：武汉大学出版社， 2006.
[92] 刘富春．紧紧围绕环境监管重点切实加强环保能力和制度建设 [J]. 环境保护， 2008（3）．
[93] 柳劲松， 王丽华， 宋秀娟．环境生态学基础 [M]. 北京：化学工业出版社， 2003.
[94] 刘靖华， 姜宪利．中国政府管理创新：总论 [M]. 北京：中国社会科学出版社， 2004.
[95] 刘君德， 靳润成．中国政区地理 [M]. 北京：科学出版社， 1999.
[96] 刘利， 潘伟斌．环境规划与管理 [M]. 北京：化学工业出版社， 2006.
[97] 刘潘．从环保后督查看如何加强涉重金属上市公司的环保监管 [J]. 环境科学与管理， 2013（2）．
[98] 刘圣中．公共政策学 [M]. 武汉：武汉大学出版社， 2008.
[99] 刘树华．人类环境生态学 [M]. 北京：北京大学出版社， 2009.
[100] 刘淑贤， 张西明．创新环境监管体制机制的实践与思考：对蓟县创建基层环保所个案的实证分析 [J]. 天津科技， 2009（4）．
[101] 刘思华．经济可持续发展的生态创新 [M]. 北京：中国环境科学出版社， 2002.
[102] 刘四龙．环境执法体制障碍及其消除对策 [J]. 环境保护， 2000（1）．
[103] 刘天齐．环境管理 [M]. 北京：中国环境科学出版社， 1990.
[104] 刘向东．创新监管重拳出击突破山西环境污染重围 [J]. 环境保护， 2007（21）．
[105] 刘志全， 禹军， 徐顺清．我国环境污染对健康危害的现状及其对策研究 [J]. 环境保

护，2005（4）.
[106] 陆冰清 . 南通部分河域重金属污染及水环境治理对策 [J]. 西南给排水 .2014（9）.
[107] 鲁立中 . 经济欠发达地区：重压下的妥协 [J]. 环境保护，2009（15）.
[108] 罗伯特 · 阿格拉诺夫 [美]，迈克尔 · 麦圭尔 [美]. 协作性公共管理：地方政府新战略 [M]. 李玲玲，鄞益奋，译 . 北京：北京大学出版社，2007.
[109] 罗丕，田获 . 使基层环境执法成为开创环保事业的中流砥柱 [J]. 环境保护，2009（15）.
[110] 罗勇 . 浅析南湖区农业面源环境监督员监管排污新模式 [J]. 环境科学导刊，2010（29）.
[111] 吕忠梅 . 消除环境保护对抗环境保护：重金属污染人体健康危害的法律监管目标 [J]. 世界环境 .2012（11）.
[112] 马天杰 . 重金属污染治理切莫只盯烟囱 [J]. 环境保护，2011（5）.
[113] 马英杰，房艳 . 美国环境保护管理体制及其对我国的启示 [J]. 环境保护，2007（8）.
[114] 马云泽 . 当前中国农村环境污染问题的根源及对策：基于规制经济学的研究视角 [J]. 广西民族大学学报：哲学社会科学版，2010（1）.
[115] 马中，石磊 . 新形势下改革和加强中国环境保护管理体制的思考 [J]. 环境污染与防治，2009（12）.
[116] 马中，吴健 . 论环境保护管理体制的改革与创新 [J]. 环境保护，2004（3）.
[117] 毛寿龙 . 西方政府的治道变革 [M]. 北京：中国人民大学出版社，1998.
[118] 妙旭华，包理群，李颖 . 基于 J2EE 多层架构的重金属污染监管设计 [J]. 计算机应用与软件，2013（4）.
[119] 聂华林，等 . 发展生态经济学导论 [M]. 北京：中国社会科学出版社，2006.
[120] 欧祝平，肖建华，郭雄伟 . 环境行政管理学 [M]. 北京：中国林业出版社，2004.
[121] 潘瑜春 . 农业面源和重金属污染监测技术与监管平台研发项目正式启动 [J]. 中国生态农业学报 .2016（11）.
[122] 齐良书 . 发展经济学 [M]. 北京：中国发展出版社，2002.
[123] 钱坤，齐月，何阳，等 . 食品中重金属汞污染状况与治理对策研究 [J]. 黑龙江农业科学 .2016（5）.
[124] 钱翌，刘峥延 . 我国环境监管体系存在的问题及改善建议 [J]. 青岛科技大学学报：社会科学版，2009（3）.
[125] 沈国明 . 国外环保概览 [M]. 成都：四川人民出版社，2002.
[126] 沈洪艳，任洪强 . 环境管理学 [M]. 北京：中国环境科学出版社，2005.
[127] 沈荣华，钟伟军 . 中国地方政府体制创新路径研究 [M]. 北京：中国社会科学出版社，2009.
[128] 沈亚平 . 转型社会中的系统变革：中国行政发展 30 年 [M]. 天津：天津人民出版社，2008.

[129] 石路．政府公共决策与公民参与 [M]. 北京：社会科学文献出版社，2009.
[130] 石佑启，杨治坤，黄新波．论行政体制改革与行政法治 [M]. 北京：北京大学出版社，2009.
[131] 宋国君，韩冬梅，王军霞．完善基层环境监管体制机制的思路 [J]. 环境保护，2010（13）.
[132] 宋鹭，马中．破解中国环境保护管理体制改革难题 [J]. 环境保护，2009（15）.
[133] 宋万忠．加强公众参与，提高环境监管效力 [C]. 中国环境科学学会学术年会优秀论文集，2008.
[134] 宋雅杰，李健．城市环境危机管理 [M]. 北京：科学出版社，2008.
[135] 宋宗水．生态文明与循环经济 [M]. 北京：中国水利水电出版社，2009.
[136] 苏银娣，杨春会，杨志军．浅谈高效环境执法体制的构建[J]. 污染防治技术，2008(5).
[137] 睢晓康，江皓波．环境监管须抓好“六个点”[J]. 环境保护，2010（18）.
[138] 孙晓莉．多元社会治理模式探析 [J]. 理论导刊，2005（5）.
[139] 唐冀平，曾贤刚．我国地方政府环境管理体制深陷利益博弈 [J]. 环境经济，2009(3).
[140] 唐晋．大国策：通向大国之路的中国民主：公民社会 [M]. 北京：人民日报出版社，2009.
[141] 唐铁汉．强化政府社会管理职能的思路与对策 [J]. 国家行政学院学报，2005（6）.
[142] 覃成林，管华．环境经济学 [M]. 北京：科学出版社，2004.
[143] 覃燕．土壤重金属污染的治理措施探析 [J]. 资源节约与环保，2015（1）.
[144] 陶文达．发展经济学：修订本 [M]. 成都：四川人民出版社，1995.
[145] 王灿发．重大环境污染事件频发的法律反思 [J]. 环境保护，2009（17）.
[146] 汪大海．公共管理学 [M]. 北京：北京师范大学出版社，2009.
[147] 王芳．结构转向：环境治理中的制度困境与体制创新 [J]. 华东理工大学学报：社会科学版，2009（2）.
[148] 王怀岳．中国县域经济发展实论 [M]. 北京：人民出版社，2001.
[149] 王惠娜．自愿性环境政策工具在中国情境下能否有效？[J]. 中国人口资源与环境，2010（9）.
[150] 王江．城市人居环境管理体制的创新 [J]. 城市问题，2002（1）.
[151] 王莉，徐本鑫，陶世祥．环境监管模式的困境与对策 [J]. 环境保护，2010（10）.
[152] 王洛忠，刘金发．中国政府治理模式创新的目标与路径 [J]. 理论前沿，2007（6）.
[153] 王琪，张德贤．志愿协议：一种新型的环境管理模式探析 [J]. 中国人口资源与环境，2001（S2）.
[154] 王庆海．管理学概论 [M]. 北京：清华大学出版社，2008.
[155] 王少军．探析土壤重金属污染特点及治理策略 [J]. 化工管理，2015（8）.

[156] 王卫忠．对于环境执法监管中的几点建议 [J]. 污染防治技术， 2006（5）.
[157] 王锡锌．公众参与和中国新公共运动的兴起 [M]. 北京：法制出版社，2008.
[158] 王扬祖．污染监督与环境管理 [M]. 北京：中国环境科学出版社，1993.
[159] 王莹， 马斌．无缝隙政府理论与政府再造 [M]. 电子科技大学学报：社会科学版，2003（2）.
[160] 王玉庆．环境经济学 [M]. 北京：中国环境科学出版社， 2002.
[161] 威廉・R. 布莱克本 [美]. 可持续发展实践指南：社会、经济与环境责任的履行 [M]. 江河，译．上海：上海人民出版社， 2009.
[162] 温家宝．全面落实科学发展观加快建设环境友好型社会 [J]. 环境经济， 2006（5）.
[163] 温武瑞，方莉，孙阳昭，等．预防优先防治结合：欧盟重金属污染防治经验及启示 [J]. 环境保护，2011（11）.
[164] 温武瑞，李培，李海英，等．我国汞污染防治的研究与思考 [J]. 环境保护，2009（18）.
[165] 吴爱明， 沈荣华．服务型政府职能体系 [M]. 北京：人民出版社， 2009.
[166] 武从斌．减少部门条块分割， 形成协助制度：试论我国环境管理体制的改善 [J]. 行政与法， 2003（4）.
[167] 吴丹， 张世秋．国外汞污染防治措施与管理手段评述 [J]. 环境保护， 2007（10）.
[168] 吴昊．重金属铬污染土壤治理方法研究进展 [J]. 农业科技与装备 .2015（8）.
[169] 吴舜泽， 逯元堂， 金坦．县级环境监管能力建设主要问题与应对措施 [J]. 环境保护，2010（13）.
[170] 吴舜泽， 逯元堂， 周劲松，等．国家环境监管能力建设“十一五”规划中期评估 [J]. 环境保护，2009（10）.
[171] 吴涛．环保监管与服务并重积极为发展腾出更多的环境容量 [J]. 污染防治技术，2010（6）.
[172] 武卫政．好好管一管重金属污染 让群众为之欣喜 [J]. 环境保护，2010（3）.
[173] 肖俊．环境监管法律关系理论解析与立法完善 [J]. 中国环境管理干部学院学报，2010（1）.
[174] 肖文涛．社会治理创新：面临挑战与政策选择 [J]. 中国行政管理，2007（10）.
[175] 邢介明， 颜廷山， 史波芬，等．重金属引起的土壤污染问题与治理措施 [J]. 资源节约与环保 .2015（11）.
[176] 解振华．构建新时期环境保护战略 [J]. 求是，2005（12）.
[177] 解振华．强化环境监管 全面落实科学发展观 [J]. 环境保护， 2005（2）.
[178] 谢作渺．环境友好型经济发展模式 [M]. 北京：中央民族大学出版社， 2008.
[179] 熊耀平．县域经济发展理论、模式与战略 [M]. 长沙：国防科技大学出版社， 2001.
[180] 雄鹰， 徐翔．政府环境监管与企业污染治理的博弈分析及对策研究 [J]. 云南社会科

学，2007（4）.
[181] 徐琳 . 富阳环境监管创新：有序用电制度 [J]. 环境保护，2010（18）.
[182] 许宁，胡伟光 . 环境管理 [M]. 北京：化学工业出版社，2003.
[183] 胥树凡 . 强化环境执法监督机制的探讨 [J]. 中国环保产业，2008（8）.
[184] 薛涛 . 环保 PPP 的八维变量分析及在重金属污染治理中的应用 [J]. 环境保护科学 .2016（4）.
[185] 严俊，张学洪，蒋敏敏，等 . 耕地重金属污染治理生态补偿标准条件估值法研究：以广西大环江流域为例 [J]. 生态与农村环境学报 .2016（7）.
[186] 闫廷娟 . 人口环境与可持续发展 [M]. 北京：北京航空航天大学出版社，2001.
[187] 闫祥岭 . 环保部门怎么成了企业最大负担 [J]. 环境保护，2010（21）.
[188] 杨定清，周娅，谢永红，等 . 环境重金属污染及其应对措施 [J]. 四川农业科技，2011（6）.
[189] 杨京平 . 环境生态学 [M]. 北京：化学工业出版社，2006.
[190] 杨丽霞，王聪 . 土壤重金属污染特点及治理策略分析 [J]. 科技与创新，2015（12）.
[191] 杨小波 . 农村生态学 [M]. 北京：中国农业出版社，2008.
[192] 叶文虎 . 环境管理学 [M]. 北京：高等教育出版社，2000.
[193] 易阿丹 . 中日两国环境管理体制的比较与启示 [J]. 湖南林业科技，2005（1）.
[194] 游霞 . 环境管理体制若干问题探讨 [J]. 科技管理研究，2007（10）.
[195] 郁建兴，吴福平 . “无缝隙政府”的实践与思考：以玉环县为例 [J]. 中共浙江省委党校学报，2003（3）.
[196] 俞可平 . 中国治理变迁 30 年：1978—2008[M]. 北京：社会科学文献出版社，2008.
[197] 于文轩，沈晓悦，陈赛 . 保障与监督：改进环境执法工作的必经之途 [J]. 环境保护，2008（3）.
[198] 俞中华 . 上海市松江区积极探索重金属监管新模式 [J]. 产业与科技论坛，2016（2）.
[199] 云素枝 . 当前基层环境执法存在的问题及解决办法 [J]. 内蒙古环境保护，2004（4）.
[200] 张百灵，范娟 . “血铅”之痛，谁来买单 ?[J]. 环境保护，2009（19）.
[201] 张成福，党秀云 . 公共管理学 [M]. 北京：中国人民大学出版社，2001.
[202] 张成福，孙柏瑛 . 社会变迁与政府创新：中国政府改革 30 年 [M]. 北京：中国人民大学出版社，2009.
[203] 张承中 . 环境管理的原理和方法 [M]. 北京：中国环境科学出版社，1997.
[204] 张奋勤 . 县域经济发展与规划 [M]. 北京：中国计划出版社，2000.
[205] 张峰瑜，李长明，张泉泉 . 重金属污染土壤的治理途径分析 [J]. 资源节约与环保，2016（8）.
[206] 张戈跃 . 美国环境管理体制的启示 [J]. 长沙大学学报，2009（4）.

[207] 张桂兰 . 重金属污染环境监管中的问题分析 [J]. 科技创新与应用，2015（2）.
[208] 张合平，刘云国 . 环境生态学 [M]. 北京：中国林业出版社，2002.
[209] 张厚美 . 基层环保“弱”在何处 ?[J]. 环境保护，2009（15）.
[210] 张紧跟，庄文嘉 . 从行政性治理到多元共治：当代中国环境治理的转型思考 [J]. 中共宁波市委党校学报，2008（6）.
[211] 张进华 . 构筑环境保护与经济运行并重的机制 [J]. 经济师，2001（12）.
[212] 张晶 . 矿区环境保护监管法律制度研究 [J]. 资源与人居环境，2007（8）.
[213] 张康之 . 任务性组织研究 [M]. 北京：中国人民大学出版社，2009.
[214] 张丽萍，张妙仙 . 环境灾害学 [M]. 北京：科学出版社，2008.
[215] 张明顺 . 环境管理 [M]. 北京：中国环境科学出版社，2005.
[216] 张勤，王妍 . 现代公共管理概论 [M]. 北京：中国社会科学出版社，2010.
[217] 张文显 . 法理学第二版 [M]. 北京：法律出版社，2004.
[218] 张燕，梁珊珊，熊玉双 . 我国农村环境监管主体的法律构想 [J]. 环境保护，2010（19）.
[219] 张永 . 谈企业自身的环境管理 [J]. 环境保护，2010（11）.
[220] 张玉军，侯根然 . 浅析我国的区域环境管理体制 [J]. 环境保护，2007（9）.
[221] 赵静 . 地方政府环境监管的失衡与平衡 [J]. 四川行政学院院报，2010（6）.
[222] 中国环境保护部环境规划院，印度能源与资源研究所 . 环境与发展比较：中国与印度 [M]. 北京：中国环境科学出版社，2010.
[223] 中国环境管理制度编写组 . 中国环境管理制度 [M]. 北京：中国环境科学出版社，1991.
[224] 周纯，吴仁海 . 环境政策手段的比较分析 [J]. 中山大学学报论丛，2003（3）.
[225] 周敬宣 . 可持续发展与生态文明 [M]. 北京：化学工业出版社，2009.
[226] 周仕凭，肖岷 . 浏阳镉污染，该打谁的板子 ?[J]. 环境保护，2009（15）.
[227] 周天勇 . 发展经济学 [M]. 北京：中共中央党校出版社，1997.
[228] 周天勇 . 中国行政体制改革 30 年 [M]. 上海：格致出版社，2008.
[229] 朱德米 . 从行政主导到合作管理：我国环境治理体系的转型 [J]. 上海管理科学，2008（2）.
[230] 朱德米 . 地方政府与企业环境治理合作关系的形成：以太湖流域水污染防治为例 [J]. 上海行政学院学报，2010（1）.
[231] 朱玲，万玉秋，缪旭波，等 . 论美国的跨区域大气环境监管对我国的借鉴 [J]. 环境保护科学，2010（2）.
[232] 朱玲，万玉秋，缪旭波，等 . 无缝隙理论视角下的跨区域环境监管模式 [J]. 四川环境，2010（2）.
[233] 朱舜 . 县域经济学通论 [M]. 北京：人民出版社，2001.

[234] 邹珊珊，王丽霞 . 试论新公共管理与中国行政改革 [J]. 科学与管理，2001（1）.

[235] Barbanel，Josh. 1992. Elaborate Sting Operation Brings Arrests in Illegal Dumping of Toxic Wastes by Buesinesses[J]. New York Times，May 13，B5.

[236] Barthold，Thomas A. 1994. Issues in the Design of Environmental Excise Taxes[J]. Journal of Economic Perspectives 8（1）: 133-151.

[237] Baumol，William J.，and Wallace E. Oates. 1971. The Use of Standards and Prices for Protection of the Environment[J]. Swedish Journal of Economics 73（March）: 42-54.

[238] Dinan，Terry M. 1993. Economic Efficiency Effects of Alternative Policies for Reducing Waste Disposal[J]. Journal of Environmental Economics and Management 25（December）: 242-256.

[239]]Freeman，A. Myrick Ⅲ .1993. The Measurement of Environmental and Resource Values: Theory and Methods[M]. Washington，DC: Resources for the Future.

[240] Fullerton，Don，and Seng-Su Tsang. 1996. Should Environmental Costs Be Paid by the Polluter or the Beneficiary? The Case of CERCLA and Superfund[J]. Public Economics Review 1: 85-127.

[241] Fullerton，Don，and Tom Kinnaman. 1995. Garbage，Recycling，and Illegal Burning or Dumping[J]. Journal of Environmental Economics and Management 29: 78-91.

[242] Hammitt，James K.，and Peter Reuter. 1988. Measuring and Deterring Illegal Disposal of Hazardous Waste: A Preliminary Assessment[M]. Santa Monica，CA: RAND Corp.

[243] Hamilton，J.，and K. Viscusi. 1999. Calculating Risks? The Spatial and Political Dimensions of Hazardous Waste Policy[M]. Cambridge，MA: MIT Press.

[244] Heumann，Jenny M. 1997. Most Efficient Municipal Recycling Programs Highlighted by ILSR[J]. Recycling Times 9（18，September 1）: 7.

[245] Hockenstein，Jeremy B.，Robert N. Stavins，and Bradley W. Whitehead. 1997. Creating the Next Generation of Marker-Based Environmental Tools[J]. Environment 39（4）: 12-20, 30-33.

[246] Konar，S.，and M. A. Cohen. 1997. Information as Regulation: The Effect of Community Right-to-Know Laws on Toxic Emissions[J]. Journal of Environmental Economics and Management 32: 109-124.

[247] Meyers，Jonathan Phillip. 1997. Confronting the Garbage Crisis: Increased Federal Involvement as a Means of Addressing Municipal Solid Waste[J]. Georgetown Law Journal 79（3）: 567-590.

[248] Palmer，Karen，and Margaret Walls. 1997. Optimal Policies for Solid Waste Disposal and Recycling: Taxes，Subsides，and Standards[J]. Journal of Public Economics 65（2）:

193–205.

[249] Palmer, Karen, Hilary Sigman, and Margaret Walls. 1997. The Cost of Reducing Municipal Solid Waste[J]. Journal of Environmental Economics and Management 33（2）: 128–150.

[250] Porter, Richard. 1983. Michigan' s Experience with Mandatory Deposits on Beverage Containers[J]. Land Economics 59: 177–194.

[251] Probst, Katherine N., Don Fullerton, Robert E. Litan, and Paul R. Portney. 1995. Footing the Bill for Superfund Cleanups: Who Pays and How?[M].Washington, DC: Resources for the Future.

[252] Reed M. G. 1999. Cooperative Management of Environmental Resources: A Case Study from Northern Ontario, Canada[J]. Economic Geography 71: 132–149.

[253] Revesz, Richard L. 1997. Foundations in Environmental Law and Policy[M]. New York: Oxford University Press.

[254] Russell, Clifford S. 1988. Economic Incentives in the Managemnet of Hazardous Wastes[J]. Columbia Journal of Environmental Law 13: 257–274

[255] Russell, Milton, E. William Colglazier, and Bruce E. Tonn. 1992. The United States Hazardous Waste Legacy[J]. Environment 34（6）: 12–15, 34–39

[256] Shindler B. and J. Neburka. 1997. Public Participation in Forest Planning: 8 Attributes of Success[J]. Journal of Forestry 95: 17–19

[257] Sigman, Hilary. 1995. A Comparison of Public Policies for Lead Recycling[J]. RAND Journal of Economics 26: 452–478

[258] Tietenberg, Tom. 1992. Environmental and Natural Resource Economics[M]. New York: Harper Collins

[259] Tietenberg, Tom H. 1995.Tradeable Permits for Pollution Control When Emission Location Matters: What Have We Learned?[J].Environmental and Resource Economics 5: 95–113

后　记

本书探讨了目前我国重金属污染及其监管问题。

本研究最大的特点在于结合了重金属污染与基层环境监管，以基层环境监管为切入点研究重金属污染，通过调研分析，进一步明确了重金属污染的内涵，并由此将重金属污染防治视为基层环境监管的职责和任务，提出了基层环境监管体制改进的对策建议。

本书对诸多理论与实践问题进行了阐释与探讨，但由于资料与能力所限，部分观点和见解可能尚未成熟。重金属污染防治和环境保护是本人研究的重点领域，随着实践不断探索，政策不断完善，以及自己理论素养的提升，本人对书中的有些观点又有了新的认识，下面点到为止，便于有兴趣的同仁共同探讨。

一是重金属污染属于环境污染，是环境污染的体现，而非环境污染的全部。研究基层环境监管体制的目的不能局限于重金属污染防治本身，而应以重金属污染防治为突破口，做好整个环境保护工作。

二是环境污染治理和环境保护工作不能严格以行政区划为单元，而应以具有相似地理、历史、文化、气候、语言因素的区域为单位，区域生态环境治理和区域生态环境保护是提高效率、降低成本的有效途径。

三是生态环境治理和生态环境保护不能完全依赖政府，要以多中心治理为视角，进行多元合作，协同共治，特别是发挥第三方组织的作用，并在治理过程中强调不同主体之间协作机制的建立。

本书的完成凝聚了很多人的心血和期望。感谢我的父母，他们在我二十几年的求学生涯中给予我了太多。我从懵懂到成熟，是父母一言一行谆谆教导的努力，我从入学到毕业，是父母一字一句循循善诱的启迪，我从结婚到生子，是父母一点一滴不辞劳苦的付出，我从失落到成功是父母一口一声锲而不舍的鼓励。感谢默默支持我的妻子和出生尚未满两个月的女儿，日常家务的料理和照看孩子的重任都由你和父母承担，而我却整日躲进书房忙于备课和写作，深感愧疚，谨以此书作为献给你们的最好礼物！

感谢咸阳师范学院为著作的出版提供基金资助。自 2013 年进校以来，作为咸阳师范学院的一名专任教师，我得到了校、院两级领导和同事的大力支持与热情帮助，感谢咸阳师范学院给予我的一切美好馈赠。

李冠杰

2016 年 11 月 28 日